智能革命

人工智能、万物互联与数据应用

Intelligent Revolution

Artificial Intelligence, Internet of Things and Data Applications

余来文 封智勇 刘梦菲 宋晶莹 编著

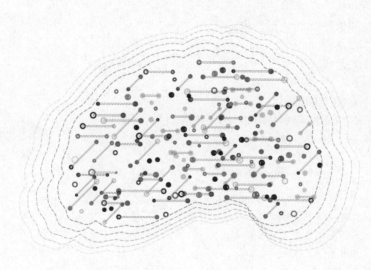

经济管理出版社
ECONOMY & MANAGEMENT PUBLISHING HOUSE

图书在版编目（CIP）数据

智能革命：人工智能、万物互联与数据应用/余来文等编著. —北京：经济管理出版社，2017.10
ISBN 978-7-5096-5285-5

Ⅰ. ①智… Ⅱ. ①余… Ⅲ. ①人工智能—研究 Ⅳ. ①TP18

中国版本图书馆 CIP 数据核字（2017）第 188247 号

组稿编辑：申桂萍
责任编辑：梁植睿
责任印制：黄章平
责任校对：赵天宇

出版发行：经济管理出版社
　　　　　（北京市海淀区北蜂窝 8 号中雅大厦 11 层　100038）
网　　址：www. E-mp. com. cn
电　　话：(010) 51915602
印　　刷：玉田县昊达印刷有限公司
经　　销：新华书店
开　　本：720mm × 1000mm/16
印　　张：17.75
字　　数：299 千字
版　　次：2017 年 10 月第 1 版　　2017 年 10 月第 1 次印刷
书　　号：ISBN 978-7-5096-5285-5
定　　价：58.00 元

序言
Preface
从世纪人机大战说起

最近人机大战，可谓全球瞩目。人类围棋界顶级高手李世石、柯洁等迎战谷歌公司研发的人工智能阿尔法围棋，一场被冠以"人类智慧与人工智能的巅峰对决"，一度成为街头巷尾的热门话题。可以预见，人工智能在将来必将超越人类智慧。未来5~10年，甚至更长的一段时间，大数据、脑机接口和神经工程将成为人工智能及相关领域科学家竞相突破的重点对象。也许在不远的将来，人机协同的生化人真的可以像钢铁侠一样自由飞翔，犹如机甲战士般随意念操纵武器，改写生命轨迹，穿梭时空，甚至脱离物质属性而存在。

一、人工智能的 G 点已经到来

世纪人机大战，让谷歌的人工智能阿尔法狗（AlphaGo）一时间成为机器人网红。第一次人机大战是2016年3月在韩国首尔由韩国围棋九段棋手李世石与阿尔法狗进行五番棋对决，无论比分如何将下满五局，比赛采用中国围棋规则，执黑一方贴3又3/4子（7.5目），各方用时为2小时，各有3次60秒的读秒机会。最终，阿尔法狗以4：1战胜李世石。第二次人机大战是2017年5月在中国嘉兴乌镇由中国围棋九段棋手柯洁与阿尔法狗进行三番棋对弈，每方用时为3小时，各有5次60秒的读秒机会。结果阿尔法狗以3：0完胜柯洁。这也将是人类顶尖高手与人工智能之间的最后一次较量，阿尔法狗从此将退隐江湖。世纪人机大战之后，很多人开始惊呼：机器战胜了人类，人工智能已经到达了取代人类的奇点。诸如"人类被计算机碾压""人类被人工智能取代""人类智能的奇点到来"

"人类最后的智力骄傲崩塌"等各种说法开始充斥朋友圈并登上各大新闻榜头条。

围棋人机大战期间，关于人机大战的报道充斥于国内各种媒体的头条，风头完全盖过了足球、篮球这些风靡世界的运动；就连围棋普及率极低的欧美国家，英国广播公司、路透社、美联社这些主流媒体也对比赛进行了详细报道，这在以往几乎是不可能的。人机大战后，人们通过各种报道已经了解到，人工智能已经渗透到每个人的工作和生活中。智能化服务将会快速地接入餐饮、出行、旅游、电影、教育、医疗等生活服务领域，覆盖用户吃、住、行、玩，人工智能在未来可能媲美人类的专职秘书。阿尔法围棋最大的胜利是为人工智能打造了一场全球性的科普，也代表着高科技企业对人工智能技术充满野心的宣告。过去的人工智能只是存在于实验室的智慧探索；未来的科学技术，人工智能是基础，也是推动商业与社会发展的强大动力。

表面来看是人机大战，实质是人类不同技术的对决。无论谁胜谁败，人类智能时代悄然而至。像阿尔法狗一样，越来越多聪明甚至会思考的机器人受到普遍关注。2017 年 6 月，中国首次高考版人机大战在北京上演，由学霸君自主研发的智能教育机器人 Aidam 与分为三组的 6 名高考状元同台 PK，最终三组高考状元分别得分为 146 分、140 分、119 分，而 Aidam 为 134 分。人工智能已经可以像人一样思考知识点，一步一步输出过程和答案。

二、人机融合：连接你我

人机融合被视为人工智能的下一个重要拐点，美国科技狂人埃隆·马斯克正着手推动人机融合。从前的科幻正在靠近现实，随着光机电一体化、生物工程、生化机器人的发展和系统科学的综合进步，计算机自主的逻辑思维将有足够的行为表现，进而真正脱离人类的完全控制，拥有自主的智能思维。

由于人工智能的发展及软硬件的进步，计算机的逻辑分析能力大幅提高，直至计算机的综合逻辑分析提高为逻辑思维，这种逻辑思维可以根据环境条件自主产生新的逻辑，并摆脱人类的框架式控制，而成为一种自主的智能思维。科学家甚至提出预言：21 世纪结束前，人类将不再是地球上最富有智慧的物种。正是基于对人工智能超越人类的担忧，马斯克正式启动了"神经连接"计划。《华尔街日报》于 2017 年 3 月 27 日报道，神经连接公司将使用名为神经织网的技术，在人类大脑中植入微小电极，与电脑建立联系。这种技术不仅能治疗癫痫、帕金森症等脑功能障碍疾病，还能提高人类大脑能力：把人类思维下载到电脑中，或将电脑中的信息通过电极上传到人脑，把人类智力与人工智能有效融合，从而提高人类的认知能力和记忆力。如果人类创造出具有超级智慧的人工智能产品，它在各方面能力远超人类，那么人类在强大的人工智能面前可能会沦为家猫。

微软副总裁、微软亚太研发集团主席洪小文则认为，人工智能是人类创造的一种工具、技术，没有人便没有 AI，因为 AI 的想法、算法全部来自人类。人类最核心的竞争力是创新、创造。在古往今来的创造历程中，人类采取的一贯策略是大胆假设、小心求证。在这其中，大胆假设的创造力来自人类，小心验证的使命交给计算机，并在验证过程中反复修改我们的假设，修改我们的想法，最终就能创造出新的东西。

中国工程院原常务副院长潘云鹤在接受《环球》杂志记者采访时提出，用计算机来模拟人的智能固然重要，而让计算机与人协同，取长补短而成为一种"1+1>2"的增强性智能系统则更为重要。当前，各种穿戴设备、智能驾驶、外骨骼设备、人机协同手术等纷纷出现，而宏观系统的人机协同有更大空间，预示着人机协同增强智能系统前景广阔。

智能设备嵌入身体，实时读取生理数据，机器比人更了解人自己……这个判断来源于近来炙手可热的畅销书《人类简史》，作者尤瓦尔·赫拉利认为，随着人工智能和生物技术的飞速发展，人机协同融合将在 21 世纪完全实现，人类的未来生活将发生巨大改变。事实上，人工智能从诞生之日起，便尝试在各个方面提高、延伸人的能力，人机融合的过程已经开始，并且还在加速前进中。作为人工智能领域的深耕者，第四范式创始人、CEO 戴文渊认为，人机协同融合可以分为三个发展阶段，分别是感知融合阶段、行为融合阶段以及思想融合阶段。

第一阶段：感知融合。其实，我们已经走过了一个较为成熟的感知融合阶段。在这个阶段中，传感器作为核心组件出现，应用在不同领域和技术中，例如我们所熟悉的智能家居、视觉识别技术，以及语音识别技术等。借助人工智能，人类的感知能力被成百上千倍地放大与拓展，被赋予了"眼观六路，耳听八方"的本领。与此同时，人工智能在该阶段完成技术积累，奠定下一步发展的技术前提。

第二阶段：行为融合。目前，人工智能领域最受关注的技术，是可以在工业界落地的技术。这正是行为融合阶段人机融合的本质——基于对人类"老师"的学习模仿，机器不知疲倦地训练和更新，最终在某种行为能力或工作能力上，实现对人类的补充和超越。例如在金融领域，人工智能就可在精准营销、风险防控、智能投顾等多个场景中，有效缓解人力不足、精力不够的局面。以智能投顾为例，过去因为人力成本高昂，金融机构只能为少数 VIP 投资者提供个性化理财服务。现在，机器则通过学习客户经理的投顾准则和经验，再经过自身超高维度模型处理，可以为顾客提供更加周到细致的理财建议，赢得顾客的信赖。不少业内专家都认为，在行为融合阶段，中国和美国等发达国家的研发差距在不断缩小，可以说该阶段是中国实现弯道超车的最佳时机。

第三阶段：思想融合。对思想融合阶段的阐述，其实与前文引用的《人类简史》的观点颇为相似。关于这一阶段的探索，无论是国内还是国际，都尚处于起步阶段，没有太多成熟的理论和实践。也许未来，随着机器学习、生物传感器、脑机交互等技术的发展，这一融合过程将加速发生。人工智能程序可以在你出生后的每一天，从每一条短信到每一秒心跳，都充分研究你，深得你心的人工智能，最终与你实现思想融合，替你作出更有利的选择，小到购物作品牌选择，大到像婚姻这种令人纠结的终身大事。

三、开启智能革命

人工智能一直是科技领域的热门话题，其实不止在科研领域，科技对人的改变已经渗透到生活的方方面面。或许你以为 AI 离你尚远，其实你已与 AI 相连。当你在朋友圈里看到有人发了一张好莱坞黑白电影剧照，你一脸懵懂地不知这是哪部片子，更无从评论，打开百度识图，以图搜图的结果会为你识别剧照中是哪位明星，甚至这是哪部影片；当你发现同事的零食非常好吃，包装上却一个中国字都没有，又不好意思开口问，打开手机淘宝拍立淘扫一扫，一个个该零食的链接就出来了；当你听到一首老歌，却怎么也想不起歌名，打开 QQ 音乐，轻轻哼唱一句歌词，立即出现该歌曲的搜索结果，那就循环播放吧……

其实，上述场景都是 BAT 在人工智能方面的具体应用。目前，中国百度、阿里巴巴、腾讯（BAT）三巨头正在布局人工智能，提供人工智能服务。其中，百度深耕智能搜索、金融、医疗、智慧交通、无人驾驶等领域；阿里巴巴的着力点在城市大脑、智能制造、农业、电商、物联网等方面；腾讯则侧重于社交、游戏、智能工具等。如今，人工智能已经进入了全球爆发的前夜。科大讯飞董事长刘庆峰认为：我们正处在从"互联网+"进入到"人工智能+"时代。五年之后，任何一个行业或者今天的创业者，或者领导型公司，如果不用人工智能来改变它今天的生产和生活方式，那它一定会出局。

中国正在开启智能革命，2017年3月，国家发改委正式批复由百度牵头组建深度学习国家级实验室，这是中国第一家人工智能实验室。同年4月百度总裁李彦宏说道：互联网是开胃菜，人工智能才是主菜。未来，人工智能必将达到能够理解人类想法的程度。到目前为止，人工智能在诸如智能穿戴设备、无人机、虚拟客户服务、智慧城市、智能安防、基于大数据的业务分析等领域均得到应用，节省了人工成本，开启了未来的万亿级市场。人工智能已经从封闭的实验室逐步走向了开放的商业应用道路。有人认为，2016年或许是中国的人工智能商用元年。

人工智能的快速发展，将会帮助人类从繁重的体力、脑力劳动中解放出来，获得更大的自由、取得更大的进步。亚里士多德曾说过，如果机器能干很多活，岂不能让人类解放出来？人工智能将不仅是替代简单重复的劳动，未来越来越多的复杂的高级脑力活动也可以被人工智能替代，人工智能既创造了一个又一个新的机会，也带来了又一个巨大的挑战。或许再过几十年，人工智能将渗透到生活的方方面面，甚至像家庭成员一样进入千家万户，每个人都离不开。到那时，人类大脑将进一步解放，机械运算等都由机器人替代。

未来10~15年，人工智能将要取代50%的人的工作。那么，对于普通大众的我们该怎样去面对呢？创新工场创始人兼CEO李开复表示，人工智能时代来了，但这些岗位是人工智能做不了的，会被留下来：如管理人工智能的科学家、行业顶尖人才、艺术、美学、综合性人才、按摩师、叠衣师……甚至是老人院和孤儿院的志愿者、护工，这些需要表达心中真诚与爱的岗位，是机器学不来的。

与已往总是强调人工智能具有潜在威胁不太一样，著名物理学家霍金这次明确地告诉我们，人脑与机器脑没有本质区别，"机器脑有灵魂"完全是人类虚构的童话故事。与此同时，创造智慧可以为人类带来巨大的潜在收益：我们内心秉持乐观态度，也许借助这项新技术革命的工具，我们将可以削减工业化对自然界造成的伤害。

当然，很多人担忧的是类似于《西方极乐园》那样的人工智慧系统时空的潜在风险，虽然霍金没有阐释具体的解决方法，但却强调我们必须要找到掌控风险的工具。然而在最后，霍金话锋一转，对科学家乃至整个人类提出了严正警告：人工智能也有可能是人类文明史的终结，除非我们学会如何避免危险。

目录
Contents

第一章

智能时代

互联网时代，无论是 PC 互联网还是移动互联网，大家更多关注的是软件层面的东西。但是在人工智能时代，需要更多地去关注软件和硬件的结合能够有哪些创新。比如现在流行的无人驾驶汽车、智能音响，都是软硬件结合的典型代表，"闷头憋软件"的时代已经成为历史。移动互联网时代已经结束，人工智能时代已经来临！

——百度创始人、董事长兼 CEO　李彦宏

【章首案例】　科大讯飞：从语音交互到人工智能

2017 年 6 月 7 日，由科大讯飞股份有限公司牵头的 863 国家高考答题机器人项目内的 AI-MATHS 高考机器人在成都参加了 2017 年高考数学的测试，在掐断题库、断网、无人干涉的情况下通过综合逻辑推理平台来进行解题，分别用时 22 分钟和 10 分钟答完两份高考数学试卷，分别获得了 105 分和 100 分的成绩（满分 150 分）。科大讯飞的人工智能技术，再次吸引了社会的广泛关注。

一、公司介绍

科大讯飞成立于 1999 年，是一家专业从事智能语音及语言技术、人工智能技术研究，软件及芯片产品开发，语音信息服务及电子政务系统集成的国家级骨干软件企业（股票代码：002230）。作为国内智能语音和人工智能

产业的领导者，科大讯飞在智能语音及人工智能行业深耕 18 年，始终专注于智能语音及语言技术、人工智能技术研究，拥有国际领先的源头技术，并逐步建立起围绕科大讯飞为核心的人工智能产业生态。

公司在以从能听会说到能理解会思考为目标的讯飞超脑项目上持续加大投入，在感知智能、认知智能以及感知智能与认知智能的深度结合等领域均达到国际领先水平。在感知智能方面，科大讯飞的语音合成、语音识别、声纹识别继续保持国际领先，并且通过切入汽车车载语音领域在人工智能商业化应用方面取得了成功。在认知智能方面：科大讯飞获得了国际著名的常识推理比赛 Winograd Schema Challenge 2016 第一名的好成绩，并研发了全新的基于深度学习的知识图谱自动构建技术，获得美国国家标准技术研究院举办的国际知识图谱构建大赛第一名。此外，还发布业界首个中文阅读理解测试集，完成业界最高水平的中英文检错批改系统等。

近年来，科大讯飞的营业收入稳步上升。2013 年，公司实现营业收入约为 12.5 亿元。2014 年，公司实现营业收入约为 17.8 亿元，比上年增长 41.6%。2015 年，公司实现营业收入约为 25 亿元，比上年增长 41.24%。2016 年，公司实现营业收入约为 33.2 亿元，比上年增长 32.75%。具体如图 1-1 所示。

图 1-1　科大讯飞 2013~2016 年营业收入状况

资料来源：根据科大讯飞 2013~2016 年年报整理而成。

二、领跑智能语音技术

科大讯飞作为语音行业的高科技企业，正在引领语音技术的发展。科大讯飞已经拥有世界最先进的语音技术和语音产品以及一支充满激情和活力的世界一流研发团队。目前推出的"超脑计划"无疑会进一步加速提升公司的研发能力和在行业的领军地位。

为了把握语音技术研究的源头优势，科大讯飞与国内语音技术领域具有雄厚实力和经验的科研院所（中国科技大学、中科院声学所和社科院语言所）先后建立联合实验室，通过机制创新，使得合作伙伴各展所长，专注于其擅长的研究，研究成果由科大讯飞统一实施产业化，将语音研究领域的局部优势转化为中文语音技术的整体优势。

在技术上，他们构筑语音技术领域的核心竞争优势。语音合成（Text To Speech），简称 TTS 技术，它涉及声学、语言学、数字信号处理技术、多媒体技术等多个学科技术，是中文信息处理领域的一项前沿技术，解决的主要问题就是如何将文本状态的文字信息转化为可听的声音信息，也即让机器像人一样开口说话。由此可见，科大讯飞在技术开发、业务扩展等方面上取得的业绩，促成了其在语音技术的领先地位。

三、从语音交互到人工智能

从成立到今天，科大讯飞这 18 年的时间实际上就干了一件事：以语音为入口的人工智能研究，而且把它做到全球领先。也正因如此，在以"人工智能＋共创新世界"为主题的科大讯飞 2016 年度发布会上，科大讯飞带来的基于讯飞超脑人工智能的多语种实时翻译技术、汽车语音交互系统、个性化语音合成技术，以及各种以大数据或语音为基础的人工智能技术在教育、家居、机器人等领域的系列应用。

讯飞超脑计划开发人类第一个真正的人工智能计算引擎，这意味着科大讯飞从语音巨人向人工智能领导者加速迈进。讯飞超脑的技术愿景是让各类智能终端从能听会说到能理解会思考。科大讯飞高级副总裁、讯飞研究院院长胡郁说，讯飞超脑的研究成果可以应用于智能客服、自动阅卷等。在英语四六级考试和高考作文测试上，讯飞阅卷技术已经做到跟人类专家相近的水平。未来的目标是让机器人考上重点大学。

在找答案的同时并经过推理和预测，拥有记忆的讯飞超脑，可以学习一个人的方言特点收集其语音习惯，使得语音识别准确率很快提升。

科大讯飞的万物互联输入法融合了 OCR 智能扫描技术、体感输入及语音输入技术。不仅可以把写在纸上的文字轻松通过扫描录入到设备当中，而且还可以通过语音、手势对这些文字进行随意的修改，甚至连标点符号都可以通过语音来录入。实际上，语音技术作为科大讯飞的强项，对着屏幕录入语音、修改标点可能并不是什么太值得炫耀的事情。2016 年，科大讯飞就已经发布了可以实时将语音转写成文字，速度和准确率远超人工速记，现场识别正确率达到 99% 以上的"听见产品"。仅过一年，"讯飞听见"在实时中文语音转写的基础上，融合全新的多语种翻译技术，实时将中文演讲翻译成英语、维吾尔语、日语、韩语，并同步展示在大屏幕上。

科大讯飞还全球首发了中英互译神器——晓译翻译机。基于科大讯飞中英口语翻译技术，可快速、准确地实现中英口语的即时互译。而且晓译翻译机还支持汉维互译功能，未来将不断地加入更多语种，实现不同语言之间的便捷交流，为不同语言的人之间的沟通扫除障碍。更让人感到惊喜的是，科大讯飞语音合成技术还可以把往常听上去干巴巴的"机器人腔"变成罗永浩、郭德纲、林志玲，甚至是你女儿的声音。

不仅如此，科大讯飞还推出了一款智能云陪护机器人——阿尔法蛋，它没有阿尔法狗的凌厉棋风，有着和鸡蛋一样圆滚滚的造型，高约 26 厘米，中间有两只发亮的眼睛，能变换各种表情，并用眼部动作表达情绪。从一出生就具备了解答十万个为什么的超能力，被誉为"百科全书"。与其他智能机器人产品不同，基于科大讯飞人工智能技术，阿尔法蛋还搭载讯飞淘云 TYOS 智能系统。小蛋的理解能力、表达能力、智商都会随着自我学习而不断成长。2017 年 5 月 21 日，广州首场人机科普知识大战上演，预言被再次证实——从广州中小学生科普竞赛 48000 名参赛学生中遴选出的获胜者组成天才少年队，对战阿尔法蛋，经过激烈角逐，最终以 70：90 比分败北。阿尔法蛋战胜天才少年，彰显"人工智能+"时代正在到来。科大讯飞总裁刘庆峰预言，未来不仅各行各业都将被人工智能改变，每个人也将拥有人工智能助手。集教育内容、超级电视、视频通话、智能音箱和自然语言交互于一身的阿尔法蛋，今年更是荣获具有产品设计界的"奥斯卡奖"之称的 iF 国际设计奖，变身机器人网红。

科大讯飞在移动互联网、智能教育、智能家居、智能车载、呼叫中心方面的良好业务发展态势对于新一代人工智能提出了迫切需求，同时也为超脑计划提供了良好的应用和推广基础。未来"互联网+"时代一定是以语音接入为主，以触摸、键盘、手势为辅助的时代。只有把认知计算做成了，才能真正把握产业制高点。人工智能不仅是这个时代赋予的创新创业机会，也是我国信息产业有可能跟全球最发达国家同步，并力争领先的一个千载难逢的机遇，这也是科大讯飞的一个新机遇。

四、打造智能语音生态圈

未来的世界，将会有越来越多人的工作被智能化机器取代，而科大讯飞股份有限公司这家企业的存在，正是加速了这个时代的到来。

科大讯飞是在智能语音与人工智能领域低调潜行十多年的高科技企业，近几年终于借着人工智能和语音识别的东风迅速被人知晓，并在一定程度上已经成为国内智能语音领域的代名词。2016 年，科大讯飞快马加鞭，通过人工智能，在多个领域开花。科大讯飞认为，随着智能设备的广泛普及，未来人与机器的交互语音将成为主导。因此，科大讯飞将坚持语音技术与产业化的战略方向：一方面，积极把握语音门户，持续为全行业提供语音能力；另一方面，面向教育、车载、音乐等重点方向提供整体解决方案，打造智能语音生态圈。

得益于人工智能第三次浪潮的到来，科大讯飞在人工智能领域的布局不断深入。目前，科大讯飞已经在声音、输入、交流、电视、教育、汽车、机器人七个领域推进人工智能的实际应用。其中，声音作为在人工智能领域布局的重要切入点，科大讯飞今年显然也在智能语音方面倾注了更多的心力。在语音合成方面，科大讯飞在国内外多次语音合成评测中获得冠军。尽管已经在行业领先，科大讯飞似乎并没有停下技术突破的脚步。在 2016 年 11 月 23 日的年度发布会上，科大讯飞推出两款最新声音产品，其突出特点是产品已经可以做到个性化定制。

不久前，科大讯飞宣布，其语音识别成功率达到 97%，离线识别率达到

95%。科大讯飞已占有中文语音技术市场 70% 以上的市场份额，每日为近 30 亿人次、20 万开发伙伴和 8.9 亿终端用户提供语音及人工智能交互服务，以科大讯飞为中心的人工智能生态已经逐步构建。

在输入法方面，推出讯飞输入法，1 分钟可输入 400 字。讯飞输入法不仅语音精准、手写快捷、输入流畅，还有海量皮肤、表情、颜文字；支持 19 种方言输入，能够听懂你的家乡话；支持随声译，说中文出英文！

五、启示

作为技术创新型公司，对核心技术的研发和坚守是非常重要的，科大讯飞也正是因为有了之前那么多年的坚守，才有了对今天人工智能的深刻理解和深度挖掘。而互联网和大数据的发展，更为科大讯飞的发展提供了新的机遇和挑战。科大讯飞成长的 18 年，不仅实现了语音产业强国的梦想，而且开始蜕变为人工智能产业领导者。从科大讯飞的发展，可以得到以下几点启示：

第一，如今，机器人与人工智能已不再停留在畅想阶段，而是正成为产业新风口，掀起新一轮技术创新的浪潮。

第二，未来机器学习人类的认知计算，应该是从语音和语言为入口。因为它可以通过万物互联，从各方面来收集人类的需求，来理解人类的思考，然后又通过语音和语言把它的服务能力重新运用于人类，所以，以语音和语言为入口的认知计算是未来人工智能发展的必然路径。

第三，人工智能未来在越来越多的领域代替人的工作，技术创新将来不会颠覆人类，而会让人类生活得更幸福。

资料来源：笔者根据多方资料整理而成。

从古代开始，人类就一直幻想着制造出具有智能的机器，很多古代的传说，无不体现了这一思想。而人工智能从 1956 年问世以来，已经经历了 60 余年的风风雨雨，其发展并非一帆风顺，历经几次大起大落。也正是在这样的起落中，人工智能得以逐步发展壮大，并最终迎来人工智能时代。

第一节 让机器更聪明

当代，人们在不断开发自身智慧的同时，也在开发机器人的智能，有专家预测称：未来 15 年，智能将会使得机器人比人类更加聪明。智能机器人不久将从体验中吸取教训，说笑话，甚至调情挑逗。近年来，人们见证苹果公司的语音识别软件 Siri、谷歌公司研发的自动驾驶汽车等，智能——让机器更聪明的言论是有道理的。不仅如此，人工智能已经体现在我们生活中的很多方面了，比如餐厅订餐、订座、送餐、搜索、机器翻译、无人驾驶等。

一、世纪大战

阿尔法狗是一款围棋人工智能程序，由谷歌（Google）旗下 DeepMind 公司的戴密斯·哈萨比斯、戴维·席尔瓦、黄士杰与他们的团队开发。其主要工作原理是深度学习。2016 年 3 月，该程序与围棋世界冠军、职业九段选手李世石进行人机大战，并以 4 : 1 的总比分获胜。第一局，李世石在阿尔法狗的凶猛逆转下投子认输。在第二局的较量中，双方很长时间势均力敌，但到最后的时候，李世石首先进入了读秒的状态，处于不利地位。最后，双方均进入读秒状态，机器算法越来越精准，李世石最后认输。第三局，李世石被阿尔法狗完全击溃。第四局，人类代表李世石终于战胜了阿尔法狗，比分扳为 1 : 3；最后一局，终是以李世石认输收尾。

2017 年 5 月，中国棋手柯洁九段与人工智能阿尔法狗在浙江桐乡市乌镇进行三番对弈。第一局，柯洁执黑 1/4 负于阿尔法狗。人机大战第二局，柯洁中盘认输。第三局，阿尔法狗执黑中盘胜。这次人机大战三番棋决战中，柯洁以 0 : 3 的总比分不敌阿尔法狗。

从李世石到柯洁，阿尔法狗在与他们对局过程中所展现的思维模式已给棋手们打开了新的思路，也让更多的棋手不再拘泥于一时胜负，重新认识到对围棋热爱的本质。人类棋手的失败，同时却也是人类智慧的胜利！

无数历史已证明，在技术革新带来冲击的同时，往往也带会来新的发展机遇。阿尔法狗的主要工作原理是"深度学习"，它的胜利意味着人类人工智能研究获得突破性胜利。作为目前认知型人工智能最成熟的应用之一，阿尔法狗对古老又复杂围棋的理解，将预演未来人工智能对人类生活的影响。人与人工智能的默契配合，将是本次"人机大战"最大的亮点。

或许在人机大战赛前我们对机器和人孰胜孰负还抱有强烈的兴趣，但观罢八轮咫尺见方棋枰上的高强度对抗，我们对人机大战的认识更加理性：所谓人机大战无外乎是人类假借工具（机器）向人类自身发起的又一次挑战。这一过程，由古至今从没有间断过。现在阿尔法围棋胜了，这标志着人类在人工智能领域的研究又实现了一次飞跃。作为这项古老东方智力运动杰出代表的李世石和柯洁，见证并验证了人类智慧又一次战胜自我、攀上新高峰。通过今天这样一场荡气回肠、吸引全球眼球的人机大战，势必将出现更多的围棋爱好者。

作为新一代人工智能的代表，阿尔法围棋的目标是发展具有深度学习能力的人工智能，人机大战的目的也是验证人工智能目前能够达到怎样的深度学习能力。未来，这种人工智能会深入人类社会各个领域。如果以"阿尔法"为新一代人工智能的"符号"，那么在未来的某一天，我们会发现，阿尔法医疗、阿尔法交通、阿尔法环保、阿尔法保健等也会出现在我们的生活里。

二、让机器人真正智能起来

比尔·盖茨说：机器人会在十年内比人类更加聪明。这显然不是在开玩笑。在人工智能、先进机械设计的发展下，让机器人越来越像人类，也能够完成更多的事情。事实上，像终结者、钢铁侠、变形金刚，这些科幻电影中的智能人形机器人已经不再仅仅停留在大荧幕上。人工智能，使得机器人真正智能起来了。

据相关部门统计，2012~2017年，我国工业机器人市场销量以年均30%的速度增长，2016年上半年工业机器人市场累计销量达到19257万台，按可比口径计算较上年增长37.7%，增速比上年同期加快10.2个百分点；考虑到前期研发企业实现投产、新企业进入等因素，实际销量比上年增长70.8%，已连续多年保持了较高的增长速度，产业发展处于上升通道。2015年以来，我国先后出台《中国制造2025》《机器人产业发展规划（2016~2020年）》等文件，力争到2020年，工业机器人销量达15万台，持有量80万台，国产工业机器人年产量达10万台，市场占有率67%，关键零部件自给率达50%以上，形成比较完整的产业体系。不仅如此，2016年中国人工智能市场规模达到239亿元，预计2017年产业规模达到 295.9 亿元，2018 年将达到 381 亿元。艾瑞咨询的数据显示，中国的人工智能创业公司已突破 100 家，约 65 家获得投资，共计约 29.1 亿元人民币，人工智能大火已经是不争的事实。

我们也发现，不断变得智能的机器人正在取代人类的工作，不管是给鸡去骨还是在药房工作，是调酒还是看管监狱，我们可以从网上看到数百条最近的有关机器人的新闻，内容涵盖机器人迄今所能执行的日常任务。据瑞银的一份最新报告显示，到 2030 年，人工智能技术将在亚洲创造 1.8 万亿美元至 3 万亿美元的经济价值。但这一切是要付出代价的：据估计，在中长期阶段，亚洲将有 3000 万~5000 万个就业岗位面临被取代的风险。在我国，2015 年被誉为智能机器人元年，从习近平主席"工业 4.0 的机器人革命"到李克强总理的"万众创新"；从国务院《关于积极推进"互联网+"行动的指导意见》中将人工智能列为"互联网+"重点推进领域之一，到中共十八届五中全会把"十三五"规划编制作为主要议题，将智能制造视作产业转型的主要抓手，人工智能掀起了新一轮技术创新浪潮。由于强大的运算能力和卓越的智能化系统功能，人工智能在人类生活当中开始占据越来越重要的地位，而这也使得世界各国开始加大对于新 AI 技术的开发和提升。

智能时代专栏1　　智臻智能：中国智能机器人第一品牌

在大多数人工智能公司还只拥有一个文案或模型（demo）的时候，智臻智能的小 i 机器人客服系统已进入建行、工行等几十家大银行、三大通信公司以及华为、联想、海尔、三星、东方航空、顺丰、通用汽车、万达集团、携程等几百家大中型企业和政府机构。

一、公司介绍

上海智臻智能网络科技股份有限公司（简称"智臻"）是一家提供智能机器人服务、智能营销解决和智能设备集成方案的高新企业。2003 年底，智臻自主研发的全球第一款中文智能网络聊天机器人"小 i"诞生。从刚推出时作为一款 MSN 聊天机器人应用，到 2006 年成为微软全球战略合作伙伴，再到为通信、政府、电子商务、智能电视等多领域集团客户提供客服机器人服务、智能营销解决和智能设备集成方案，智臻不仅在技术创新上始终保持世界领先，还成功实现了商业模式突围，成为全球智能网络机器人开发及应用的领跑者。

二、聊天机器人

2003 年末的一个夜晚，智臻的 CEO 袁辉加班到深夜，打开 MSN 想放松一下，却找不到朋友聊天。袁辉突然想如果有个机器人陪聊就好了，因为这个一闪而至的灵感，智臻团队开始设计一种考验自动问答的聊天程序。不久，全球第一款中文智能网络聊天机器人小 i 诞生。

2004 年 1 月，小 i 机器人首发微软 MSN 平台。在没有任何市场宣传的情况下，小 i 迅速积累了 40 万用户，成为不少白领的聊天新宠。2004 年 4 月，小 i 登录腾讯 QQ。2005 年，智臻与新浪无线及浙江电信等平台合作，推出全球首个短信版和 WAP 版智能机器人。作为一款聊天应用，语句调皮、生动、充满人情味，一时得到了国内大量互联网用户的追捧。借助 IM 平台黏性的人际关系网络，小 i 机器人的用户规模在短短两年内达到 3000 万。

小 i 聊天机器人是以 IM 平台为载体的一种智能聊天伴侣，只要添加机器人账号，就能和它进行聊天。小 i 机器人不仅可以进行日常对话，陪用户聊天解闷，还可以通过语义分析自动为用户检索信息。与普通搜索引擎关键字的搜索方式不同，网络机器人首先会对用户提交的自然语言进行智能解析，然后给出匹配答案。比如对"上海今天天气怎么样""上海今天冷吗""今天来上海需要加衣服吗"这三个问题，普通搜索可能会给出千差万别的搜索结果，但网络机器人通过语义解析"明白"这三个问题其实表达的是相同的意思，然后把"上海今日天气"相关信息提供给用户。在信息量剧增的今天，网络机器人能有效地帮助人们完成自动搜索、处理及整合海量信息。

三、打造智能机器人第一品牌

2006 年，智臻凭借强大的技术实力在激烈竞争中胜出，成为微软全球战略合作伙伴。同年 11 月，智臻成功举办中国 Windows Live Messenger 机器人大赛，向全世界推荐了小 i 机器人。智臻随即充分利用微软全球机器人战略唯一合作伙伴的优势面向企业打造出一款基于 MSN 平台的智能网络营销机器人，为企业定制 MSN 签名机器人——当企业主办活动时，吸引用户修改它的 MSN 签名档，将企业文化与产品信息再通过用户传递给他的好友以及好友的好友，达到迅速、精确、低成本地覆盖目标消费群体的营销目的。

2007 年，智臻再次获得互联网领域著名的 5 家风险投资商 Jafco Asia、DFJ ePlanet、Intel Capital、Zero2ipo Capital 和 IDGVC 的融资，总值达数千万美元。目前，iBot Platform 已经成为全球最大的网络机器人开发平台，用户数量超过 10 万人，遍布 200 多个国家。

与此同时，智臻在另一个领域有了更大的突破。随着政府信息公开不断深化，公共服务信息覆盖面不断扩大，电子政务成为信息化时代的必然趋势。2006 年 9 月，全球第一个政府领域的中文智能客服机器人诞生。

随着"服务经济"和"精准营销"时代来临，政府、企业越来越需要高时效、高效率、低成本处理即时海量信息。智臻很快推出了面向机构用户的新产品——智能网络客服机器人。这一产品有效地解决了以呼叫中心为载体的传统客户服务体系的种种弊端，比如高峰期经常客服占线、客服人员因情绪波动影响服务质量、客服人工成本上升等，并实现昼夜和节假日 24 小时服务。客服机器人根据客户需求给出统一标准下的准确答复，有效降低企业的人工成本。

2008 年 8 月，江苏移动客服机器人上线，成为第一个为移动运营商领域服务的智能机器人。借助创新应用的示范效应，智臻成功为中国移动所有省级公司全部配置客服机器人，中国电信、中国联通也相继与智臻签订合作协议。在运营商领域获得突破后，其他各领域的企业也纷纷寻求合作。智臻智能客服解决方案的客户主要有：中国移动、中国电信、上海人力资源劳动保障 12333 社保查询、天津市政府、上海科委、海关总署等。

今天的智臻面向运营商、政府、金融机构、电子商务、IT 服务、汽车、快消等多行业领域提供智能客服、智能营销解决方案，当之无愧地成为智能网络机器人中国第一品牌。

资料来源：笔者根据多方资料整理而成。

三、工业革命

工业革命指以机器取代人力，以大规模工厂化生产取代个体工场手工生产的一场生产与科技革命。18 世纪中叶，英国人瓦特改良蒸汽机之后，由一系列技术革命引起了从手工劳动向动力机器生产转变的重大飞跃，这是工业革命开始的标志。机械思维通常是指人的头脑根据机械论的基本原则，对我们的认识对象进行反映和思考的相对固定的程序、路线、形式和方法。比如，"二战"时期，德国纳粹投入了大量的人力、物力研发 V-1 导弹和 V-2 导弹，试图以此攻击英国本土，决定战场进程。导弹发射前，根据设定的目标，以及自重的变化、风速、湿度等已知参数，算出发射的角度和方位。按照牛顿力学的原理，如果能精准地考虑所有因素，导弹的落点应该就在目标点上，这就是典型的机械思维方式。然而，实际情况却是，在"二战"中，德国人发射的导弹虽然大致方位都瞄准了英国，但导弹的落点偏差极大，并未对英国人造成预期的伤害。思考其中的原因，也不难理解，毕竟，在发射之前，有太多的因素无法考虑到，有太多的变数可能发生，而且导弹飞行过程中，许多因素都是在实时变化的，难以精准分析每个变量对最终落点的影响。工业革命是机器取代人力的结果，由此可见，工业革命正是机械思维的结果。

在瓦特改进蒸汽机之前，整个生产所需动力依靠人力和畜力。伴随蒸汽机的发明和改进，工厂不再依河或溪流而建，很多以前依赖人力与手工完成的工作自蒸汽机发明后被机械化生产取代。工业革命是一般政治革命不可比拟的巨大变革，其影响涉及人类社会生活的各个方面，使人类社会发生了巨大的变革，对人类的现代化进程推动起到不可替代的作用，把人类推向了崭新的蒸汽时代。18 世纪后期到 19 世纪前期英国从手工生产转向大机器生产的技术以及经济变革，后来逐渐扩散到世界各国。工业革命是资本主义发展史上的一个重要阶段，它实现了从传统农业社会转向现代工业社会的重要变革。工业革命是生产技术的变革，同时也是一场深刻的社会关系的变革。从生产技术方面来说，它使机器代替了手工劳动；工厂代替了手工工场……这些都是机械思维的内容。

随着欧美发达国家自动化生产技术这几年的飞速发展，工业机器人的应用需求越来越大，我们单靠人口红利优势保持经济发展的时代已经一去不复返了，企业面对人力成本的提高唯一方法是提高有效劳动生产力，也就是提高生产自动化的程度。目前，我国正处于产业转型升级的关键时刻，越来越多的企业在生产制造过程中引入工业机器人。单从 AGV 机器人（搬运机器人活 AGV 小车）行业数据来分析，2016 年中国 AGV 新增销量 3150 台，同比增长 29.15%；其中，汽车领域是 AGV 最大的市场，销量占比超过 40%。2017 年，随着汽车领域需求继续快速增长以及电子电气、仓储物流快速起量，高工产研机器人研究所预计全年中国 AGV 新增销量将超过 4000 台。

四、超人类智能时代

在当今世界最先进的柔性自动化生产线上，不到一分钟就可以有一辆车下线；而且同一生产线上可以生产六种不同车型，每一车型的切换仅需 18 秒。核心技术在于把机械臂跟周围的工装夹具等相关设备通过三维系统有机集成，这已经是很成熟的技术。未来人机交互、融合，才能实现物与人通过技术服务有机连接，从中国制造跨入中国智造。通过人机共融，可使机器人的简便性大大提高，对机器人的整个应用产生质的变化。关于人机共融安全性的问题，按照国际安全标准对安全性已经提出相应的要求，但是如何实现方法很多，有各种各样的做法。只有真正做到无围栏，多种技术结合起来，才能达到最终的安全。

如何把人和机器结合起来，是机器人产业发展的必由之路，目前来说人机融合是工业机器人智能化的主要趋势。为了使机器人更好地与人匹配，我们需要研究人具备什么能力？人首先有绝对的柔性，其次便是视觉与触觉。目前传统的机器人在速度、精度、简单重复作业的可靠性上是远超人类的，但是柔性、触觉与视觉部分与人的差距还是很大的。因此，把人和机器结合起来，我们首先要研究人的柔性，其次便是视觉与触觉。实现人机融合也具有重要意义：①顺应全球趋势：全球机器人发展势头强劲，不断朝着智能化方向发展；②促进智能制造：中国正处于制造业转型升级时期，智能制造、科技创新是国家发展的必然要求，作为高新技术产业重要项目，智能机器人处于领先地位；③提高自身发展：人机融合，既替代了人类一些简单、重复、高危险的工作，又弥补了机械操作不灵活、变通性差的缺点，提高企业生产率、竞争力，促进企业转型升级；④人与机器人的互智互动，和谐相处，人类可享受更加便利、高质量的生活。

有一个令人百思不解的经典现象——在工业流水线上精确、高效、灵巧无比的机器人，何以在处理大多数生活事务（如简单的叠衣服、上下楼梯等）时表现异常笨拙？人们从移动性能、灵活性、可操作性、传感能力和智能方面进行人机对比后发现，当前机器人的主要差距在于灵活性和智能，尤其是智能方面，人的认知方式和过程机器尚难以模仿，人脑与肌体的联动反应机制机器更不能完美再现，其中蕴含了软件、硬件领域的巨大技术挑战。所以，真的想要机器人融入我们的生活，"一个先决条件就是机器人必须知道人的存在，能够跟人共同生存"。这要求机器人的辨识、认知能力大幅度提高，机器人变成了社会的一部分，人机融合时代就真正到来了。

智能时代专栏 2　　　　**巨轮智能：布局工业机器人**

2016 年 3 月，巨轮智能被确定为广东省机器人骨干企业，同时公司两个关于机器人的项目获得广东省专项资金拨款。巨轮智能表示，将立足工业 4.0 技术前沿，突破制约产业发展的关键共性和应用基础技术，深入开拓工业 4.0 装备领域，发展高端智能成套装备。

一、公司介绍

巨轮智能装备股份有限公司（股票简称："巨轮智能"；股票代码：002031）是目前国内规模较大、技术领先和首家上市的轮胎模具开发制造企业。公司目前已形成轮胎模具、轮胎硫化机、工业机器人和精密机床四大高端业态。公司主要研制开发、生产子午线轮胎模具、液压式轮胎硫化机、精密机床和工业机器人，主导产品有子午线轮胎活络模具、轮胎二半模具、巨型工程车胎活络模具、多种型号的液压式轮胎硫化机、轻载和重载工业机器人、精密机床等。2016 年，该公司实现营业总收入 8.18 亿元，同比下降 17.18%；实现利润总额 5843.47 万元，同比下降 61.9%。

二、进军工业 4.0

巨轮智能是国内首家上市的轮胎模具开发制造企业，在轮胎模具、硫化机领域，公司的技术与产能都处于国内领先地位。2015 年 10 月 20 日，"巨轮股份"正式更名"巨轮智能"，标志着公司正式转型至工业 4.0 领域。巨轮智能董事长吴潮忠表示，转型并不是噱头，而是看到工业 4.0 时代的巨大市场，公司 2009 年就进入这个领域，多年研发突破了一系列核心的技术。2015 年，公司募资 10 亿元，其中超 3 亿元投向了工业机器人领域，并在广州设立了机器人研发总部，吴潮忠告诉记者，未来几年，公司在工业 4.0 领域的投入将会持续加大，包括将在广州建立智能装备基地。

基于巨轮在工业机器人及智能装备领域多年的积累和突破，公司被确定为广东省机器人骨干企业。另外，公司研发了企业转型升级方向工业机器人制造骨干企业专题项目、"面向机器人智能装备公共服务平台"等项目。

三、布局智能机器人

近年来，巨轮智能谋求进入高端智能装备制造产业，且在工业机器人等业务布局成果初显。主要布局有如下两大举措：

第一，与中德基金合作，投资智能机器人领域。基于对智能机器人及智能装备制造行业前景较为看好而中德基金在智能机器人相关行业在德国拥有较好的资源储备，且和德国人工智能研究中心建立了战略合作关系，巨轮智能与中德基金于2016年4月11日签署了"合作协议"。巨轮智能拟与中德基金合作，共同参与德国人工智能中心中国研发中心的设立，同时中德基金协助甲方对接相关资源，并通过双方合作的专项基金，支持巨轮智能设立"巨轮智能——德国人工智能中心智能机器人技术产业平台"，投资智能机器人项目，承接其智能机器人相关技术及专利，并进行产业化。不仅如此，2016年12月8日，巨轮智能公司在揭阳中德合作区投资设立全资子公司。

第二，设立广州巨轮机器人与智能制造研究院。为充分利用科技研发优势，促进智能制造行业发展，巨轮智能全资子公司巨轮（广州）机器人与智能制造有限公司出资人民币100万元申请投资设立"广州巨轮机器人与智能制造研究院"。巨轮智能表示，公司的机器人产品深植"科技创新"发展理念，以全球化的视野开展技术合作研发，与以色列 Servotronix Automation Solutions Ltd（伺服创立自动化解决方案有限公司）、德国 OPS-INGERSOLL Funkenerosionen GmbH（欧吉索机床有限公司）等国际著名的智能装备、精密机床企业建立深度紧密伙伴关系，引进全球领先的前沿技术，解决目前制约国产机器人及智能装备发展的控制系统技术与精密制造技术。为集聚区域人才资源和产业资源，致力于中国，特别是华南地区机器人及智能制造技术研究、开发及其产业化，为工业智能化制造提供前瞻性科技支撑，力争成为产业公共技术支撑和服务的重要平台以及智能技术人才培养基地。

工业机器人是基础，而未来巨轮将要做工业自动化整体解决方案的领导者。未来工厂自动化的场景：由系统大脑发出生产指令，机器人搬卸原料，由精密机床、机器人进行生产加工，AGV（机器人运输车）传输至立体仓库，完成整个生产自动化过程。这不仅是设想，巨轮将近年研制的工业机器人单体及智能制造单元、液压硫化机、模具、机床等设备联系在一起，包括完善硫化前的自动化工序、物流、仓储等多个环节的解决方案，成功为杭州中策集团设计制造了国内第一条轮胎制造全自动化智能生产线，目前已成行业工业 4.0 的典范项目之一。

资料来源：笔者根据多方资料整理而成。

第二节　智能革命

智能革命是实现智能的转换和利用，使人类文明史出现伟大转折，开创后文明史。这是从智能机器的制造到广泛作用，引发智能"核爆炸"，把人的智能及机器智能的潜力爆发出来，导致社会智能化，以创造出职能社会为史的历史时期。在这一新的历史时期内，人类最终脱离动物界，以求发展的智力竞争取代生存竞争，不仅明确没有发展就不能生存，而且使精神文明与物质文明同步发展。

一、智能化社会

智能化社会表现在整个社会从宏观到微观的各个层面。大数据和智能机器把我们社会的管理水平提升到一个前所未有的高度，使我们生活的环境更加安全。

在 2014 年跨年夜上海外滩陈毅广场踩踏事件发生后，百度就开发了预测热门成熟和景点拥挤情况等相关信息的服务。为什么百度能做到呢？其实说起来并不复杂，因为百度能够从安装了其 APP 的大量用户手里得到人流的信息，这些数据汇总后，可以计算出一个根据人流和时间变化的模型，在未来的时间里，可以根据当前人流分布使用这个模型预测在未来的几个小时里人流的流动情况。如果发现过多的人流涌向某一个地点，那么就可以预警。如果推广利用大数据预防踩踏事件的方法，就会发现它可以适用于很多类似的情况。智能化社会如图 1–2 所示。

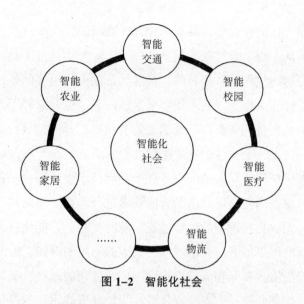

图 1-2　智能化社会

第一，智能交通。交通拥堵是今天住在大都市里的人每天的烦心事，那么是否有可能通过城市整体上的智能交通或多或少地改进交通路况呢？曾经有团队做过粗略的估算，如果道路上所有的汽车都是能够互相协调配合的自动驾驶汽车，即使不减少车的数量，只是对行车路线实现规划和协调的话，每个人平均通勤的时间至少可以缩短 20% 以上。对于这个结论，几乎没有人会有异议，因为对交通做整体的规划一定能够更好地利用道路，减少拥堵的发生，并且在拥堵发生后，让附近行驶的车辆能够及时地规避拥堵。虽然自动驾驶汽车的普及还显得有些遥远，但是利用智能手机在很大程度上可以取得类似的效果。智能化对于交通状况的改进，其实只是它在帮助城市管理方面所做的一件非常小的事情。

第二，智能校园。最近几年各种校园事件频发，引起了社会的关注。许多学校为了进一步保障学生的安全，纷纷加强了学校的智能化建设。比如，各大高校运用先进的技术手段，在一定区域范围内警戒可能发生的入侵行为，对发生的报警事件及时捕获、处理和记录相关影像，对重要的部门进出情况进行自动记录，对重要区域提供有效的保护等，这些都是提高学校安全防范等级、加强校园的纵深防护所采取的措施。

第三，智能医疗。在智能医疗方面，智能机器人和其他数字技术正在飞速习得各种技能，计算机已经能用 X 光诊断乳腺癌、预测存活率，准确率至少已经达到了放射科医疗专家的平均水平。当下，关于信息科学技术用于医疗领域而产生出的概念非常多，如远程医疗、移动医疗、互联网医疗……这些都是以信息转移为主体，将原本从人身上直接获取信息的方式，转变为通过工具、互联网等间接获取信息，从而达到同样的医疗目的。在这些阶段人们更多的是从便捷性上考虑问题。自从有了智能医疗，人们不用经常上医院了，也就减轻了医院的压力；医院也不用每天消耗大量的资源进行低端重复的检测、开药，节约了时间。这样的服务能带来收入，是一个良性的智能医疗商业模式。但一个与其他行业不同的情况是，当前智能医疗行业最大的问题不在产品和技术上，而在平台和运营上。医疗是一个特殊行业，即便是以目前的智能技术进行改造，短时间内也只能停留在基础医疗层面，无法替代复杂的医疗过程。总而言之，智能化社会体系在方方面面让我们的生活变得更加方便，同时社会资源的利用率得到了极大的提高。

第四，智能物流。智能物流是以物联网广泛应用为基础，利用先进的信息采集、信息传递、信息处理、信息管理技术、智能处理技术，通过信息集成、技术集成和物流业务管理系统的集成，实现贯穿供应链过程中，生产、配送、运输、销售以及追溯的物流全过程优化以及资源优化，并使各项物流活动优化、高效运行，为供方提供最大化利润，为需方提供最佳服务，同时消耗最少的自然资源和社会资源，最大限度地保护好生态环境的整体智能社会物流管理体系。目前，在医药、农产品、食品、烟草等行业领域，产品追溯体系发挥着货物追踪、识别、查询、信息采集与管理等方面的巨大作用，已有很多成功应用。以京东为例，京东商城正在建立云物流系统，公司希望对整个订单的过程、库存的过程、生产的过程是全控制的，可以做到品类较全、服务较好、订单满足率较好、配送较好。云物流是面向各类物流企业、物流枢纽中心及各类综合型企业的物流部门等的完整解决方案，依靠大规模的云计算处理能力、标准的作业流程、灵活的业务覆盖、精确的环节控制、智能的决策支持及深入的信息共享来完成物流行业的各环节所需要的信息化要求。

第五，智能家居。智能家居是在互联网影响之下物联化的体现。智能家居通过物联网技术将家中的各种设备连接到一起，提供家电控制、照明控制、电话远程控制、室内外遥控、防盗报警、环境监测、暖通控制、红外转发以及可编程定时控制等多种功能和手段。与普通家居相比，智能家居不仅具有传统的居住功能，兼备建筑、网络通信、信息家电、设备自动化，提供全方位的信息交互功能，甚至为各种能源费用节约资金。如今，我们可以通过手机来操控电灯、空调甚至是汽车，物联网正在以多样化的形式侵入我们的生活。比如，可以通过手机应用实现开关灯、调节颜色和亮度等操作，甚至还可以实现灯光随音乐闪动的效果，把房间变成炫酷的舞池；又如通过手机实现远程温控操作，控制每个房间的温度、定制个性化模式，甚至还能感知室内温度自动调节到舒适的温度。

第六，智能农业。智能农业是指在相对可控的环境条件下，采用工业化生产，实现集约高效可持续发展的现代超前农业生产方式，就是农业先进设施与陆地相配套、具有高度的技术规范和高效益的集约化规模经营的生产方式。智能农业产品通过实时采集温室内温度、土壤温度、二氧化碳浓度、湿度信号以及光照、叶面湿度、露点温度等环境参数，自动开启或者关闭指定设备。可以根据用户需求，随时进行处理，为设施农业综合生态信息自动监测、对环境进行自动控制和智能化管理提供科学依据。通过模块采集温度传感器等信号，经由无线信号收发模块传输数据，实现对大棚温湿度的远程控制。智能农业还包括智能粮库系统，该系统通过将粮库内温湿度变化的感知与计算机或手机的连接进行实时观察，记录现场情况以保证粮库的温湿度平衡。

智能时代专栏3　　　**东方网力：开启人工智能时代**

传统的生产关系在人工智能时代发生了质的变化。现在，数据是生产资源，互联网是基础设施，人工智能就是生产工具，它将对人类文明和产业变革产生重大影响。东方网力董事长刘光表示，未来20年，前10年是弱AI加产品，会有一批现象级的公司出现；后10年则是强AI甚至超AI，只有少数掌握核心技术的公司可以成为世界级公司，万象研究院要在最好的时代赢得先机，拿到人工智能时代下一个10年的门票。

一、公司介绍

东方网力科技股份有限公司（简称"东方网力"，股票代码：300367），作为北京地区首家上市的安防企业，公司上市一年后市值即突破百亿元，增幅达10倍之多，成为中国安防行业公司市值增长最快、最具投资价值的企业之一。东方网力便针对上海"金盾工程"开发了PVG网络视频管理平台系统，成功并率先实现了城市级视频监控联网，确立了国内视频监控管理平台技术领先的地位；以大数据、云计算、智能分析等技术为核心，推出"视云天下"产品体系，产品覆盖科信、刑侦、安监、教育、金融、能源、轨道交通、智能交通、智能建筑和家庭安防等多个行业。未来，东方网力将以深度学习等人工智能算法为基础，围绕视频智能化应用着力开展技术研发和产品化，并向互联网视频业务延伸，打造"互联网+"视频的智能综合服务平台，满足更多用户基于视频的安全、沟通、娱乐、社交等需求。

2016 年，东方网力实现营业收入 14.81 亿元，较上年同期增长 45.69%；营业利润 33009.47 万元，较上年同期增长 32.88%；利润总额 40469.65 万元，较上年同期增长 33.70%；归属于上市公司股东的净利润 34021.83 万元，较上年同期增长 36.91%。

二、布局人工智能

随着安防进入人工智能时代，作为在计算机视觉领域积淀多年的东方网力，前瞻性地在 AI 领域提前布局，并不断加大研发投入。2017 年 3 月 29 日，东方网力与格灵深瞳创始人赵勇和东方网力首席科学家吴惟心共拟设立的北京万象智能研究院有限公司（以下简称万象智能）、湖北京山轻机机械股份有限公司和汤臣倍健股份有限公司共同签署了《关于设立万象科云人工智能产业发展合伙企业（有限合伙）之意向书》。各方拟合资设立万象科云，主要发展安防、医疗、工业机器人、无人驾驶等行业和业务中拥有相关先进算法技术和核心产品，并围绕人工智能产业开展相关孵化投资。3 月 30 日，万象人工智能研究院发布会在北京举办。万象研究院区别于传统研究院的核心特色是 FOGE，分别是基金模式（Foundation）、多元开放（Open）、全球运营（Globalization）、链接产业（Ecosphere）。万象参考基金模式运营的创新性，让科学家参与到项目评审、孵化、商业化等各个环节中，更加符合人工智能时代的投资特点。研究领域和方向聚焦计算机视觉、自然语言处理、人工智能硬件支持与人工智能技术平台。

2016 年 8 月 6 日，东方网力设立全资子公司北京物灵智能科技有限公司；公司设立物灵科技，重磅加码服务机器人 C 端布局。物灵科技将作为公司服务机器人面向 C 端客户的实施主体，将开展包括诸如 Jibo 和 Knightscope 等产品的运营和销售工作，打造人工智能相关的产品体系。同时，发起设立"深圳博雍一号"智能产业并购基金；设立并购基金，积极挖掘大数据、人工智能领域优质公司团队。基金主要投资于视频大数据、深度学习、服务机器人等领域先进技术产品、拥有核心竞争力的成长性企业。通过与专业基金团队的合作，公司加大在新技术领域的外延式发展，提高产业整合和拓展创新业务。此外，东方网力设立多项基金，主要投资领域为人工智能与机器人相关技术领域。

东方网力以人工智能等创新技术前瞻布局视频大数据和智能服务机器人，符合产业发展大方向，这种"内生＋外延"的方式，必将带动业绩高增长。

资料来源：笔者根据多方资料整理而成。

二、机器抢掉人的饭碗

技术对社会带来的影响有时候非常诡异。一方面它可以改善人们的生活，延长人类的寿命，让一些处在新的行业、掌握了新技能的人发挥更大的作用；另一方面则可能让更多的人无事可做。智能革命也必然如此，当计算机变得足够聪明之后，一定会取代人类完成很多需要高智力的工作。当社会面对重大技术革命所产生的冲击不知所措，要两代人才能消除它的负面影响时，大家才开始感叹历史再一次重复。智能机器革命将比过去历次技术革命来得更深刻，对社会带来的冲击可能是空前的。

早在20世纪80年代前后，随着计算机最初被引入办公室，文员、秘书、会计等白领职业将被机器人取代的预测就已经开始，但大多被至少判过一次死刑的白领职业现在依然好好的。到现在，受到机器人冲击最大的职业大多为蓝领，也就是那些以劳动力为主的装配工人、操作员、流水线工人等。最近几年"白领工作被取代"这个话题又重新被捡了起来。比尔·盖茨告诉我们机器人也要交税，以此降低自动化的速度。谷歌创始人拉里·佩奇甚至还给出了建议："大家需要每周休息四天。"因为以后可能没那么多工作留给人做。和20年前不同的是，现在攻击白领工作的机器人不再需要"实体"，它们往往是服务器里的程序，而服务器也不会放在办公室的机房，而是存在于亚马逊、微软等公司的数据中心里。人们已经没法统计多少个机器人代替了多少白领工作，但一些岗位确实受到了影响。

具体而言，在农机和化肥出现后，农村从事体力劳动的人可以变成需要动脑筋的工匠；在流水线出现之后，工匠们没有了市场，但是蓝领工人可以从事白领的差事。由于机械毕竟不能完成智能的工作，因此人们最终还是找到了谋生的手段。不过智能革命的结果是让计算机代替人去思考，或者是靠计算能够得到比人类思考更好的结果，能够更好地解决各种智能问题，这时，人类会突然发现自己还能做得比计算机更好的事情已经所剩不多了。智能革命中，计算机所取代的不仅是那些简单重复性的劳动，还包括医生、律师、新闻记者和金融分析师等过去被认为是非常需要脑力的工作。

概括来讲，智能革命对社会的冲击强度大、影响面广、深刻。当全社会各行各业的从业人数都因为机器智能而减少时，全世界几十亿劳动力怎么办？新毕业的学生如何就业？答案是要么去从事一份工资足够低的服务型工作，要么没有工作靠领取救济生活。

在智能时代，一定会有一小部分人参与智能机器的研发和制造，这是所谓的新行业，但是这只会占劳动力的很小一部分。虽然很多乐观主义者认为，将来一定会有新的行业适合人们工作，但是这需要时间，至少半个世纪的时间。然而智能革命并不打算给人类等待的时间，它已经到来了，人们不得不考虑社会劳动问题怎么解决。

三、适应智能

随着互联网和智能技术的发展，越来越多的智能产品出现在我们生活环境之中，可能你还没有学会使用这些智能产品，但总有一天，我们的生活环境会离不开智能产品。以智能手环为例。智能手环作为目前备受用户关注的科技产品，其拥有的强大功能正悄无声息地渗透和改变人们的生活。其内置的电池可以坚持10天，振动马达非常实用，简约的设计风格也可以起到饰品的装饰作用。

智能手环内置了震动组件，它拥有一项非常具有特色的功能就是通过震动唤醒睡眠中的你。用户可以在设置中选择手环闹钟来激活震动唤醒功能，设定好时间然后保存即可，或是有重要事件也可设置提醒。这种唤醒或者提醒方式相比于闹铃来说可谓健康许多，因为研究表明被闹钟叫醒会使人产生心慌、心情低落等情绪，甚至影响人的记忆力、认知力和计算速度等。

智能手环的作用之一是可以清晰记录佩戴者的入睡时间、深度睡眠时间、浅度睡眠时间和清醒时间四项信息，除了记录当天的睡眠数据之外还有本周的睡眠情况，并将每日数据生成鲜明的彩色图。最后佩戴者还可以把查看本周的睡眠情况和这些数据分享到微博、微信等主流社交平台之上，与好友一起交流睡眠情况，针对手环的分析结果对自己的睡眠进行适当的调整。

智能手环最重要的功能非运动监测莫属，它可以把用户每天行走的步数详细而准确地记录下来。用户可以通过手机查看智能手环同步的数据，主要有当天运动的时间、空闲时间、运动路程、走路步数和能量消耗等情况。平时运动少的使用者，可根据制定目标来完成，例如设定 24 小时内完成步行五万步等。在办公室工作的用户长期坐着不动，智能手环也能侦测到并会提醒你做一些简单的舒展运动，活动一下筋骨预防肌肉劳损。智能手环还能根据年龄、性别、身高、体重以及活动的强度和时间来计算消耗的热量。

合理控制膳食同样也是健康生活的重要组成部分，智能手环虽然不具备食物辨识能力，但其强大的软件可以为用户提供一个非常完善的食物库。用户可以在食用时添加食物图片或者拍照记录所吃的食物并选择进食的分量，随后软件将会为佩戴者展示所摄入食物包含的能量是多少，并最终通过时间和餐饮类型为我们统计一天的能量摄取量。这样的膳食记录方式虽然并不能完全准确地计算出真实的能量摄取情况，但可以为佩戴者的饮食生活提供一个基础的参考依据。

在社会高速发展的今天生活条件变好了，但常常会感觉身心疲惫，生活的幸福指数不高。每天高强度的工作，职场上复杂的人际关系，长期奔波忙碌导致健康透支、疾病上身。智能手环适合那些忙碌的白领、居家人士和有志减肥者，它提供的睡眠、运动、饮食监测正是这些人所需要的。智能手环更像是健康的监督官，能时刻提醒你关注自己的身体健康状态，督促你多做运动、合理饮食、注意睡眠，我们的生活会越来越适应，甚至依赖这些智能的存在。

四、智能化未来

很多人都喜欢的一部电影《黑客帝国》为我们描述了这样一个场景，机械智能化极大发展，人工智能崛起，机器具备了人类思维，并与之为敌。有专家指出，这种科幻的设想并不会真正出现在未来社会中。他们认为未来依托庞大的互联网，人类社会将构建一部独立于人脑之外的"知识大脑"，人类是这个"大脑"中不可或缺、不可替代的"神经元"，而其他所有智能机械都是人类思维、感觉的延伸，而目前我们所谓的大数据等概念，都是"未来脑"的雏形。

如果，未来趋势真是如此，那么我们现在所构建的智能化，其出路只有一条，即让机器成为人类思维、感觉的延伸。企业智能化的发展在不知不觉中印证着这一推理，以长虹空调为例，其最突出的特色包括 WiFi 远程控制和风随人动感应。利用互联网和摄像头，它延伸了人的视觉，将空调的运行随时放入视野中。利用人体感应设备，空调实现了风随人动、人走关机等特征，实质上是延伸了人类的触觉感官，提供了更舒适的生活场景。包括白电、小家电、厨电以及黑电在内的任何产品，其智能化最终都是满足人类感官向某一方向延伸。但还要注意的是，智能化也仅是一种延伸，而不能为人类做出"决定"。例如，某些人提出，未来让冰箱作为家庭食品管家，实现自助购物，自动下单，这种说法便有些可笑了，哪个管家能够不经主人同意，便凭着一己"猜测"花主人的钱呢？展望未来，智能化有三大趋势，描述如下：

第一，社会高度信息化，信息传播效率大幅提升，对社会生产方式和生活方式产生重要影响。在工业经济时代，用户是产品的接受方，无法涉足生产过程。在信息社会中，从产品设计、原料采购、生产制造、仓储物流、批发经营到终端零售六大环节全程高度信息化，借助云计算技术，生产制作企业基本可以实现按需生产，生产效率会得到极大提升。

第二，海量数据是典型特征。大量用户产生的海量数据，经过数据挖掘等技术对海量数据进行分析处理，然后输出新的高价值信息和研发新产品、新服务，应用于社会生产、生活和娱乐方方面面。

第三，云计算迅速发展。高性能计算发展及应用水平已经成为一个城市科研实力乃至一个国家综合实力的重要标志之一。云计算只要在高性能计算领域处于领先地位就等于占领了未来发展的制高点，将能够迅速提高城市的综合竞争力。

同时，针对智能化发展伴随的"隐私"问题，有人认为未来随着互联网、智能化的发展，人类最终会进入到"没有隐私"的时代。它指出，智能互联的发展，最重要的便是连接的通畅，而为了通畅，隐私的牺牲便是不可避免的。正如一辆车，如果放在车库中，可以随意遮掩号码，但一旦走入通衢大道，遮掩牌号便是犯法了。而且，隐私是人类传统社会发展的产物，随着智能互联对于传统的瓦解，"本真"或者才是新的"传统"。

第三节　智能时代

智能时代是人类社会生产力发展的自然产物，它不断满足着人类生活的实际需要并迅猛地发展着。步入 21 世纪，"智能"越发成为这一时代的关键词，从工业设备到寻常的日用产品，在人们的工作、学习和生活中，人们越来越不能与"智能"相脱离：工业生产中的数字化控制系统，教学中不可或缺的多媒体设施，生活中的智能化家电等，不胜枚举。下面将进一步从智能思维、智慧工厂、智能设备、智能产品、智能管理这五个方面解读智能时代。

一、智能思维

人们在使用"智能思维"这个概念时有不同的标准。智能思维的高级标准是所谓图灵实验，即"如果一部智能机器能在某些指定条件下模仿一个人把问题回答得很好，以致在很长一段时间内能迷惑提出该问题的人，那么就可以认为这部智能机器是能够思维的"。制造出的智能机器在特定条件下、有限时间内模仿人回答问题时尽量达到以假乱真。从一个低级标准来看，所谓智能思维，就是指智能机器能够代替人从事一部分脑力劳动，并不考虑被代替的这部分脑力劳动在人的整个思维中是多么低级、多么有限。这两种标准有一个共同的特点，就是只注意行为，将机器的行为和人的行为进行比较，只考虑行为的相似，而不考虑区别，都没有越出人工智能的范围。

人工智能在本质上是思维的物化，但本质的关系往往隐藏在现象背后，必须通过现象才能表现出来。思维的物化是一个过程，这个过程大致有两个步骤：第一步，作为思维主体的人以自己的思维为对象，认识自我的思维方式和规律，形成关于思维的思维。第二步，以智能机器为对象，通过软件和硬件的制造，使自己的思维功能在机器中再现出来，获得人工智能。这两个步骤的首尾相接、不断循环，就是思维的物化过程。但是，这个过程不能直接被人们的感官所感知，必须依靠理性思维才能把握。智能机器一旦制造出来，投入使用，并在使用中显示出智能的某些特性，人们会很自然地割断这些智能行为与思维的本质联系，特别是对使用机器的人来说，也没有必要考虑这层联系。

人工智能自从产生后，就和思维构成了一对矛盾，并在相互作用的矛盾运动中不断发展（见图1-3）。一般地说，思维和人工智能的矛盾是人和工具的矛盾。在双方的矛盾关系中，思维是矛盾的主要方面，思维对人工智能的存在和发展起着决定作用。人工智能产生和发展的历史表明，人工智能对思维具有依赖性，它是思维发展到一定阶段的产物，其较高级的形式则是思维发展到较高级阶段的产物。如果暂时撇开思维背后的物质动因，可以说，没有思维就没有人工智能。

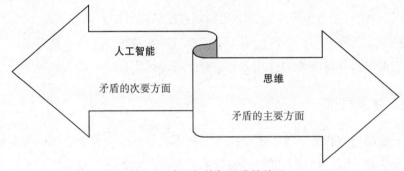

图1-3　人工智能与思维的关系

人工智能是矛盾的次要方面，它对思维也有重要的影响，它的目标就是从各个方面来加强人脑的思维功能，从这个意义上说，思维对人工智能也有依赖性，在将来人也许会把某种脑力劳动全部交给机器去做，或者靠智能机器帮助完成某种复杂的工作。但是，人工智能无论对人的思维起多大的作用都不是决定作用，更谈不上支配人的思维。

二、智慧工厂

近年来，制造业面临的竞争日趋激烈，消费者的胃口瞬息万变，造成产品生命周期越来越短，客制化产品日趋多样，制造成本也跟着难以控制；此外，更加复杂的其他因素变项使得厂商必须随时面对不稳定的订单、少量多样的生产、生产良率的控制，以及备料库存压力等相关问题，从中寻求一个能够同时提升生产力及竞争力的关键策略，成为厂商有志一同的关切方向。"智慧工厂"的发展，为厂商提出了新的方向。包括清楚掌握产销流程、提高生产过程的可控性、减少生产线上人工的干预、即时正确地采集生产线数据，以及合理的生产计划编排与生产进度等，都是提升竞争力及生产力所必须掌握的关键项目。那么，到底什么是智慧工厂呢？

　　智慧工厂是现代工厂信息化发展的新阶段，是在数字化工厂的基础上，利用物联网的技术和设备监控技术加强信息管理和服务，并加上绿色智能的手段和智能系统等新兴技术于一体，构建一个高效节能的、绿色环保的、环境舒适的人性化工厂。这是 IBM "智慧地球"理念在制造业实际应用的结果。具体来说，其特征主要有以下几点：①系统具有自主能力：可采集与理解外界及自身的资讯，并以之分析判断及规划自身行为；②整体可视技术的实践：结合信号处理、推理预测、仿真及多媒体技术，将实境扩增展示现实生活中的设计与制造过程；③协调、重组及扩充特性：系统中各组承担为可依据工作任务，自行组成最佳系统结构；④自我学习及维护能力：通过系统自我学习功能，在制造过程中落实资料库补充、更新，及自动执行故障诊断，并具备对故障排除与维护，或通知对的系统执行的能力；人机共存的系统：⑤人机之间具备互相协调合作关系，各自在不同层次之间相辅相成。

　　无论是德国的工业 4.0，美国的"先进制造业国家战略计划"，还是中国的"中国制造 2025"计划，都是为了实现信息技术与制造技术深度融合的数字化、网络化、智能化制造，在未来建立真正的智慧工厂。可以预见，未来，智慧工厂将在全球范围内引发一轮新工业转型竞赛。

智能时代专栏4　　沈阳机床：i5 智慧制造新生态

　　2017 年 4 月 17 日，在第十五届中国国际机床展览会上，沈阳机床带来 14 台（套）具有国际化水准的产品及三个智能工厂、在线定制体验、U2U 分享等全新工业服务模式参展，以直观、生动的形式全景展示智能制造的新样式。展会上首秀的 i5 机器人，智能工厂线上定制、中德合作打造的高端机床 ASCA 系列一亮相就成了焦点，引来观众争相拍照、视频直播。

一、公司介绍

　　沈阳机床股份有限公司（简称"沈阳机床"）是由沈阳第一机床厂、中捷友谊厂和辽宁精密仪器厂三家联合发起，于 1993 年 5 月成立，经沈阳市经济体制改革委员会沈体改〔1992〕31 号文件批准设立的股份制企业。1996 年 7 月，经中国证券监督管理委员会证监发审字〔1996〕112 号文件批准，向社会公开发行人民币普通股 5400 万元，发行后公司总股本为

215823518 元，并在深圳证券交易所上市交易。近年来，公司经营业绩整体有所下滑。2016 年，公司实现营业收入 62.4 亿元，比上年下降 2%；实现利润总额-14.9 亿元，比上年下降 98%。

二、i5 智能机床

i5 智能数控系统的"i5"是指工业化、信息化、网络化、智能化、集成化(Industry、Information、Internet、Inteligent、Integrate) 的有效集成。2014 年 2 月，沈阳机床率先全球首发基于互联网的智能终端"i5 系列智能机床"。i5 智能机床采用的 i5 智能数控系统是沈阳机床集团投入 11.5 亿元巨资，由其上海研发团队经过 2007 年至 2014 年八年自主研发，成功开发的智能数控系统。"i5 智能数控系统"的核心技术是运动控制技术和信息通信技术，是全球第一款使机床成为智能、互联产品的数控系统，"i5"的研发是基于对用户市场的理解决定了系统的概念、技术路线、功能和性能参数等，而不是跟随和模仿外国的数控系统开发路线。该系统突破了机床运动控制系统的技术"瓶颈"，达到国际先进水平，让数控机床真正具有了"中国大脑、中国智能"。使用搭载国产数控系统的智能机床就能达到进口机床的加工精度，i5 智能机床一经问世便备受市场好评。安装 i5 智能系统的机床不仅可以生产零部件，还可以"生产"工业数据，即通过智能监控就能实时掌握机床工作量、耗电量等数据，这为沈阳机床集团引领行业变革、实现新的商业模式提供了可能。

一边是普通机床销售量持续下滑，另一边是智能机床订货、交货量迅速上升。这说明制造行业对智能化的需求正在升级。i5 智能机床自 2014 年全球首发以来，以其高精度、高效率、低能耗及实时传输数据、智能诊断与控制等特点迅速被业界认可。2015 年，在完成核心技术突破、迅速推出迭代开发的两个智能机床系列产品的基础上，沈阳机床抢抓智能高端机床市场增长这一机遇，配以独创的新商业模式，在传统机床全年同比下降 8.6%的情况下，i5 智能机床产品市场订单超 5000 台，实际发货超 3000 台，同比增长400%。2016 年，订单达 1.8 万台，智能机床占沈阳机床全年销售额接近"半壁江山"。

三、智能工厂

2014 年，沈阳机床开始实施"i5"战略，构建智能工厂新模式。由 i5 核心技术、智能机床产品、智能工厂、云平台制造及结合金融推出的金融租赁新商业模式，这些要素的有机集成，形成了沈阳机床提出的"i5 战略"。在线上，沈阳机床的 iSESOL 云平台已集聚 5000 多台智能机床和若干智能工厂联网，为客户提供在线实时服务和供需对接等新兴业务，累计提供 35 万多小时服务，成交订单 5511 单。借助于 i5 智能机床的互联网功能，管理者利用手机、iPad 等移动终端实时查看工厂里每台设备的运行情况，通过 WIS 车间智能管理系统实现设备层与企业层的无缝对接，并通过 iSESOL 云平台与机器、机器与机器、工厂实时在线互联……沈阳机床智能工厂让工业 4.0 的梦想照进了现实。

2016 年，沈阳机床向市场推出 6 款 i5 智能机床全系列产品，并在全国建立 30 个智能工厂。其中，仅在深圳市就建立了 20 个智能工厂。所有的智能工厂都将接入 iSESOL 云平台，形成一个完整的闭环，以智能制造带动中国制造转型升级。沈阳机床 2 万台 i5 智能机床的年销售计划，将有 70% 以新商业模式来实现。配合新商业模式大面积推广的步伐，沈阳机床"市场端"的工作人员数量将首次上升到 50% 以上，超过"制造端"。沈阳机床实现从智能机床产品制造商向智能工厂工业服务商的转型。目前，沈阳机床优尼斯公司已与 98 个县市级区域、35 个国家级开发区、12 个百强县和 25 个行业完成对接，在全国建立了 50 家智能工厂。

四、i5 智能制造新生态

对于沈阳机床的 i5 智能生态，沈阳机床集团董事长关锡友这样解释沈阳机床的 i5 智能生态："我们整个 i5 智能生态非常像苹果，我们有 i5 操作系统，就像苹果的 iOS 系统；我们诞生了智能终端 i5 机床，相当于 iPhone、iPad 等；我们构建了 iSESOL 云平台，相当于苹果的 iCloud；我们开发了应用——WIS 车间管理系统，可以随时下载到终端给客户使用。"

2017 年 4 月，在第十五届中国国际机床展览会上，沈阳机床与嘉兴市嘉善县干窑镇、马鞍山市博望区、钟祥市、盐城市建湖县分别签订战略合作框架协议，率先在全国布局 i5 智能制造谷，打造中国智能制造升级版。未来三年，沈阳机床将在四个"i5 智能制造谷"建设 50 余家智能工厂，投入 i5 智能机床 1 万余台。沈阳机床率先布局的四个"i5 智能制造谷"所在区域产业特征各不相同，覆盖了 10 多个产业。嘉兴市嘉善县干窑镇轴承制造业发达，其无油自润滑轴承产量约占国内全行业产量的 90%；马鞍山市博望区素有"中国刃模具之乡""机床重镇"之称；钟祥市装备制造业异军突起，强劲势头引人注目；盐城市建湖县新能源汽车、通用航空等产业高度聚集，目前正着力推进制造业向高端迈进。

"i5 智能制造谷"以《中国制造 2025》战略为指引，将建设"六大服务中心+n 个智能工厂"，六大服务中心包括：i5 智能制造体验中心、区域行业研发中心、实训培训中心、云服务中心、智能检测中心和再制造中心。战略合作框架协议签订后，沈阳机床将通过与地方政府合作构建共享平台，打造智能制造共享基地，实现联合招商、优势互补。其中，各地方政府将提供相应的政策扶持、补助资金及宏观政策引导和支持。沈阳机床与政府合作推出分享式经济模式，为"i5 智能制造谷"内的企业提供 i5 设备、金融租赁、整体解决方案，以及按小时、按工件数量、按价值计算的 U2U 分享经济等模式。

沈阳机床特意展出了其打造的联网 iSESOL 平台的三个智能工厂模式、在线定制体验模式、U2U 分享模式以及产品全生命周期的全新工业服务模式。这也是沈阳机床首次在公开场合全面推出其精心打造的智能制造升级新样本，全景展示了 i5 智能制造的新模式，以及沈阳机床集团在全国布局的智能制造谷和在全球率先试水的智能制造新生态。

资料来源：笔者根据多方资料整理而成。

三、智能设备

智能设备是指任何一种具有计算处理能力的设备、器械或者机器。电脑、智能手机、照相机、洗衣机等传统智能设备的出现颠覆了世界，从此，人类的生活发生了巨大的改变，而这种改变也一直使人们对新时代智能设备的发展抱有无限憧憬。智能设备应用平台的智能性就体现在异构的设备构成的系统具有情境感知、任务迁移、智能协作和多通道交互的特点。情境感知应用可捕获、分析多个对象之间的关系并作出响应。设备协作是指通过协调不同设备提供的服务，整合已有的可用服务的功能，构造功能更为丰富的新组合服务。多通道交互是指使用多种通道与计算机通信的一种人机交互方式，其中"通道"指用户表达意图，执行动作或感知反馈信息的通信方法。下面介绍几种智能设备：

第一，智能手表。随着移动技术的发展，许多传统的电子产品也开始增加移动方面的功能，比如过去只能用来看时间的手表，现今也可以通过智能手机或家庭网络与互联网相连，显示来电信息、推特和新闻推送、天气信息等内容。苹果、三星、谷歌等科技巨头在 2013 年便已发布智能手表。中兴通讯作为我国最大的手机供应商之一，也发布了智能手表产品——AXON Watch。该表除了触控之外，手表自带扬声器，还支持手势动作、语音指令等操控方式，主打运动和健康数据监测。AXON Watch 搭载高通 APQ8026 处理器，辅以 512MB 内存以及 4GB 机身存储空间，这样的硬件配置也达到了主流。

第二，智能电视。智能电视是指像智能手机一样，具有全开放式平台，搭载了操作系统，可以由用户自行安装和卸载软件、游戏等第三方服务商提供的程序，通过此类程序来不断对彩电的功能进行扩充，并可以通过网线、无线网络来实现上网冲浪。目前，国内的康佳、小米、海信、乐视等品牌都推出了智能电视。

第三，智能眼镜。智能眼镜，也称智能镜，是指"像智能手机一样，具有独立的操作系统，可以由用户安装游戏等软件服务商提供的程序，可通过语音或动作操控完成添加日程、地图导航、与好友互动、拍摄照片和视频、与朋友展开视频通话等功能，并可以通过移动通信网络来实现无线网络接入的这样一类眼镜的总称"。2014 年底，北京五品文化有限公司发布了第一代智能眼镜产品，成为国内推出智能眼镜的先驱企业之一。五品文化的智能眼镜外观时尚，镜架采用进口材料，戴上轻巧舒适，可配光学镜片，款式多样可选；镜架中植入智能芯片，配合手机客户端，可实现语音遥控拍照、接打电话、坐姿提醒和防盗等功能；采用"骨传导"技术，可实现立体无干扰通话、听音乐。

第四，智能手环。智能手环是一种穿戴式智能设备，智能手环通常可以帮助用户记录日常生活中的锻炼、睡眠和饮食等实时数据，并将这些数据与 IOS 或者 Android 设备同步，起到通过数据指导健康生活的作用。大多数智能手环都能够进行心率测试、测量距离、计步器、睡眠监测、防水、蓝牙传输、NFC 等功能，不过品牌智能手环功能大致相同。另外由于智能手环可以与智能手机配套使用，还可以实现一些特殊功能，比如小米手环可以实现无密码解锁等。近年来，智能手环逐渐成热门，目前市场上出现的智能手环产品多达百种，像三星 Fit、华为荣耀手环、小米手环、苹果 iWatch 等都是目前智能手环中的热门产品。

第五，智能机器人。智能机器人具备形形色色的内部信息传感器和外部信息传感器，如视觉、听觉、触觉、嗅觉。除具有感受器外，它还有效应器，作为作用于周围环境的手段。这就是"筋肉"，或称自整步电动机，它们使手、脚、长鼻子、触角等动起来。由此可知，智能机器人至少要具备三个要素：感觉要素、运动要素和思考要素。同时，智能机器人能够理解人类语言，用人类语言同操作者对话，在它自身的"意识"中单独形成了一种使它得以"生存"的外界环境——实际情况的详尽模式。它能分析出现的情况，能调整自己的动作以达到操作者所提出的全部要求，能拟定所希望的动作，并在信息不充分的情况下和环境迅速变化的条件下完成这些动作。当前，许多品牌都推出了扫地机器人，以我国的小地鼠扫地机器人为例。小地鼠扫地机器人是国内扫地机器人行业第一品牌，作为扫地机器人的领航者，曾获得多个奖项。小地鼠扫地机器人除具备扫、拖、吸、抛四大基本功能外，还有智能规划、预约清扫、遥控指挥、防跌、防撞、防缠绕、低噪音、自动回充、强力越障、循环减震、七大清扫模式、超薄，同时具有高效清扫效果的全能型特点。

智能时代专栏5　　　巨星科技：做智能装备平台公司

据报道，2017 年 6 月 1 日，巨星科技公司全资子公司美国巨星与全球领先办公用品零售商史泰博签订《机器人服务协议》，美国巨星将为史泰博仓库提供全新的机器人系统。考虑每个仓储中心配置 400 万~500 万美元的机器人、78 个史泰博全球物流配送中心，通过首个项目建设和示范，未来实施值得期待。

一、公司介绍

杭州巨星科技股份有限公司（简称"巨星科技"）是一家专门从事手动工具、激光产品、智能工具、服务机器人等产品研发、生产和销售的智能装备企业，公司技术水平位居行业领先水平，是国内手工具行业规模最大、渠道优势最强的龙头企业（股票代码：002444）。2016年，公司营业收入 36.03 亿元，比上年增长 13.43%；公司净利润 6.22 亿元，比上年增长 29.62%。

二、智能装备产业

巨星科技公司的经营模式不断由 ODM 向 OBM 过渡，形成自主的研发设计和销售实力，优势明显。公司确立了向高科技产业转型升级的战略，积极外延内托，不断完善智能装备产业布局。

第一，智能物流装备斩获 500 强史泰博订单。公司于 2014 年开始布局机器人制造，内部国自机器人、巨星机器人、华达科捷及 PT 公司、杭叉集团形成良好协同，产业融合效应凸显。机器人产品市场广阔，工业用机器人销量稳定，服务机器人发展前景良好，成长性良好。2017 年 5 月公司公告与史泰博签订为期 5 年的智能仓储服务协议，此为公司向全球（包括中国）物流及仓储智能化市场进军的良好开端。史泰博是一家全球领先的办公用品零售商和分销商，公司拥有全球办公领域最专业的 B-TO-B 电商平台之一，史泰博在全球拥有 2100 余家办公用品超市和仓储分销中心，业务涵盖 22 个国家和地区。史泰博在北美地区拥有 50 多个大型仓库。此次与史泰博签订《机器人服务协议》，提供机器人产品和模块化存储提取系统服务。预计主要是为史泰博提供 AGV 产品。机器人 AGV 产品优势突出，2017 年 AGV 产品将进入销量和业绩释放期。巨星在美国有强大的渠道优势，本次实现合作，再次证明了这点，未来 AGV 产品的重点销售区域也将是美国，2017 年预计 AGV 产品销量大概率以翻倍以上速度增长。

第二，智能激光版图不断扩张。公司于 2015 年进入激光产品领域，通过并购华达科捷、设立欧镭激光、收购 PT 公司，不断扩大公司激光智能工具的版图。目前公司智能装备产业整体竞争力不断提升，内部协同效应凸显，2D、3D 激光雷达可应用于移动机器人，如大型清洁机器人、移动测绘、安防机器人、巡检机器人、AGV 等多个领域，PT 公司激光扫平仪产品完善公司原有产品线。公司拥有华达科捷和 PT 公司以后，公司的激光测量和测绘产品布局逐渐成形。借助巨星的渠道优势，两家公司的激光产品销售在 2017 年将获得快速的增长。子公司杭州欧镭激光技术有限公司的 2D、3D 激光雷达产品已经推出，2017 年将进入订单收获期。2017 年 3 月公司披露，公司 3D 激光雷达产品已获得海外订单，预计 2017 年将会有较大的销售收入及利润，提升公司营利性。

资料来源：笔者根据多方资料整理而成。

四、智能产品

科学创造了不可思议的现代文明。每次坐飞机，大部分人都惊叹于这项让人类在云端之上翱翔的技术。人类绘制了基因组图谱，建立了超级计算机和互联网，对彗星进行了探测，在粒子加速器中以接近光速的速度粉碎了原子，并把人送上了月球。我们是怎么做到的呢？

高新科技孵化智能产业，智能产业引领智慧生活。随着智能技术的引擎更新换代，科技的牵引逐步带领人们向智能化、简捷化趋势发展。新一代智能科技产品，随着市场商业化需求的不断提升，越来越受到关注。包括机器人、VR全景智能娱乐、购物模拟仿真技术等全景智慧技术产品，颇受市场青睐，这类产品在我国局部地区或已落地，成为方便现代人生活的便捷工具。

如今，智能手机已经成为人们生活中非常重要的一部分，智能手机已经不是过去传统意义上的通信产品，而是更多承载了人们的娱乐、消费、商务、办公等活动；智能电视搭载了操作系统，具有全开放式平台，顾客在欣赏普通电视内容的同时，可自行安装和卸载各类应用软件，持续对功能进行扩充和升级的新电视产品，能够不断给顾客带来丰富的个性化体验；智能冰箱能自动进行冰箱模式调换，始终让食物保持最佳存储状态，可让用户通过手机或电脑，随时随地了解冰箱里食物的数量、保鲜保质信息，可为用户提供健康食谱和营养禁忌，可提醒用户定时补充食品等；智能扫地机器人又叫懒人扫地机，是一种能对地面进行自动吸尘的智能家用电器。因为它能对房间大小、家具摆放、地面清洁度等因素进行检测，并依靠内置的程序，制定合理的清洁路线，具备一定的智能，所以被人称为机器人……这些都是我们生活中最常见的智能产品，这些产品极大地方便了我们的生活，也使我们的身心得到进一步的愉悦。随着智能产品的发展，未来，我们一定会过上更舒适的生活。

智能时代专栏6　　**大疆无人机：智领未来**

大疆科技（DJI）是一家深圳本土的无人飞行器控制系统和无人机制造商，为数不多的一次在国内媒体上露面还是因为2013年底给员工发了10辆奔驰车作为年终奖的新闻，不过，比起与其知名度并不相称的财大气粗，很少有人知道在硅谷科技精英和风险投资家眼中，DJI已经是少有的能够被拿来与苹果比较的中国公司。

一、公司介绍

深圳市大疆创新科技有限公司（简称"大疆创新"）成立于 2006 年，是全球领先的无人飞行器控制系统及无人机解决方案的研发和生产商，客户遍布全球100 多个国家。目前，该公司的无人机产品占据了全球民用小型无人机约 70%的市场份额，年销售额约 30 亿元人民币。2016 年大疆科技的销售收入达 18.28 亿美元，净利润约 4.38 亿美元，预计 2017 年销售收入可达 27.42 亿美元，大约能获得 5.86 亿美元净利润。通过持续创新，大疆致力于为无人机工业、行业用户以及专业航拍应用提供性能最强、体验最佳的革命性智能飞控产品和解决方案，重新定义了"中国制造"的魅力内涵。

二、智能飞行

2016 年 3 月 2 日，深圳市大疆创新科技有限公司在美国纽约正式发布了其最新产品——大疆精灵 Phantom 4。"精灵"是大疆的旗舰产品系列。第四代产品对大疆来说是一次巨大的升级，因为它赋予了大疆前所未有的人工智能特性，让消费级无人机真正进入智能飞行时代。

大疆官方宣称，精灵 4 相对于前一代，各性能方面都有了相对的提升，比如最长飞行时间 28 分钟，比 Phantom 3 Professional 提升了 25%，最大可控距离约 5 公里，最高速度提升至 20 米/秒（72 公里/小时），视觉定位距离也提升至 10 米。此外，精灵 4 实现了将"计算机视觉"与"机器学习"消费级无人机结合，具有一体化云台设计，具有更好的飞行和摄像的稳定性，定位更精准。还有"避障飞行""智能跟随""指点飞行"三大创新功能，主要归纳为以下几点：

第一，在"避障飞行"方面，精灵 4 不仅可感知前方障碍物并自动绕行或者提升飞行高度，可以在更复杂、障碍更密集，甚至是陷阱式的环境下飞行。该项技术的潜在应用很多，比如可以成为探索仪，去人类难以到达的地方，可以去洞穴里面做研究或是搜索救援。

第二，在"智能跟随"方面，可通过视觉识别自动跟拍移动物体，进行识别和追踪，并可把物体锁定在画面中央进行拍摄。在该模式下选择需要跟随的人或物体，精灵 4 便会在视野中自动扫描该对象并在当前高度上开始跟随。此外，用户还可进行手动微调，实现精确的环绕跟拍、动态调整跟随距离等功能。

第三，在"指点飞行"方面，我们只要点击相机画面，即可向指点方向自主飞行，这一功能与自动避障结合，将让飞手成为历史，因为人人都可以飞！在指点飞行模式下点击屏幕，精灵4就能向你选择的方向飞行，点击屏幕其他区域，即可改变航向。用摇杆同时控制飞行器高度和航向，并匀速直线飞行是一项挑战。指点飞行不仅解决了这一难题，而且让你在飞行中能更专注于拍摄构图。配合障碍物感知功能，精灵4可以贴近峭壁，或掠过森林，只要轻触屏幕就能拍摄更具动感的高速画面。

第四，精灵4在全新的运动模式下，可享受灵敏的操控与速度的激情。精灵4云台和电池的前后布局使得机身重心中置，电机安装上移使得扭矩响应更灵敏，精准可靠的飞控系统让飞行更安全。

三、无人机生态圈

2015年6月，深圳市大疆创新科技有限公司与国际风投加速合伙公司（Accel Partners，下称Accel）联手设立无人机基金SkyFund。单笔投资25万美元，对使用大疆软件开发套件研发测绘、农业等应用的创业者予以支持。

作为无人机领军企业，大疆在全球商用无人机市场中占有近70%的市场份额。不过，从2014年底至今，越来越多的厂商进入无人机领域，行业竞争加剧，包括小米在内的互联网企业也多次传出跨界做无人机的消息。业内认为，当下同行竞争日趋激烈，与风投合作成立基金将有助于大疆先行一步，借力资本聚拢各领域专业人才，布局无人机生态圈。

据大疆方面介绍，SkyFund专注于广泛推动无人机产品与服务的创新应用，主要投资方向是：在机器人硬件与软件、计算机视觉与导航、多媒体工具与社区等领域处于领先地位的初创公司。

SkyFund投资的企业，除了获得资金，还能享受大疆与Accel提供的专属资源：大疆提供产品和技术方面的支持，例如开发平台上DJI SDK（大疆软件开发套件）和API（应用程序编程接口）的权限，以及大疆最新产品与软件的试用机会；Accel助力设计和执行有关开发者教育、社区建设、服务渠道的最优方案。

与大疆联合设立基金的 Accel，2015 年 5 月初刚向大疆投资 7500 万美元。美国《华尔街日报》和英国《金融时报》分别援引知情人士称，大疆在此轮融资中估值高达 80 亿美元——大致相当于新浪微博 2014 年赴美上市前夕的最高估值。作为全球顶级风投之一，Accel 曾投资过 Facebook，其在 Facebook 上市后获利颇丰。其他知名投资案例包括云存储服务商 Dropbox、移动支付平台 Braintree。Accel 也曾参与投资中国的人人网和汉庭连锁酒店。

随着国内外越来越多的企业加入无人机市场，使得这一行业的竞争加剧。大疆重新布局无人机生态圈是为了打造最优的产业链，寻找潜在的合作伙伴，并将其囊括到自己的体系内；同时也是为了在源头上"灭掉"竞争对手，合并潜在的竞争对手，未来占据更有利的发展位置。

资料来源：笔者根据多方资料整理而成。

五、智能管理

智能管理是通过综合运用现代化信息技术与人工智能技术，以现有管理模块（如信息管理、生产管理）为基础，以智能计划、智能执行、智能控制为手段，以智能决策为依据，智能化地配置企业资源，建立并维持企业运营秩序，实现企业管理中各种要素之间高效整合，并与企业中的"人因素"实现"人机协调"的管理体系。主要包括以下几点：

第一，智能管理之所以成为现实，技术可能性提供了重要保证。信息技术大发展以来，企业管理进入了信息时代，而企业生存发展的需要、信息管理的发展、人工智能思想与技术在企业的延伸共同造就了企业智能管理的出现，虽然现在还不是很成熟，但智能管理是企业管理的必然方向。同时，企业智能管理的不断发展也加速了信息技术与智能技术的发展。

第二，智能管理的核心是智能决策。智能决策的主要内容是配置企业资源，建立并维持企业运营秩序。按照管理大师西蒙的决策理论，管理的核心问题是决策，因此智能管理的核心就是智能决策。目前，企业中流行的集成计算机制造系统（CIMS）、企业资源计划系统（ERP）、供应链管理系统（SCM）、客户关系管理系统（CRM）等都在朝着智能化方向发展。

第三，智能管理是在过去各项管理的基础上，以实现"人因素"高效整合和

"人机协调"为目的的综合管理体系。智能管理是一种思想、一个模型、一个体系，它的目的并非推翻已经成熟的管理模块，其追求的目标是以智能的方式改造管理体系，实现企业管理中"人因素"高效整合，实现"人机协调"。很多企业信息管理、商务智能失败的核心问题是未能实现"人因素"管理和"人机协调"，就像一百多年前工人与机器的对抗一样。

第四，智能管理追求的最终结果是创造人机结合智能和企业群体智能。智能管理与信息管理和知识管理最大的不同在于其追求的最终结果是创造"人机结合智能"与"企业群体智能"。德鲁克认为：20 世纪，企业最有价值的资产是生产设备。21 世纪，组织最有价值的资产将是知识工作者及其生产率。企业中的每一名员工都应该成为知识工作者，而 21 世纪企业最重要的资源是知识，最重要的能力是人机结合智能和企业群体智能，因为知识工作者的生产率保证来源于人机结合智能和企业群体智能。

第四节　智能时代内核

当谷歌旗下的人工智能公司 DeepMind 开发的智能系统"阿尔法围棋"先后在"人机围棋大战"中以 4∶1 击败韩国著名棋手李世石九段，3∶0 击败中国职业棋手柯洁九段之后，人类不仅在感叹机器智能领域取得又一个里程碑式的胜利，也感叹一个新的时代——智能时代的到来。那么智能时代的内核到底是什么？对此，笔者认为智能时代包括人工智能、虚拟现实、万物互联、数据应用四大核心要素。

第一，人工智能是智能时代的突出标志。众所周知，我们已经步入智能时代，人工智能必将大行其道。人工智能是对人的意识、思维的信息过程的模拟。人工智能就是要让机器的行为看起来就像是人所表现出的智能行为一样。人工智能不是人的智能，但能像人那样思考也可能超过人的智能。人工智能的未来趋势是如何实现人机融合。未来人类与人工智能并非直接对立，而是让机器对人类做一个辅助。

第二，虚拟现实是智能时代的一大特色。虚拟现实真正要实现的是人类与科技的完美融合。虚拟现实是利用计算机生成一种模拟环境，利用传感器和眼球追踪技术及各类算法实现人机交互，通过调动人体所有的感官（视觉、听觉、触觉、嗅觉等），使人身临其境地与虚拟世界互动。可以说，虚拟现实是一种以虚拟为材料创造的真实，正在成为人类生活中不可或缺的真实。人工智能的出现，让"人类"与"机器"之间的鸿沟正在缩小。机器学习使得虚拟现实（VR）能够比以往任何时候都要"真实逼真"。人工智能（AI）与虚拟现实的结合，使得科技越来越贴近人类。一切正变得越来越不可思议。有人预言，虚拟现实的未来是人类智能（HI），即人类（Human）与 AI 的融合。

第三，万物互联是智能时代的外在表现。如今我们已经进入了一个万物互联的智能时代。智能时代，人类必将成为"万物互联"的关键部分。万物联网不仅使所有物品可以连到一起，连人也要连在一起。人类将从"万物互联"，开始走向"万物智能"。智能，不会局限于硬件终端这一物联网的入口，它将比如今的智能手机更碎片化地嵌入生活，让人无法离开。与此同时，物联网的最高境界——人工智能的互联网终将到来。可以说，智能时代，整个城市是一个大的机器，既然是万物，人也是物联网的一部分，所以人也会连入其中，即通过穿戴设备作为连入物联网（IOT）的入口。

第四，数据应用是智能时代的内在逻辑。人工智能最近之所以这么火，主要还是要归功于大数据。每天越来越多的数据不断产生，再加上计算能力越来越强大。有了大数据，让机器开始利用这些数据做了一些过去只有人才能够做的事情。近期人工智能之所以能取得突飞猛进的进展，不能不说是因为这些年来大数据长足发展的结果。正是由于各类感应器和数据采集技术的发展，我们开始拥有以往难以想象的海量数据，同时，也开始在某一领域拥有深度的、细致的数据。而这些，都是训练某一领域"智能"的前提。可以说，人工智能将是大数据的最佳应用方式。

综上所述，我们步入智能时代。人工智能必将大行其道。虚拟现实力争实现人类智能。万物互联必然走向万物智能。人工智能最终才是大数据的最佳应用方式。

一、人工智能：人机融合

"人工智能"一词最初是在 1956 年达特茅斯学会上提出的。从那以后，研究者们发展了众多理论和原理，人工智能的概念也随之扩展。人工智能，它是研究、开发用于模拟、延伸和扩展人的智能理论、方法、技术及应用系统的一门新的技术科学。人工智能是计算机科学的一个分支，它企图了解智能的实质，并生产出一种新的能以人类智能相似的方式做出反应的智能机器，该领域的研究包括机器人、语言识别、图像识别、自然语言处理和专家系统等。我们平常用的苹果Siri、科大讯飞语音输入转文字等，就都属于人工智能。

从人工智能的历史发展进程来看，其进化的过程可划分为三个阶段：计算智能、感知智能和认知智能。第一，计算智能。计算智能是基础，它有赖于算法的优化和硬件（CPU芯片）的技术进步，机器开始像人类一样会计算，这个阶段的人工智能可以有效地帮助人类存储和快速处理海量数据，2013年以前，我们的人工智能就处于这一阶段。第二，感知智能。感知智能是对外界的感知，机器开始看懂和听懂，可以做出判断，采取一些行动，语音识别和机器视觉都是这一阶段的成果，2013年后，我们进入了感知智能时代。第三，认知智能。认知智能阶段机器能够像人一样思考，主动采取行动，可以全面辅助或替代人类工作，其三大核心支撑能力分别是：人机交互、高效知识管理和智能推理学习，无人驾驶等人工智能的研究开启了人类走向认知智能的大门，业界认为2016年是人工智能从感知智能走向认知智能的元年。

人工智能让机器更聪明。人工智能的发展得益于各种技术的进步，算法、机器学习、人工神经网络在这些年的逐步发展，也让我们的机器变得越来越聪明，越来越智能。深度学习则让人工智能成为现实。人工智能从诞生以来，理论和技术日益成熟，应用领域也不断扩大，可以设想，未来人工智能带来的科技产品，将会是人类智慧的"容器"。如今，各类智能化产品已经成为人类生活当中不可或缺的一部分，包括智能手机、电脑、数码电器，甚至是已经逐渐形成规模化生产制造的各类机器人……

随着人工智能和生物技术的飞速发展，人机融合将在21世纪完全实现，人类未来生活将发生巨大改变。一方面，人类不断开发制造出智能机器人；另一方面，机器人也开始威胁到人类，甚至开始"圈养"人类。但最终的目的还是人类与机器人实现融合。

智能时代专栏7　　**天机智能：打造智能制造行业领军企业**

天机智能成立于2015年，为上市公司长盈精密的全资子公司。这家成立不到两年的新企业，2016年的销售额达到1.2亿元，这份漂亮的"成绩单"令不少同行瞩目。2017年，天机智能入选东莞市企业"倍增计划"试点名单。

一、公司介绍

广东天机工业智能系统有限公司（简称"天机智能"）成立于2015年5月，注册资本1.6亿元人民币。天机智能以工业机器人为核心，开发标准工作站、智能数控装备、提供系统集成的解决方案。从售后服务到系统升级，建立面向产品全部生命周期的服务体系。天机智能作为长盈精密的全资子公司，通过机器换人和自动化改造，帮助长盈提升自动化和智能化水平。目前公司已集成2000多台工业机器人和数千套智能专机。同时，天机智能对外集成，主要面向3C、家电、新能源三大行业，为客户提供工业机器人、单机设备、自动流水线，同时搭载工厂信息化系统。天机有能力、有实力为客户打造工业4.0工厂，实现减员增效，为客户创造价值。2016年天机销售额达到1.2亿元，净利润达到1000万元。

二、切入工业机器人领域

近年来，我国智能科技企业介入工业机器人制造的热情越发高涨，天机智能正致力于在保障机器人功能齐全、性能稳定可靠的前提下，开始涉足工业机器人的研发，并取得突破性进展。截至2016年底，天机已集成2000多台工业机器人和数千套智能专机。目前，天机智能已实现机器人打磨无人车间、机器人镭雕无人车间以及机器人自动组装车间，为集团节省人力7000余人。

工业机器人能替代目前越来越昂贵的劳动力，同时能提升工作效率和产品品质是天机智能切入工业机器人领域的主要原因之一。使用工业机器人可以降低废品率和产品成本，提高产品利用率，降低工人误操作带来的残次零件风险等。其带来的一系列效益也是十分明显的，例如减少人工用量、减少机器损耗、加快技术创新速度、提高企业竞争力等。机器人具有执行各种任务特别是高危任务的能力，平均故障间隔期达6万小时以上，比传统的自动化工艺更加先进。

随着人工成本的上涨、工作环境的改变和多元化的市场竞争，各企业面临着重重压力。金融危机以来，依靠传统劳动密集型来维系的"中国制造"已难以为继。在面临全球性竞争的形势下，制造商利用工业机器人技术来帮助生产价格合理的优质产品。一个公司想要获得一个或多个竞争优势，实现机器人自动化生产将是推动业务发展的有效手段。

三、为企业打造智能工厂

随着智能制造产业高速发展，以工业机器人为核心的智能装备需求旺盛。据统计，2015年中国工业机器人市场规模达到82495台，同比增长39.6%，销售额达到128.2亿元，同比增长37.3%。天机智能主要针对3C产业，根据发展规划，公司未来将以工业机器人为核心，开发标准工作站、智能数控装备、提供系统集成的整体解决方案，从技术支持、售后服务、备品配件供应到系统升级，建立面向产品全部生命周期的服务体系。

天机智能的发展思路为"三大智能制造组成""四大业务方向"和"多种工艺布局"。其中，"三大智能制造组成"，即智能系统、智能装备和智能物流天机未来可以给有智能工厂需求的客户提供全方面的智能工厂整厂方案规划、具体方案设计和方案实施的一条龙服务；"四大业务方向"，即天机未来将在3C、家电、新能源汽车、机器人贸易行业，给客户提供全方面的智能制造工厂解决方案。"多种工艺布局"，即针对以上行业的工艺需求，天机智能提炼了自动化打磨抛光、组装、量测、测试、包装、机床上下料等几大工艺方向，基本上可以满足3C、家电、新能源汽车等行业客户80%以上的工艺需求。天机智能根据这一发展思路，为企业打造工业4.0智能工厂。

通过几年的努力，天机智能形成以工业机器人、机器视觉、先进机构设计、精密运动控制、力传感技术、信息化系统等为代表的一批国内领先的核心技术，打造成为具有自主知识产权的智能制造行业领军企业，为3C、家电、汽车、新能源等其他行业提供智能制造总体解决方案。

资料来源：笔者根据多方资料整理而成。

二、虚拟现实：场景体验

人们每天面对着大量的信息资讯，如何智能处理和高效利用这些来自客观世界的海量信息？如何扩展人类的感知通道，提高人类对跨越时空事物和复杂动态事件的感知能力，实现人与信息空间的自然、和谐的交互？这些都已渐渐成为人类面临的一个新挑战，而虚拟现实技术是解决这个挑战最有效的方法途径。

虚拟现实技术于 20 世纪 60 年代初首次被提出，原来是美国军方开发研究出来的一项计算机技术，主要用于军事上的仿真，是一种可以创建和体验虚拟世界的计算机仿真系统，它利用计算机生成一种模拟环境，利用传感器和眼球追踪技术及各类算法实现人机交互，通过调动人体所有的感官（视觉、听觉、触觉、嗅觉等），使人身临其境地与虚拟世界互动。这种虚拟的世界，通常有两种情况：一种情况是真实世界的再现，如文物保护中真实建筑物的虚拟重建。这种真实建筑物可能是已经建好的，或是已经设计好但尚未建成的，也可能是原来完好的，现在被破坏了的。另一种情况是完全虚拟的人造世界。

对于人造世界，VR 技术通过动作捕捉或各类泛传感类装置，让人参与到虚拟世界中，去深度体验与虚拟世界的互动。通过 VR 技术，我们可以做一些平时做不到或者不敢做的事情。比如，体验空中飞行，通过类似鸟类翅膀的动作捕捉装置，将人的飞行动作代入到空中，人可以感受到迎面吹来的风、较低的温度及俯瞰大地的空间瞭望感；更加惊险刺激的体验，如体验深处恐龙岛，可以通过感受恐龙奔跑带来的震颤、声音甚至气味，体验被恐龙追逐的恐惧感等；还能体验接触木乃伊、身处恐怖片情景中等。

有了 VR 技术，游戏将从平面世界进入立体世界。戴着 VR 装置体验大型 CS 枪战游戏，更加真实刺激，因为我们似乎真的置身于枪林弹雨之中；有了 VR 技术，就可以找到"最适合观看比赛的位置和角度"去观看体育比赛，也可以实现坐在演唱会前几排观看演唱会的临场感，从此，空间和时间都不是问题。

虚拟现实技术改变了过去人与计算机之间枯燥、生硬、被动的交流方式，使人机之间的交互变得更加人性化，为人机交互界面开创了新的研究领域，为智能工程的应用提供了新的界面平台，为各类工程的大规模数据可视化提供了新的描述方法，也同时改变了人们的工作方式和生活方式，改变了人们的思想观念。VR 技术已成为一门艺术，是一种文化，深入我们的生活中。

对于虚拟现实与人工智能而言，虚拟现实创造的是一个被感知的环境，人工智能则创造了接受感知的事物。人工智能的事物可以在虚拟现实环境中进行模拟和训练。同时，在虚拟现实中，计算机是从人的各种动作、语言等变化中获得信息，而要正确理解这些信息，就需要借助人工智能技术来解决。当然，随着时间的推移和技术的进步，我们看到人工智能和虚拟现实正逐步融合，也是未来的发展趋势：在虚拟现实的环境下，配合逐渐完备的交互工具和手段，人和机器人的行为方式会逐渐趋同。虚拟现实和人工智能在当下的环境中运用最多的是娱乐领域。

体验虚拟现实的前提是虚拟现实的普及，以及虚拟现实场景的普遍化。虚拟现实独特的体验，赢得了人们的普遍关注，也使越来越多的人想参与到其体验中来。虽然被广为人知的虚拟现实几乎是用于娱乐领域的，但其实虚拟现实正变得无处不在。未来几十年内虚拟现实技术与人工智能这两种技术将会为科学界开启一扇"超现实之门"，并引领着下一波科技变革。

三、万物互联：智能连接

万物互联将人、流程、数据和事物结合在一起使网络连接变得更加相关、更有价值，是计算机、互联网与移动通信网之后的第三次信息产业浪潮，已被我国列为国家重点发展的战略性新兴产业之一。万物互联将信息转化为行动，给企业、个人和国家创造新的功能，并带来更加丰富的体验和前所未有的经济发展机遇。万物互联是物联网生态系统实现的必要条件，物联网是万物互联的核心。除了物物联网之外，还必须支持这些物理对象所产生和传输的数据，由人、物、平台、网络、数据等一并构成物联网生态的要素。在智能时代，万物互联有可能成为现实。

物联网要实现的万物互联智能时代，包括了人与物、物与物之间的互联，这两种智能化形态可以表述为：人机交互的智能化和产品自身的智能化。物联网的人机交互主体包括人和智能设备，人在接受刺激信息后通过感知系统、认知系统和反应系统进行信息处理并做出行动，智能设备也可以"主动感知、智能处理、准确反应"，实现从人—机单向信息传达的单一自动化，转化成为人与物之间和谐自然且自发的交互关系。智能设备这一功能的实现主要包括通过自动识别技术、传感器、执行器或网状网络获取物理世界信息，并将其与虚拟世界的信息和事件结合起来，基于新的人工智能思想进行处理，使环境中的交互性质过渡到智能化。产品自身的智能化一方面是单个产品的智能化，另一方面是产品间的智能化，如何让各个产品互联起来实现智能，是产品自身智能化的发展目标。

伴随万物互联，大数据、云技术、超级计算等技术的发展，互联网的智能化进程也正在加速。人类将从"万物互联"，走向"智能社会"。所谓的智能，就意味着不会局限于硬件终端这一物联网入口，它将比如今的智能手机更碎片化地嵌入生活，让人无法离开。物联网正是开启智能社会这一产业革命之门的钥匙。2016 年全球消费者物联网市场规模为 5460 亿美元，企业物联网支出则是 8680 亿美元；2016 年全球物联网终端达 64 亿台，同比 2015 年增长 30%，到了 2020 年，全球所使用的物联网终端数量将达 208 亿台。近几年，我国物联网行业将持续快速发展，年均增长率为 30%，预计到 2018 年物联网行业市场规模将超过 1.5 万亿元。到 2025 年，物联网设备的数量将接近 1000 亿台，新部署的传感器速度将达到每小时 200 万个。数据网络的普及以及人类分解信息能力的提高、数据处理速度的飞升，信息互联将会更为普遍化、复杂化。届时，互联网可能不再局限于地球范围内，宇宙的万事万物都将逐渐被纳入互联网络体系。

360 公司董事长兼 CEO 周鸿祎更表示，未来五年内，互联网一定是走向万物互联。目前，手机互联网已经产生了类似像今天 Uber、滴滴、微信这样新的商业模式，而下一个五年，每个人坐的车，每个人住的房子，房子里各种各样的设备，身上可穿戴的眼镜、手表所有东西都智能化。未来，通过万物相连，渗透进入各个产业，产业互联网呼之欲出，也意味着各行各业如制造、医疗、农业、交通、运输、教育都将被互联网化。这将极大地提高工业、农业和服务业的效率，拉动 GDP 的增长。

智能时代专栏 8　　三川智慧：打造国内领先智慧水务平台

近几年来，全球物联网产业发展风潮涌起，成为当下世界各国信息时代发展的重要阶段。其中，物联网水表作为应用物联网专网的远传水表，是实现物物相连和建设智慧城市的重要环节。

一、公司介绍

三川智慧科技股份有限公司（简称"三川智慧"，证券代码：300066）目前所从事的主要业务包括以智能水表特别是物联网水表、超声波全电子水表、环保不锈钢水表为核心产品的各类水表、水务管理应用软件、水务投资运营、供水企业产销差与DMA分区管理、合同节水管理等。2015年，公司确立了"智慧水务＋水务大数据服务"的发展新战略，积极构建智慧水务数据云平台，致力于为供水企业乃至整个城市提供包括水资源监测、管网监控、水质检测、用水调度、产销差管理在内的智慧水务整体解决方案，成为世界先进的水计量功能服务商、智慧水务整体解决方案提供商。2016年，三川智慧公司营业收入为6.95亿元，比上年增加7.41%。

二、推出智能水表

受益于智能水表需求爆发的大趋势，水表行业龙头企业的三川智慧过去四年的智能水表业务复合增长率达22%。2015年12月，公司与华为技术有限公司在上海签署《合作备忘录》。双方基于LTE、IoT等相关技术在智慧水务行业的应用展开合作，合作范围包括完成技术研究、技术验证以及产业化推广应用，并进行联合解决方案的构建、营销和拓展等。2016年10月26日，三川智慧表示，公司正携手华为，积极开拓物联网水表的海外市场。此次携手是继同年6月16日三川智慧与华为联手共同研发基于NB-TOT技术的物联网水表之后，两家企业又一次的强强联合。

三川推出的NB-IoT智能水表，使用了基于华为芯片的通信模组，实现智能远程计量的控制。特别是窄带物联网功耗低，大大延长了水表的使用寿命。从更高层面看，NB-IoT技术的引入为智慧水务带来革命性变化。窄带物联网NB-IoT技术的引入，解决了水务企业的痛点，让智能水表"如虎添翼"。三川智慧高级副总裁吴雪松表示，从行业的高度看，智慧水务的发展趋势是沿着数字化到智慧化，最终进入生态化。目前智能水表的改造以及水源水质的监测，还只是在数字化阶段，未来要通过大数据，实现基于智慧模式的管理，进而形成智慧水务的运营体系以及智慧水务的决策体系。最终一定会走向生态化，即跨界业务的拓展以及生态体系的建立。

三、打造物联网水表

三川智慧作为国内首家打造物联网水表企业，从2014年与中国移动物联公司达成合作至今，现已成功实现量产。近几年来更是凭借其在智能水表领域的斐然成绩，备受国内外市场的关注。目前，万物互联已成大势所趋，并改变着各个行业的发展模式和生态。随着世界各国智慧城市建设进程的不断推进，NB-IOT通信技术的广泛应用，物联网水表在成为三川智慧智能水表发展的重点之时，同时也将成为未来水表的发展方向。

近日三川智慧与华为的再次联合，在加速公司物联网水表的推广应用、提升公司竞争力的同时，在进一步打开国外市场方面将起到积极的推动作用。

资料来源：笔者根据多方资料整理而成。

四、数据应用：数字价值

数据化运用和管理无处不在，无论是企业日常运营，还是企业的营销企划，都是企业所有管理者或经营者不可否认的重要命题。然而，做好数据化应用，是一件系统而又复杂的课题。企业如何真正把生产计划、营销战略、财务战略、经营战略等体系有效地结合运用是非常考验管理者知识智慧的。在当今强调竞争优势的经济环境中，如果不能把握精确性的专业竞争，不根据各个专业性的概率指标与企业各种资源进行整体的科学组合，就无法使资源配置得到有效利用，资源整合价值最大化就会成为一个泡影，实施数据化管理，培育企业的竞争优势就会成为一句空话。

在大数据时代下，数据处理技术与利用方式的转变，使得隐藏在数据背后的信息、知识不断显现，数据驱动的管理决策机制开始成为越来越多的组织理想的运行态势。当前，一些国内外知名公司已在运用大数据提升竞争优势，科学、有效的大数据管理成为组织科学决策的重要基础。大数据之"大"已不言而喻，然而数据规模绝非唯一要担心的问题。对于大多数企业而言，数据管理才是最大的挑战。那么，如何进行数据管理呢？

第一，收集数据。在数据收集之前，就必须了解数据的来源，比如，微博、微信、Facebook等，通过这些大众常用的社交平台，可以分析用户平时在这些社交媒体上的行动动向，归纳出用户的喜好或关注点，这些能够为企业挖掘用户需求提供重要依据。在收集阶段，为了获取更多的数据，数据收集的时间频度大一些，有时也叫数据收集的深度。同时，为了获取更准确的数据，数据收集点设置得会更密一些。

第二，存储数据。信息时代，数据俨然已成为一种重要的生产要素，如同资本、劳动力和原材料等其他要素一样，而且作为一种普遍需求，它不再局限于某些特殊行业的应用。同时，大数据应用的爆发性增长，已经衍生出了自己独特的架构，也直接推动了存储、网络以及计算技术的发展。随着结构化数据和非结构化数据量的持续增长，以及分析数据来源的多样化，此前存储系统的设计已经无法满足大数据应用的需要。

第三，处理数据。由于越来越多的企业开始将数据作为一项重要的企业资产，今时今日，数据处理正在获得日益增长的关注度。优秀的数据处理必须涵盖数据质量、数据管理、数据政策和战略等。大数据选择已经不仅限于像 Hadoop 一样的分布式处理技术，还包括更快的处理器，更大的通信宽带，更多也更便宜的存储。所有的大数据处理技术就是为了能让人们更好地使用数据。这反过来又推动了数据可视化和界面技术的进步，使人们可以更好地利用数据分析结果。

第四，数据挖掘。数据挖掘是从大量的数据中，通过统计学、人工智能、机器学习等方法，挖掘出未知的且有价值的信息和知识的过程。数据挖掘的两大基本目标是预测和描述数据。其中，预测主要包括分类，即将样本划分到几个预定义类之一，回归指将样本映射到一个真实值预测变量上；描述主要包括聚类，将样本划分为不同类（无预定义类），关联规则发现则指发现数据集中不同特征的相关性。

除了对数据的收集、存储、处理和挖掘之外，还要进一步确保数据安全和数据管理。在大数据时代，无处不在的智能终端、互动频繁的社交网络和超大容量的数字化存储，不得不承认大数据已经渗透到各个行业领域，逐渐成为一种生产要素并发挥着重要作用，成为未来竞争的制高点。大数据的发展为数据安全的发展提供了新机遇。大数据正在为安全分析提供新的可能性，对海量数据的分析有助于更好地跟踪网络异常行为，对实时安全和应用数据结合在一起的数据进行预防性分析，可防止诈骗和黑客入侵。网络攻击行为总会留下蛛丝马迹，这些痕迹都以数据的形式隐藏在大数据中，从大数据的存储、应用和管理等方面层层把关，可以有针对性地应对数据安全威胁。不仅如此，当前多数企业的数据每年以40%~60%的速度增长，这不仅增加了企业的财务负担，也加剧了数据管理的复杂程度。因此，如何管理数据成为一个非常重要的议题，这也是一个涉及面非常广的议题，比如数据的产生、加工、管理等。

【章末案例】 　　**佳都科技：深耕布局智能安防**

人工智能在安防领域的应用，什么技术至关重要？人脸识别，让智能安防更安全。佳都科技董事长刘伟表示：未来20年，人工智能会融入到每个人的生活中去，就像现在的水和电一样。目前，佳都科技人脸识别技术的识别率已达到99.5%，可谓业界领先。

一、公司介绍

佳都新太科技股份有限公司（简称"佳都科技"，股票代码为：600728），现拥有国际化的科学家研发团队、各类高科技人才超过2000名、全球6个研发基地（广州、深圳、北京、重庆、上海、美国硅谷），并建有6大实验室（其中2家国家级实验室）、2个广东省级工程技术中心。公司承担了"核高基"等数十个国家及省部级重大科研项目，累计申请国家发明专利、软件著作权超过400项。在生物识别、智能视频分析等人工智能领域掌握了自主核心技术，其中人脸识别核心算法准确率高达99.5%，比肉眼更精准、更可靠，具有广阔应用前景；视频智能分析系统可对监控目标进行高精度识别分析，提高安防效率和质量；建立大型轨道交通智能综合监控系统，大大提升城市轨道交通运营效率与管理水平。

近年来，佳都科技的营业收入增长平稳。2013年，公司的营业收入约为21.15亿元。2014年，公司的营业收入约为22.65亿元，比上年增长7.06%。2015年，公司实现营业收入约为26.67亿元，比上年增长17.77%。2016年，公司的营业收入约为28.48亿元，比上年增长6.79%。具体如图1-4所示。

二、智能安防

佳都科技长期深耕智能安防领域，其提供完善的产品和服务，拥有多年的工程实践经验和多项专业化的业务资质，在智能安防业务上形成了一定的行业先发优势和核心竞争力。近年来，国内国际安防需求持续高涨，且伴随着安防行业价值链转换，将给从事智能安防业务的公司带来新的发展机遇。同时，该公司在智能轨道交通领域实现了地铁、城轨、有轨电车三大轨道交通市场全覆盖和轨道交通四大子领域的业务覆盖，产品线齐全，各项子业务之间协同促进。近两年来轨道交通业务保持着103.1%的年均复合增长率，

图1-4　佳都科技2013~2016年公司营业收入状况

资料来源：根据佳都科技2013~2016年年报整理而成。

未来有望继续保持高速增长。另外，佳都科技通过自主研发、联合研发和外部收购云从科技公司股份等形式进行多样化的智能化技术的研发和产业化，其中重点布局的是云从科技公司的人脸识别技术。目前，研发的多项产品进入了试点和应用阶段。该公司通过将业务实践和先进人脸识别技术进行有机结合，能够极大地促进智能安防业务的发展，并在未来迎来业绩和新的增长点。目前，佳都科技在智能安防、人脸识别、智能轨道交通三个方面开始布局。

第一，投资千视通，"布局智能城市+"安防。2016年9月，为增强在视频大数据领域的技术储备及研发力量，完善智慧城市业务体系，佳都科技与川大智胜共同收购转让方持有的苏州千视通视觉科技有限公司股权。其中，佳都科技出资1470万元获取标的公司19.6%的股权。苏州千视通成立于2011年，致力于视频大数据理论和算法研究，以及公安图像视频侦查领域核心应用软件、嵌入式软件产品的研发与销售。千视通位居国内视频检索与大数据搜索解决方案提供商第一梯队，掌握视频智能检索分析核心算法。公司在中国香港、深圳、长沙三地设有研发中心，研发团队由来自清华大学、香港科技大学等国内外名校博士和视频领域的专家组成，公司董事长兼总经理李志前先生从事视频技术超过20年。

苏州千视通技术成熟、项目经验丰富。千视通目前已经形成了从视频大数据前沿理论研究到应用算法开发，并与公安行业客户需求结合形成视频软件产品的研发生产流程，公司在深度学习算法、视频图像处理、视频摘要、视频数据结构化、视频搜索、视频分析等领域具有成熟的经验和产品，正在大力拓展视频大数据与公安大数据的融合应用开发，目前已取得一定成效。佳都科技致力于智能化技术在智能安防、智能交通等行业的应用。运用视频大数据技术实现公安行业的智能化应用创新，是下一阶段"平安城市"及"智慧城市"的建设重点。通过投资苏州千视通，公司可在技术、人才、业务方面形成优势互补和协同效应。结合苏州千视通的技术积累，融合公司自身的视频结构化技术、警务视频云平台等多种智能化技术和产品，公司可以针对公安、交通、金融、司法、校园等领域的应用需求，提供创新智能化解决方案，增强公司的智能化业务竞争力。

第二，投资云从科技，提升人脸识别技术。佳都科技在人脸识别领域有深厚的技术积累，特别是2015年投资云从科技后，公司的技术实力在行业内处于前列。佳都科技通过自主研发、联合研发和外部收购云从科技公司股份等形式进行多样化的智能化技术的研发和产业化，其中重点布局的是云从科技公司的人脸识别技术。佳都科技在人脸识别领域涉足时间较早，2015年4月，佳都科技与关联方新余卓安投资共同出资5000万元，取得广州云从信息科技有限公司27%的股权，后者专注于人脸识别等智能分析算法及产品研发。

云从科技是中国科学院旗下的计算机视觉企业，主营人脸识别技术服务与相关系统定制。在研发实力方面，云从科技在计算机视觉与模式识别等人工智能相关领域拥有全球顶尖的技术背景和产业经验，公司200余名研发人员来自美国、日本和国内知名大学以及中国科学院各大研究所。云从公司掌握了世界前沿的人脸识别技术。目前佳都科技人脸识别技术的识别率已达到99.5%，同时，佳都科技掌握了全球领先的算法，加上在广东的人脸识别库，佳都科技在动态人脸识别和静态人脸识别商用方面已经取得突破。以互联网金融为例，人脸识别技术可应用于远程开户、远程支付等具体业务。佳都科技参股云从科技，在核心人脸识别技术、商业渠道拓展等各方面展开全方位合作，丰富和提升了公司人脸识别产品的竞争力。

第三，收购方纬科技，布局智能轨道交通。在智能轨道交通领域，公司是目前国内唯一同时拥有城市轨道交通自动售检票系统、屏蔽门系统、综合监控系统和通信系统四大智能化系统解决方案的企业。佳都科技收购方纬科技51%的股权，布局智能交通。2016年8月31日，佳都科技公告，为完善战略布局，拓展智能交通领域的产品线，提升智能交通市场竞争能力和市场覆盖范围，公司拟出资7696万元，通过股权转让和增资的方式，取得广东方纬科技有限公司51%的股权，成为第一大股东。

方纬科技成立于2003年，在智能交通领域的智能交通咨询、核心软件产品开发、交通信息系统集成、交通信息服务等领域积累了深厚的理论基础，具备较强的研发能力和丰富的项目经验。方纬科技依托"中大—方纬交通信息与控制联合实验室"，形成了一支由学科带头人、技术研发专家、项目实施专家组成的精英团队，在智能化交通管理、交通视频应用、多源交通流数据融合分析、动态交通信息采集、处理与分析、信息发布等领域具有成熟的经验，并在推动交通大数据采集、分析、应用实践上取得成效。方纬科技的产品包括GIS-T智能交通基础信息平台、交通地理信息系统等基础平台、智能交通管理集成平台、交通视频控制及应用管理系统、智能化交通设施管理系统等各种智能交通解决方案。通过投资方纬科技，佳都科技将增强在交通领域智能化技术和产品体系的竞争力。同时，公司以方纬科技为平台，在交通大数据的采集、分析、挖掘、应用等方面与政府开展进一步的深入合作，共同探索交通大数据与"互联网+"在信息查询、便民出行等方面的创新商业模式，切入更广阔的交通信息服务市场。

三、抢占人工智能高地

人脸识别业界领先，人工智能积累深厚。佳都科技从自己研发的"视频云+"系统，到战略投资云从科技（佳都科技及关联方持有21%），再到入股千视通（19.6%），不断投资于视频识别技术，研发相关人工智能算法，其已经掌握了人脸识别的部分核心技术，并建立起包括人脸采集检索系统、人脸共享服务平台和人脸实时报警系统在内的一整套先进的动态人脸识别系统。其深厚的动态人脸识别积累已经处于行业领先地位。目前，佳都科技的人脸识别技术已达世界顶尖水平，识别率超过99.5%。人脸识别已经成为当下佳都抢占人工智能高地的重要抓手。

进入智能安防行业以来，佳都科技就确立以平台技术和视频智能分析技术为重点研究技术方向，并由此组建了专业的视频图像智能分析算法研发团队，建立了"广东省安防视频图像智能化工程技术研究中心"，进行视频图像智能化方向的研究和应用，而人脸识别技术就是其中的一个重要研究方向。佳都科技从事的是视频图像分析和机器视觉领域的技术研究和应用推广，属于人工智能在"视觉"方面的分支，目前主要应用在公共安全和智能交通领域。

佳都科技已经掌握动态人脸识别核心算法，该技术突破了静态人脸识别的限制，人脸识别准确率从20%提升到了70%以上。与此同时，以动态人脸识别技术为核心的"视频云+大数据"平台已经形成了实战能力。来自广州市公安局最新数据，2016年广州全市公安机关利用视频协助破获刑事案件19028宗，视频破案率从2011年的10.51%跃升至2016年的70.96%。

在该技术保障下，刷脸支付也已成为现实。目前，佳都科技参股子公司——云从科技应用静态人脸识别科技，在全国多家银行建设了人脸识别基础平台及终端应用，为农行、交行及多家城市银行运用人脸识别保障金融交易安全、防控信息泄露、反诈骗等提供了强大技术支持。作为银行业人脸识别技术的第一大供应商，云从科技还入选了国家发改委选定的人工智能大平台建设项目，成为与百度、腾讯、科大讯飞齐肩的人工智能国家队。不仅如此，佳都科技还与银联合作，其新一代售检票系统开始支持银联"闪付"和AplePay等移动支付方式，为佳都科技进入移动支付生态圈打开了入口。随着广州地铁移动支付的普及，佳都科技将为进军全国地铁移动支付市场创造优势。

佳都的核心是做软件、做技术、做渠道、做市场，公司做强做大离不开地区周边配套产业的壮大和升级。公司始终站在智能化技术浪潮的前端，以客户需求导向，不断将最新的智能化技术引进到行业中。在此过程中，佳都科技以市场为牵引，引导供应链变革和升级，促使上游的材料、电子零部件、机械加工等产业转型升级，从而实现产业链整体迈上新台阶。

佳都科技正谋划在广州天河智慧城建设轨道交通智能化产业基地，拟

将"单兵作战"升级为"集团作战"，形成华南地区的智能化轨道交通产业生态圈。

四、启示

第一，在智能安防领域，公司是中国多个大型平安城市示范项目承建企业，产品及解决方案广泛运用于广州亚运会、深圳世界大学生运动会等重大安保项目，业务遍及公安、交通、司法、教育、金融等广泛领域。

第二，通过自主研发以及和中山大学专业团队的联合研发，公司掌握了人脸识别的部分核心技术，包括人脸识别、检测技术（人脸图像采集、检测、预处理、特征提取、匹配识别等技术），车牌、车标、车型识别技术，追踪侦测技术，基于大数据的图像处理和预警技术等，并在动态人脸图像抓拍、采集和预处理等方面积累了实践经验。

第三，专注于智能化技术和产品的研发，佳都科技的人脸识别，视频大数据防控等技术在智能安防和智能轨道交通行业的运用。公司原智能安防产品线和通信增值产品线合并为智慧城市产品线，以融合创新的解决方案服务公安、交通、司法、政务等客户。公司智慧城市业务继续加大全国市场布局，并强化行业深度应用。

资料来源：笔者根据多方资料整理而成。

第二章

人工智能

人工智能改变世界，需要具备三要素：第一，要有核心技术，具备推理学习的能力；第二，要有行业大数据，有大数据之后，行业专家进行不断迭代，不断校验数据、学习训练的方法；第三，要应用起来，人工智能技术必须要落地，所以应用是硬道理。2016 年可以说是中国人工智能元年，2017 年则是应用落地之年。

——科大讯飞董事长　刘庆峰

【章首案例】　　　**科大智能：人工智能的引领者**

在科技发达的今天，人类对人工智能的需求逐渐上升，行业规模也是大得惊人。科大智能很有幸地站在了行业的前沿。从电力智能化到工业智能化，科大智能一直在探索行业智能化的前沿技术和方向，包括现在的人工智能领域。目前的科大智能已发展成人工智能的"领头羊"，并在推动"人工智能＋健康"的战略布局快速落地。

一、公司介绍

科大智能科技股份有限公司（简称"科大智能"），是国内领先的工业智能化解决方案供应商之一。公司专注于工业机器人、服务机器人、电力和新能源领域的产品研发及应用。目前，科大智能已在 AI、工业机器人、智能电网、智能物流、新能源等多方位领域提供各类创新性产品与服务，从 AI

中心产品走向 AI 前后端产品。引领智能科技，开创智慧未来是科大智能的使命；成为运用智能科技，提供便捷产品的引领者是科大智能的愿景。

公司在人工智能领域的布局，反映了科大智能"两条腿走路"的战略走向，且效果得到了验证。2013 年，公司实现营业收入约为 3.3 亿元，2014年约为 6.1 亿元，2015 年约为 8.6 亿元，2016 年约为 17.3 亿元（见图 2-1）。截至 2016 年底，公司总资产已超过 48 亿元，比上年末增加 122.85%，归属上市公司股东的净资产也多于 36 亿元，比上年末增加 150.56%。

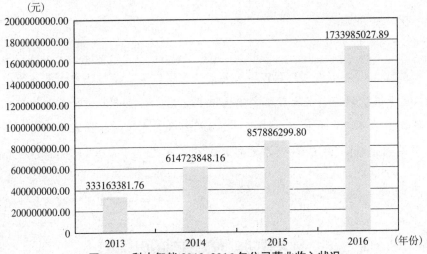

图 2-1　科大智能 2013~2016 年公司营业收入状况
资料来源：根据科大智能 2013~2016 年年报整理而成。

二、智能机器人

为了实现将科大智能打造成为"中国制造 2025"制造强国战略的行业引领者，科大智能积极推进智能机器人和人工智能产业基地项目建设。主要表现为收购三家公司和增持一家公司，以及投资机器人和人工智能产业基地项目建设。

第一，收购永乾机电、上海冠致和华晓精密三家公司，并增资力子机器人。2014 年，科大智能收购上海永乾机电有限公司，正式进军工业生产智能化领域。永乾机电始建于 1999 年，是一家专业从事工业生产智能化综合解决方案的设计、产品研制、系统实施与技术服务的企业，产品包括智能移载系统、智能输送系统、智能装配系统与智能仓储系统等，是国内为数不多的能够提供定制化工业生产智能化综合解决方案的企业之一，也是国内浮动移载机械手领域的领军企业，其在工业生产机器人应用方面处于国内先进水平。科大智能看中的正是永乾机电在工业生产智能领域的先进技术。

2016年，科大智能收购上海冠致工业自动化有限公司和华晓精密工业（苏州）有限公司。上海冠致是一家专业从事工业智能化柔性生产线的设计、研发、生产和销售的综合解决方案供应商，产品主要包括智能焊装生产线、机器人工作站等综合解决方案。华晓精密是一家专业从事工业生产智能物流输送机器人成套设备及系统综合解决方案供应商，致力于基于AGV（自动导引轮式物流输送机器人）为核心设备的智能物流输送系统研发、生产和销售。收购上海冠致和华晓精密，标志着科大智能在工业生产智能化产业布局的进一步完善。同年，科大智能进一步增资力子机器人，持有力子机器人25%的股份，进一步增强公司在工业生产智能化物流系统领域内的技术研发实力和产品创新能力，丰富公司在生产及销售物流机器人端的产品线。

第二，投资建设机器人和人工智能产业基地。2017年3月14日，科大智能发布公告称，为进一步推进公司在人工智能和机器人应用领域的发展战略，加快人工智能产学研合作研发和产业化推广，创新培育新业务同时巩固和扩大公司现有智能制造业务优势，保持提升盈利能力，拟投资建设科大智能机器人和人工智能产业基地。根据公告，项目实施主体为公司的全资子公司科大智能机器人技术有限公司。项目总投资额为人民币11亿元，其中公司自筹资金8.4亿元，使用募集资金2.6亿元。机器人和人工智能产业基地的建设将有利于人工智能、服务机器人新业务拓展、已有智能物流业务深化拓宽及工业机器人应用业务加大，提升公司业绩，增强公司自主创新能力，巩固和扩大公司现有智能制造业务优势，强化公司在人工智能、智能机器人应用领域的技术、市场、产品优势地位，扩大公司的盈利能力，有利于公司长远稳定健康发展。

三、人工智能生态圈

科大智能的工业自动化业务发展已日趋成熟，该业务拥有集"智能移载机械臂（手）—AGV（脚）—柔性生产线（身）"于一体的完整产业链，产品广泛应用于汽车、电力、军工、机械设备、新能源等行业，是国内为数不多的能够提供定制化工业自动化综合解决方案的企业之一。尤其是公司在智能移载机械手、智能物流 AGV 以及智能焊装等细分领域已处于领先地位。可以说，科大智能不仅在工业生产上布局人工智能，还力图构建人工智能生态圈，包括"人工智能＋健康"、智能物流、特种机器人和工业机器人等领域。

第一，推动"人工智能＋健康"战略布局。科大智能携手复旦大学类脑智能科学与技术研究院，发挥各自的优势资源，建立长期而稳定的产学研合作关系，共建复旦—科大智能机器人联合实验室。实验室团队将就深度学习、人机交互、大数据分析等多个方面开展科研项目产业化工作。未来，该实验室将成为医疗诊断机器人、健康关怀顾问机器人技术研发与产业化基地，推动服务机器人在医疗、康复、健康等领域的应用。到目前为止，科大智能"问诊机器人""医疗影像分析机器人""康复机器人"在医疗领域获得了一定的认可，其中，"康复机器人"有效地实现了工业机器人和医用机器人的创新性结合。不仅如此，科大智能通过机器人和人工智能产业基地的建设，公司将积极推动科研项目产业化的落地，实现"人工智能＋健康"的战略布局。

第二，积极拓展智能物流产业链。科大智能投资设立并控股安徽科大智能物流系统，助力公司实现在工业生产智能物流系统领域内的产业布局和业务开拓；成功投资参股深圳力子机器人，增强公司在智能物流系统领域内的研发实力。目前，公司智能物流产品主要应用于汽车、新能源、电气装备、医药、食品、快递等领域，产品包含各种 AGV、自动导引叉车、智能分拣设备、调度系统及仓储管理系统等。核心产品 AGV 通过攻克关键技术难关，掌握了磁条、视觉、无反射板激光及惯性等多种导航技术，并能够同时进行几百台 AGV 在生产车间的调度，是国内为数不多的提供定制化智能物流综合解决方案的企业之一。通过该机器人和人工智能产业基地的建设，公司将进一步丰富延伸智能物流业务链，拓宽工业生产厂内物流以及快递、电商等销售物流领域。

第三，开拓特种机器人领域。科大智能通过"工业机器人＋电力行业应用"的跨界结合，积极研发电站巡检机器人、廊道巡检机器人以及电力作业机器人，可完成非常规环境的综合巡检工作，拥有工业级软硬件标准，运行灵活、性能优异、精准可靠，关键技术壁垒较高，这使公司在业务需求理解、销售和服务网络渠道等方面具有先发优势。

第四，工业机器人应用产业升级。经过多年的自主研发、资源整合和市场开拓，科大智能机器人产业增长迅速。公司要进一步加大机器人和人工智能产业基地的建设，在汽车、新能源、电力设备制造等优势领域进行智能化生产应用，同时注重用户侧和供给侧的供应链整合，通过对机器人行业前沿技术的研究与探索和国内不同细分行业的市场需求，不断加大关键技术研发和细分市场应用投入，完善产品线，逐步形成以细分行业专机机器人设备、系统集成、软件综合应用平台等工业 4.0 完整解决方案。

四、启示

科大智能将人工智能作为重要的发展战略，在健康、物流等领域引入人工智能，逐步构建人工智能生态圈；跨界结合，向机器人产业拓展，并于2016 年在智能制造及机器人应用产品上实现营收 8.76 亿元。

第一，近年来，公司通过外延式投资并购，一步步完善产业布局，为客户提供一体化的综合智能解决方案；科大智能机器人和人工智能产业基地的建设将有利于人工智能、服务机器人新业务拓展、已有智能物流业务深化拓宽及工业机器人应用业务加大，提升公司业绩，增强公司自主创新能力。

第二，科大智能一步一步通过在"人工智能+健康"、智能物流、特种机器人和工业机器人等领域的发力，构建了人工智能生态圈，不断强化公司在人工智能、智能机器人应用领域的技术、市场、产品优势地位，扩大公司的盈利能力，有利于公司长远稳定健康发展。

·在人工智能万亿市场来临之际，科大智能这只"领头羊"已经占据先行优势，而这些优势能不能继续保持，成为公司成败的重要决定因素。

资料来源：笔者根据多方资料整理而成。

2017 年 3 月 5 日，李克强总理在政府工作报告中谈道：加快培育壮大新兴产业，全面实施战略性新兴产业发展规划，加快新材料、人工智能、集成电路、生物制药、第五代移动通信等技术研发和转化，做大做强产业集群。总理报告中的"人工智能"一词引起了各行业的极度重视。其实人工智能并不是一个新颖的词汇，早在 1956 年，人工智能就已经正式诞生了。发展至今，人工智能已经刚好走过了一个甲子轮回。但是，人工智能究竟是什么，人工智能为什么历经了这么长的时间才爆发？

第一节　人工智能时代

当世界围棋第一人柯洁与阿尔法狗对垒三战三败，当智能教育机器人 AI-MATHS 和 Aidam 走上考场开始高考，人工智能越发成为人们不可忽视的一个部分在影响着我们的学习和生活。机器人的发展非常迅速，很多机器人已经实现落地，包括工业机器人、服务机器人等。可以说，人工智能时代已经到来。百度董事长兼 CEO 李彦宏称移动互联网时代已经过去，人工智能时代已经全面到来。

一、直击人工智能

人工智能最早是由麻省理工学院约翰·麦肯锡在 1956 年达特茅斯会议上提出的，并将其定义为：人工智能就是要让机器的行为看起来就像是人所表现出的智能行为一样。1981 年，巴尔和费根鲍姆把人工智能定义为：人工智能属于计算机科学的一个分支，旨在设计智能的计算机系统，即对照人类在自然语言理解、学习、推理、问题求解等方面的智能行为，人工智能所设计的系统应呈现出与人类行为类似的特征。还有学者将人工智能定义为人造机器所表现出来的智能。事实上，关于人工智能的研究包括机器人、语言识别、图像识别、自然语言处理和专家系统等。我们平常用的苹果 Siri、科大讯飞语音输入转文字等，都属于人工智能。目前，关于人工智能的定义科学界比较普遍的划分是三大类：弱人工智能、强人工智能和超人工智能。

第一，弱人工智能。弱人工智能是指擅长单个方面的人工智能。完胜李世石的阿尔法狗就是典型的弱人工智能。弱人工智能可以在围棋、国际象棋等规则清晰、容易量化、可计算的领域实现突破，甚至超过人类，但无法在非监督学习的情况下，自己写出一段程序来战胜围棋大师。弱人工智能的价值在于若能与传感器网络、大数据、云计算等技术结合，那么其在经济、科技、民生等很多领域都可以具备超越人类的某些能力。

第二，强人工智能。强人工智能是指在各方面都能和人类比肩的人工智能，等同于人类智能的技术和学问能力。强人工智能也可以分为两种，即类人的人工智能和非类人的人工智能。类人的人工智能即机器的思考和推理就像人的思维一样；非类人的人工智能即机器产生了和人完全不一样的知觉和意识，使用和人完全不一样的推理方式。

第三，超人工智能。牛津哲学家、知名人工智能思想家尼克·博斯特罗姆把超级智能定义为"在几乎所有领域都比最聪明的人类大脑都聪明很多，包括科学创新、通识和社交技能"。超人工智能可以是各方面都比人类强一点，也可以是各方面都比人类强万亿倍的人工智能，超人工智能是人工智能的发展趋势。

人工智能是一门多领域综合学科，它不但要求研究它的人懂得人工智能的知识，而且要求有比较扎实的数学、哲学和生物学基础，只有这样才可能让一台什么也不知道的机器模拟人的思维。借助人工智能新技术实现自动化，将极大地提高生产率，节省劳动成本；通过优化行业现有产品和服务，提升其质量和劳动生产率，通过创造新市场、新就业等促进市场更加繁荣，开拓更广阔的市场空间。这些都将极大地提升社会的劳动生产率，促进社会的繁荣与发展。

人工智能专栏1　　用钱宝——创新传统金融

人工智能革新了很多传统产业，如果说传统金融也能融入人工智能技术，那么用钱宝是一个很好的范例。2017年3月28日，互联网小额信用借贷平台用钱宝宣布完成C轮融资。本轮融资由金砖资本、中金甲子领投，国科嘉和、源码资本、创新工场、光信资本等机构跟投，融资总金额达4.66亿元。同时，用钱宝品牌升级为智融集团。

一、公司介绍

用钱宝是北京智融时代信息技术有限公司的一款基于移动互联网的全流程线上网络借款APP。自2015年7月1日上线以来，用钱宝一直致力于服务传统金融所不能覆盖的人群，其目标客户以刚刚步入社会、消费没有计划性、经济收入不高的年轻人为主。用钱宝的目标群体是都市的年轻白领和蓝领，独立于传统金融机构服务人群。为了解决都市年轻白领与蓝领在日常生活中的小额借款需求，用钱宝提供 500~5000 元"小额度"，7~30 天"短周期"的灵活借款。传统的网络借贷由于征信数据匮乏，这部分人群小额短期的周转需求无法被满足。用钱宝即旨在通过人工智能技术的运用，提供一个简单方便、灵活快捷的借款新模式。目前，用钱宝的注册用户数已过千万。2017 年 2 月，用钱宝已实现单月交易笔数超过 120 万笔。

2017 年 3 月，"用钱宝"正式升级智融集团，"智融"来自让每个人享受智慧的金融的企业愿景。为此，智融未来从三个方面布局：第一，用钱宝手机 APP 接下来会提供"千人千面"的产品，提供不同的额度及分期，成为用户触手可及的朋友。第二，打造以人工智能技术为核心的风控系统——I.C.E，通过人工智能的方式对人进行风险定价，不仅用于自身产品，还可以实现对外输出的风险技术。第三，通过基于大数据与人工智能的自动化技术搭建的信贷过程管理平台"慧诚帮帮"。

二、智能风控

用钱宝采用人工智能的技术思路，通过其自主研发的"柯南特征工程""D-AI 机器学习模型"和"Anubis 大数据计算架构"，从海量数据中挖掘出区别于传统强特征的有效弱特征，并通过模型不断进行迭代，持续提高其人工智能风控的精准性和稳定性。柯南特征工程系统及 Anubis 大数据计算架构，从 TB 量级数据库里提取有效数据，并加以清洗归类，使原本简单的数据变得有价值，为大数据风控提供了有效依据。用钱宝的 D-AI 机器学习模型则是一个多维度子模型构成的复杂集成机器学习系统，其功能主要是为线上每一个申请用户进行风险定价。对于用钱宝来说，每一笔成功的借款将是一个有效的样本量，单月 100 万笔的借款数量，即为 100 万个有效样本量，这可以为用钱宝的人工智能技术在算法的实验上提供庞大的数据基础，进而加快其人工智能风控技术的迭代速度，使得人工智能风控技术能够提供更加精准的风控。

和传统的人工审核相比，人工智能有着多方面的优势：快速审核实现极速放款，最快仅需 30 分钟，机器更适合处理海量数据，更适合通过样本快速学习，并且不会受到个人经验、体力及道德等主观因素的限制，同时还能为用户提供全年无休的 7×24 的服务。通过近百次的模型进化，用钱宝机器模型的审批通过率是同业水平的两倍，且逾期率低于同业水平40%。其出色的技术转化成了商业价值，用钱宝在2016年2月已实现收支平衡（从上线至实现收支平衡大约只有半年）。正是由于这些人工智能所具备的优势，使得用钱宝的业务在保持快速增长的同时，保持了远优于业内平均水平的逾期率。

2016年12月30日，用钱宝公布数据，12月单月交易笔数已突破100万笔，单月发放贷款金额超过15亿元人民币。在30天内实现100万笔交易这一成绩，不仅奠定了用钱宝在行业内的领先地位，并充分验证了人工智能在金融领域的巨大潜力。

资料来源：笔者根据多方资料整理而成。

二、人工智能发展

人们从很早就已开始研究自身的思维形成，当亚里士多德（公元前384~前322年）在着手解释和编注被他称为三段论的演绎推理时，人类其实就迈出了向人工智能发展的早期步伐，这可以看作原始的知识表达规范。1950年，图灵发表论文《计算机能思考吗?》，在这篇论文里，图灵第一次提出"机器思维"的概念。他逐条反驳了机器不能思维的论调，做出了肯定的回答。此外，他还从行为主义的角度对智能问题进行定义，并由此提出假想：一个人在不接触对方的情况下，通过一种特殊的方式，和对方进行一系列的问答，如果在相当长时间内，他无法根据这些问题判断对方是人还是计算机，那么，就可以认为这个计算机具有同人相当的智力，即这台计算机是能思维的。

然而，人工智能的发展并非一帆风顺。1956年，在达特茅斯学院召开的一个夏季讨论班开启了人工智能学科。AI诞生后的第二年，罗森布拉特发明了第一款神经网络Perceptron，将人工智能推向第一个高峰。但是在1970年，因为计算能力突破没能使机器完成大规模数据训练和复杂任务，人工智能进入了第一个低谷。1990年则因为人工智能计算机DARPA未能实现，政府投入缩减，使得人工智能进入第二次低谷。传统的人工智能受制于计算能力，并没能完成大规模的并行计算和并行处理，人工智能系统的能力较差。2006年，欣顿教授提出"深度学习"神经网络使得人工智能性能获得突破性进展，进而促使人工智能产业又一次进入快速发展阶段。深度学习神经网络算法带领人工智能进入感知智能时代。比如以扫地机器人与分拣衣服机器人为例，扫地机器人需要感知周围环境并作出自主的分析，才是真正人工智能化的。2016 年，谷歌阿尔法狗大胜李世石引爆人工智能概念。2016 年将是人工智能元年，近年来，移动互联网的繁荣促使数据积累到达了前所未有的规模，同时技术能力大幅提升，这使得人工智能能够在很多行业中解决以前尚未解决的实际问题。表 2-1 描述了人工智能的详细发展历程。

表 2-1　人工智能的发展历程

时间	发展历程
1956 年	达特茅斯会议标志着 AI 的诞生
1957 年	第一款神经网络 Perceptron 的发明，将 AI 推向第一个高峰
1970 年	计算能力突破没能使机器完成大规模数据训练和复杂任务，AI 进入第一个低谷
1982 年	霍普菲尔德神经网络被提出
1986 年	BP 算法出现使得大规模神经网络的训练成为可能，将 AI 推向第二个黄金期
1990 年	人工智能计算机 DARPA 未能实现，政府投入缩减，AI 进入第二次低谷
2006 年	欣顿提出"深度学习"神经网络使得人工智能性能获得突破性进展
2013 年	深度学习算法在语音和视觉识别上取得成功，识别率分别超过 99% 和 95%，进入感知智能时代
2016 年	谷歌最新人工智能阿尔法狗战胜围棋高手李世石，将人工智能推向新高度
2017 年	阿尔法狗再赢柯洁，人工智能进一步发展

三、人工智能时代

当你前往地铁、机场和火车站时，是不是很难看到安检员的身影，"刷脸"即可顺利通行；当你为网购商品退换太麻烦而苦恼时，对话式线上机器人能准确理解你的需求，迅速帮忙解决问题；当你出门办事，只需输入坐标，出租车就能稳稳地停在你的身旁……你觉得这些很神奇，其实它们都是人工智能，人工智能时代已经呈现。2017 年 5 月 23 日，百度董事长兼首席执行官李彦宏现身 2017 百度联盟峰会现场，分享他对于当前热门的人工智能产业的观点。他认为，相对于人工智能而言，移动互联网只是"前菜"，而即将到来的人工智能时代，才是给大家生活带来颠覆性变革的"主菜"。

第一，人工智能万亿市场。2013年以来，欧、美、日均推出大脑计划，在我国，"十三五"规划纲要也把脑科学和类脑研究列入国家重大科技项目，人工智能被提升至国家战略层面。2016年10月18日世界人工智能大会在国家会议中心召开，大会全方位权威解读了人工智能发展趋势、展现世界人工智能最前沿成果以及展望世界人工智能未来10年图景。2016年世界机器人大会于2016年10月21日至25日在北京亦创国际会展中心举行，人工智能成为其主要的关注领域。

无论是来自世界其他国家的动态，还是我国科技领域的行迹，不难发现人工智能正在从感知阶段迈入认知阶段。感知智能阶段，机器能听懂我们的语言、看懂世界万物，语音和视觉识别就属于这一范畴；在认知智能阶段，机器将能够主动思考并采取行动，比如无人驾驶汽车，实现全面辅助甚至替代人类工作。2016年以来，人工智能技术研发及产业化进入了高速发展的新纪元。深度学习、智能驾驶、智慧家居、机器人等人工智能相关技术及产品领域成为社会关注焦点，人工智能技术、智能汽车、服务机器人等产业化路径日益清晰。人工智能技术与机器人和大数据的联系，大幅度拓宽了传统产业的互联网之路，互联网对于传统行业的互联网化渗透更为深入，而由此产生的万亿规模市场空间被逐步打开。

智能机器人产业的发展，使大量产业工人、文秘、医生、服务员等被工业机器人所替代，服务机器人成为研究者青睐的对象。智能机器人集多学科、多技术于一身，成为人造精灵，是人联网、物联网不可或缺的终端设备，将成为人类走向未来智慧生活的重要伴侣。2014年，中国人工智能学会理事长李德毅在第四届中国人工智能博览会暨中国智能产业高峰论坛上粗略算了一笔账。以医疗与健康机器人为例，2015年我国人口中60岁以上老人大概为2.16亿人，而且每年平均增长600万人。14岁以下的儿童人数为2.2亿，14~23岁的青少年人数约为4.4亿。此外，还有约6500万残疾人，其中轻中度残疾人约为6000万。这些人都是智能移动机器人的潜在用户。如果每个机器人造价1万元，市场容量会达到9万亿元。如果造价为10万元，市场容量就是90万亿元。其实，机器人应用其实远不止医疗健康领域，可想而知未来智能机器人必将是一个前途无量的大市场。随着大数据、云计算、移动互联网等新一代信息技术与机器人技术相互融合步伐的加快，国际机器人联合会预测，人工智能将开启数万亿美元的市场。

第二，全面接管人类的工作与生活。"我们毫不怀疑专业领域的AI会越来越普及，这有助于经济成长和人们生活水平的提升。"得克萨斯大学的电脑科学家彼得·斯通说，"不过这种技术的发展同时也存在隐忧。比如普通劳工的职位剥夺，还有低收入人群的社会安置。这些问题都应该提前被意识到，以防患于未然，使技术的发展真正能顾及全民福祉"。彼得·斯通的说辞一点也不夸张，我们先来看看人工智能目前的一些运用。

2009年，日本最新研制的第一款机器人模特亮相日本时装表演会，这个黑色头发的机器人被命名为"HRP-4C"，它的身体上有30个发动装置，使它能够自如地移动行走，在面部的8个发动装置可表达出生气和惊讶等表情。2012年，中国发明家崔润泉发明了一台削面机器人，这台机器人只需一个按钮就可以启动，每分钟可以制作130根面条。如今无论是高校食堂还是街头餐馆，机器人刀削面已经被很多人熟悉。经营者觉得机器人削面不仅廉价，口味也很好。2015年，瑞士苏黎世国家能力中心的科学家们研究开发出一种智能建筑机器人，名为In-situ。它利用一个很大的手臂通过预定的模式进行搬砖和砌墙，并可以利用二维激光测距仪、两个板载计算机和传感器获取自己的位置，在工地当中自由移动。不需要被人为地帮助指示去哪里，该机器人可以适应很多不同的施工现场和不可预见的情况。

事实上，在已经实现自动化的行业中，人工智能（智能机器人）会进一步巩固自身的地位。当流水线被取代后，它们会接着取代仓库工人，取代生产制造的各个环节。在尚未实现自动化的行业中，它们也在逐渐扩大自己的队伍，无论是时装业、餐饮业，还是建筑业，当然也包括我们在第一节人工智能的运用里介绍的这些领域。我们看到人工智能这些年来逐渐在各个领域扩张，而且其专业的技术一点不比人差，甚至是更好。人工智能的频频崛起，一个很重要的事实就是在告诉我们——人工智能正在全面接管我们的工作和生活，我们甚至可以从四个方面来简化这些工作和生活：人类能从事但机器人表现更佳的工作，比如大部分的税务工作、常规的X光片；人类不能从事但机器人能从事的工作，比如一些工作环境差、安全系统低的工作；人类想要从事却还不知道是什么样的工作，比如由于机器人自身繁衍出来的一类工作；刚开始只有人类能从事的工作，训练人工智能和人形成共生关系，协同合作。

第三，重要的是数据，而非程序。曾经，利用计算机买卖股票还是完全由人来操作的，人们根本无法相信，按照编好的程序工作的计算机能选择买卖哪只股票。然而摩根士丹利的预言家们却让这成为一个事实。他们让普通大众明白，计算机不仅能通过开发者设计的算法去买卖股票，而且其交易速度也比人类快得多。只要在正确的时间完成正确的交易，把决策过程从实体世界转移到电子世界，那么就可以获得决定性先机。人类用最快的速度去按下购买或卖出股票的按键，在 0.1 秒内大概完成两次。高频交易系统（程序化买卖）却可以在同样的时间内完成差不多 10 万次的交易。他们得出的真理就是：虽然比对手交易得更快是一种优势，但是真正的挑战在于快速分析世界金融市场上奔腾不息的数据流。当其他人还在忙着到处搜罗能够利用的世界真实数据时，摩根士丹利已经在笑傲江湖了。

表面上看，人工智能是让机器人模仿人，但其实质却是对数据的采集与利用，人工智能需要有数据的支撑。大量数据产生后，通过存储器将其存储，通过 CPU 对其进行处理，由此，人工智能才得以做出接近人类的处理方式或选择判断。同时，采用人工智能的服务作为高附加值服务，成为获取更多用户的主要因素，而不断增加的用户，产生更多的数据，使人工智能进一步优化。中国人工智能学会第四届和第五届理事会理事长钟义信就曾提出：数据是信息的载体，信息是数据的含义，大数据的技术实际上是人工智能技术。数据的四个"V"特点，第一个 Value，有价值；第二个 Volume，有价值且容量大；第三个 Velocity，每秒的速度很快；第四个 Variety，种类繁多——为人工智能技术的成功实现提供了重要保障。

人工智能专栏 2　　　诸葛找房：大数据和 AI 的充分结合

提到 AI，大数据也是必不可少的一项技术，那么大数据和 AI 一起，能如何服务用户呢？一家名为诸葛找房的公司，便利用大数据来辅助用户做出购房决策。作为中国房产大数据和人工智能的技术领导者，诸葛找房让租房买房更方便。

一、公司介绍

北京诸葛找房信息技术有限公司是一家专门从事租房买房信息搜索引擎的公司，公司致力于为房地产经纪公司和买房/卖房者之间搭建起高效、可信赖的房地产大数据营销服务。诸葛找房是公司的 APP 客户端，于2016 年 6 月上线，旨在基于大数据为用户提供客观、真实的房源信息。仅上线 9 个月，诸葛找房的服务用户就多达 150 万，认证经纪人 3 万多人，并提供北京、上海、广州、深圳等九大城市的房产搜索服务。公司分别于 2015 年 12 月、2016 年 5 月、2016 年 10 月、2017 年 3 月完成种子轮、天使轮、Pre-A 轮融资（见表 2-2）。

表 2-2　诸葛找房融资历程

融资时间	轮次	金额	投资方
2015 年 12 月 1 日	种子轮	数百万元人民币	未透露
2016 年 5 月 25 日	天使轮	1000 万元人民币	浅石创投、劲邦资本
2016 年 10 月 13 日	Pre-A 轮	3000 万元人民币	复兴集团、浅石创投
2017 年 3 月 22 日	A 轮	5000 万元人民币	名川资本、复星昆仲等

资料来源：投资界（微信号：pedaily 2012），http://pe.pedaily.cn/201703/20170322410463.shtml.

二、房产智能搜索

2015 年初，诸葛找房开始自主研发房产智能搜索引擎，这一系统能很好地提高用户的找房效率。当用户搜索房源时，诸葛找房会对全网数百个房产网站进行虚假房源清洗、数据对比重组等计算，并聚合每一套房子的不同中介公司及业主信息，从而让用户客观了解房屋信息并自行选择交易对象。为了进一步确保房源的全面性、真实性和及时性，诸葛找房实现了每 10 分钟将全网房源数据清洗和重组一遍，每天 10 亿余次的房产数据处理，实时捕捉和分析全网 24 小时内的降价和涨价房源，并对历史成交数据进行汇总分析。由于诸葛找房的房产数据非常实用而丰富，使得用户教育成本很低。诸葛找房的这一模式不仅大大提高了效率，同时支持快速水平扩展，1 天即可开放一个新城市，边际成本因此变得极低。

房产经纪人同样需要更高效的大数据服务。诸葛找房希望成为房产信息行业的新工具，来辅助中介公司降低 70% 的获客成本。诸葛找房每 1 个小时推送全网新上房源，并通过大数据对客户需求做画像分析，其专注数据服务的清晰定位是中介行业服务人员的福音。

三、房产智能机器人

凭借着在房产大数据的领先优势，诸葛找房研发了首个房产人工智能机器人——诸葛小 AI，并且将大数据处理能力集成在诸葛小 AI 身上，使其拥有个性化推荐系统、房产舆情系统、房产中介识别系统、真假房源识别系统、房源多因子聚合系统、找房预期妥协算法、房产行业语义解析和场景分析系统，并通晓全网房产知识。此外，诸葛小AI还能理解用户需求，并实时调整个性化的找房模型，让全网的真实房源和用户进行匹配推送。诸葛小AI可以智能分析每套房子的多渠道报价、多渠道中介费、小区周边治安、性价比、价格走势等，辅助用户进行决策。诸葛找房对诸葛小AI的定义是：用线上的技术，通过大数据和用户行为分析尽可能地模拟中介在线上的辅助找房流程（见图2-2）。诸葛小AI就像一个智商和记忆力超群的机器人，可以把最适合的房源悄无声息地推送给用户，并且24小时随时在线服务。不管是否熟悉房产行业，还是高龄群体，只要会点击屏幕，会语音聊天的，就能使用该产品。与其说诸葛小AI是工具，倒不如说它是顾问。

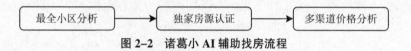

图2-2 诸葛小AI辅助找房流程

房产行业数据化的进程才刚刚开始，房源数据也将变得越来越透明，这是一个不可逆的发展过程，诸葛找房正在努力发挥自己在房产大数据和人工智能的领先优势，努力成为新一代的用户找房首选入口。

资料来源：笔者根据多方资料整理而成。

第四，淘汰的不仅是工作，而是技能。科学家预测，按照目前AI的发展速度，到2030年AI就将对人类社会的方方面面产生深远影响。从出行到工作，从个人健康护理到下一代的教育，人们的生活方式将接受一次科技的洗礼，预计机器人全面应用后中国将释放就业人口超过2.4亿，因而失业将会成为一个严重的社会问题——但是令人惊奇的是，失业的原因并不仅是因为工作机会的缺少。问题的关键在于，完成工作所需的技能会快速发展，如果劳动力的培训方式没有重大改变的话，那么技术改变的速度会远远超过劳动者的适应能力。因此淘汰的不仅是工作，而是技能。科技变化带给劳动市场的影响一向如此，只要改变是平缓的，市场就会自动做出调节。如果改变得过快，市场就会变得一片狼藉。

美国计算机科学家、作家、未来学家和企业家杰瑞·卡普兰认为主要有两种基本的方式。首先，一个简单的事实就是，大部分自动化作业都会替代工人，从而减少工作机会。这就意味着需要人工作的地方变得更少了。这种威胁很容易看到，也很容易度量。因此企业家们会大量引入机器人，并把工人清走。第二种威胁则更加微妙、更难预测。很多科技进步会通过让商家重组和重建运营方式的模式来改变游戏规则。这样的组织进化和流程改进不仅经常会淘汰工作岗位，也会淘汰技能。正是因为这种威胁微妙，不容易看见，所以它更致命。我们都知道人类大脑只能注意到可以看得见的危险，但是不可见的事物可能同样危险，甚至更加危险。灵活的机器人系统有独立行动能力，分布广泛，能够跨越物理和电子领域，并且在超乎寻常的距离内以超越人类的速度交流着。它虽然容易被忽视，但却有着与病毒一样不容小觑的力量。隐形的电子智能体正不断涌现出来，它们代表着所有者的狭隘私利，并以此为原则采取行动，除此之外它们并不关心对其他人造成的任何影响。因为这些智能体隐秘而无形，我们无法感知它们的存在，也不能理解它们的能力。人工智能影响劳动力市场的两方面如图 2-3 所示。

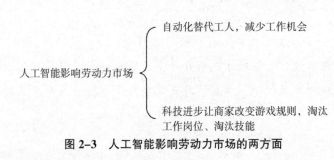

图 2-3 人工智能影响劳动力市场的两方面

当无人驾驶一步步走向完善，你还需要司机吗？当医疗助手的诊断误差比医生更小，你还需要医生吗？当商业机器人可以更有效率地帮你干活时，你还需要工人吗？当机器学习能对峙法官时，你还需要律师吗？这一天就在不远的将来。过剩的工人和过时的技能成为经济进步加速的副产品，这些被浪费的智力资源使得全球劳动力生态系统面临着潜在的危险。为了保持社会持续繁荣发展，需要更多的社会创新来提供动力，而只有投入更多的精力用于回收智力资源，才能让我们未来的生活更美好。

人工智能专栏3 　　　　**百度度秘：对话式人工智能助理**

依托百度强大的搜索及智能交互技术，度秘通过人工智能用机器不断学习和替代人的行为。2017年1月，百度为"度秘"举办一周岁生日会，会上公布了"度秘"的现状和对未来的一些展望。在生日会上，度秘不仅和百家讲坛主讲人蒙曼教授交流诗词歌赋并现场创作藏头诗，还与电视剧《微微一笑很倾城》主题曲演唱者汪苏泷在现场对唱了一首情歌。

一、公司介绍

百度度秘是百度公司在2015年世界大会上推出的全新机器人助理，旨在通过人工智能用机器不断学习和替代人的行为，为用户提供各种优质服务。度秘功能比较广泛，美食推荐、电影推荐、生活服务推荐应有尽有（见图2-4）。

图2-4　度秘功能

二、度秘应用

度秘的运用有两个重点：一个是场景核心能力的打磨（包括服务接入和体验优化），另一个是向部分厂商开放技术接口，寻找应用场景。

第一，场景核心能力打磨。度秘集合新一代搜索、语音识别、大数据、人工智能等一系列人工智能科技，经过一年多的成长，不仅能在用户需要查天气、看股票、想购物的时候扮演生活小秘书的角色，而且可以一站式满足用户找餐馆、叫外卖、看电影、唱KTV等吃喝玩乐各种服务需求。此外，度秘还支持智能提醒功能，通过明星语音、机器人打电话、设置闹钟等多种形式贴心照顾用户生活。

2016年里约奥运会期间，度秘更是化身"首个人工智能机器人解说员"，为用户实况解说多场热门篮球赛，并携手专业解说员杨毅同台直播。度秘解说员不仅可以运用文字进行直播解说，还能精选球迷评论、配合文字情绪出表情。它还可以与球迷互动问答，从奥运赛事的赛程安排、分组情况到比赛的首发阵容、数据统计，甚至是每一位球员的人物百科，都能轻松解答。

第二，寻找运用场景。2016年4月25日，百度与肯德基联手打造的智能概念店在上海市国家会展中心正式亮相。度秘机器人化身智能员工直接为消费者提供服务，消费者可以使用日常语言与度秘进行交互，完成从点餐到支付的全流程。消费者通过语音的方式与其交互，像其他语音类产品一样，每次交互时用户需要按下实体按钮进行触发，整个点餐过程需要开始点餐、选定套餐、确认用餐方式（堂食/带走）、订单确认和支付几个环节，大约用时1分钟。

2016年高考期间，百度将度秘运用到了高考上。度秘响应高考服务请求超过3000万次，服务高考用户总数500余万，占到2016年高考考生总数的一半之多。考生只需在百度的搜索网页上，输入"高考分数线查询""高考志愿填报"等关键词，便会出现一个专门展示高考信息的界面，用户只要点击就能进入对话页面。利用大数据与人工智能技术，度秘助力考生志愿填报。

度秘的人工智能主要依托百度在三个方面的积累：百度十几年来在搜索技术与平台方面的深厚积累；百度在过去五六年重点投入的领先人工智能技术，包括机器学习、数据挖掘、自然语言处理、语音、图像及用户建模等方面的技术，也包括信息、服务、知识等各种类型的数据以及强大的计算能力；百度的内容、服务及金融生态等。未来，度秘有望接入更多的生活场景，为用户提供更全面的私人化智能服务，并在其他诸多领域输出自己的能力，例如为手机语音助手、智能手表、智能家居、车载等新场景提供能力支持，开放SDK接口，与更多合作伙伴实现协作共赢，让度秘无处不在地服务用户。

资料来源：笔者根据多方资料整理而成。

第五，超人工智能时代。超人工智能指的是可以是各方面都比人类强一点，也可以是各方面都比人类强万亿倍的人工智能，超人工智能是人工智能的发展趋势。根据人工智能领域专家的中位意见，很大一部分人认为2060年是一个实现超人工智能的合理预测年，主流观点也认为超人工智能可能会发生，可能在 21 世纪就发生，发生时可能会产生巨大的影响。

超人工智能时代到来，究竟会给我们带来什么呢？当拥有了超级智能和超级智能所创造的技术，超人工智能就可以解决人类世界的所有问题。超人工智能可以用更优的方式产生能源，完全替代传统的化石燃料，解决全球气候变暖的问题。超人工智能可以对制药和健康行业进行无法想象的革命，让癌症也不再成为不治之症。超人工智能甚至可以使世界经济和贸易的争论不复存在，轻易解决人类对于哲学和道德的苦苦思考。然而，与此同时我们也发现，超人工智能好像已经摆脱了人类的束缚，不为人类所控制了。超人工智能的智能放大、策略性地制定、分析、安排长期计划，甚至是黑客能力、写代码能力，已经使人类望尘莫及。这种时候，人工智能创新和人工智能安全的赛跑，就成为超人工智能到底是人类福音还是灾难的接口了。

第二节　人工智能应用

2016 年作为人工智能的元年，在各个行业领域内开启了人工智能的发展潮流，并形成了各自领域内特有的、感兴趣的研究课题、研究技术和术语。

一、自动驾驶

人工智能在驾驶领域的应用最为深入。通过依靠人工智能、视觉计算、雷达、监控装置和全球定位系统的协同合作，让电脑可以在无人类主动的操作下，自动进行安全操作。自动驾驶系统主要由环境感知、决策协同、控制执行组成。

无论是国外的谷歌、特斯拉、Uber、亚马逊还是国内的吉利、百度、京东等，我们发现自动驾驶在人工智能应用领域中的主要应用场景包括智能汽车、公共交通、快递用车、工业应用等，且开发自动驾驶的并非仅仅是汽车制造商、运营商，跨界大战非常明显。吉利博越智能汽车目前已上线 3.0 智能语音系统，在唤醒口令、导航、电话、音乐等方面都进行技术的迭代升级，突破了简单人机交互，实现了爱聊天、懂文学、会算术的性能，其智能驾驶技术 G-Pilot 以适应市场需求为导向、以分阶段的智能驾驶演化路径为指导、以平台化配置架构为方案

的智能驾驶技术 10 年路线图，预计将于 2020 年后实现高度自动驾驶，2024 年以后将 G-Pilot 系统推向新的高度。

二、个人助理

人工智能系统在个人助理领域的应用最为广泛也相对成熟，主要是通过智能语音识别、自然语言处理和大数据搜索、深度学习神经网络，实现人机交互。个人助理系统在接受文本、语音信息之后，通过识别、搜索、分析之后进行回馈，返回用户所需要的信息。

人工智能个人助理目前普遍用于智能手机的语音助理、语音输入、家庭管家和陪护机器人上。比较知名的首先有苹果的 Siri，当然还有微软小娜和小冰、百度度秘、讯飞输入法、出门问问、软银 Pepper 机器人等。出门问问公司推出的个人助理"问问"，能够基于出门问问 AI 核心技术进行自然对话交互，基于可便捷直达第三方应用服务的海量内容，基于个人识别与习惯记忆积累个性服务，并随时待命无处不在的多场景、全覆盖及时联动能力。

三、安防领域

人工智能在安防领域下的应用较多，比如多资源时空应用，视图内容预警、自动告警联动应用，人像快速比对查找应用和车辆实时布控应用等。

第一，多资源时空应用，可以基于 GIS 地图的指挥调度，通过地理信息系统实现对各项视频资源进行一体化管理，实现监控图像的直观可视化应用。实现快速调取需要关注的监控点或监控区域图像，实现目标在线追踪。通过视频图层叠加、视频资源搜索和视频定位，将道路情况、资源分布情况、人员分布情况、地理坐标信息、警力部署情况以图形化的形式展示出来，直观地对全局信息进行全面多维的展示。多资源时空的应用，是事故发生时的一个非常好的追踪器。

第二，视图内容预警、自动告警联动应用，对视频的内容进行自动预警。当触发预先设置的预案后，联动的摄像机将会同时打开监控图像，形成对案发地的监控封锁，同时实时报警。布控智能规则分析功能包括：区域入侵、绊线检测、非法停车、徘徊检测、打架检测、物品遗留、物品丢失、非法尾随、人群聚集、车流统计、车牌特征识别、烟火检测等。这一自动功能，既可以减少人工，又能防止人工的疏忽，使事故受害者能在第一时间内得到外援。

第三，人像快速比对查找应用，可对犯罪嫌疑人员进行比对，快速确认目标身份，提供智能、精准、快速的人脸比对和完善的视频图像大数据分析挖掘应用。综合解决人像实时追踪监控预警、人员身份快速比对检索核准、人员历史轨迹追踪倒查等查人、找人、预警、追踪等的人员管理监控问题。部分火车站实行的刷脸进站正是这一技术的运用，进行更快、更安全的安检工作。

第四，车辆实时布控应用，可针对被盗车辆、违章车辆、涉案车辆、高危人员车辆、重点车辆等，对特定移动目标对象的特征属性（如车牌号码、车型、颜色、空间区域等）及其组合进行在线即时布控功能，大大提高追车找车效率，是公安人员的好助手。

四、金融领域

众所周知，金融业向来以高风险著称，人工智能的优点恰恰是能剔除决断期间感情、情绪因素的干扰，完全通过机器学习、语音识别、视觉识别等方式来分析、预测、辨别交易数据、价格走势等信息，从而为客户提供投资理财、股权投资等服务，同时规避金融风险，提高金融监管力度。

目前，人工智能在金融业主要应用于智能投顾、智能客服、金融监管等场景。智能投顾即运用智能算法为客户定制一套合适的投资组合；智能客服就是运用人工智能为消费者提供个性化解答；人工智能金融监管则是利用人工智能的全局优化计算能力，来防范系统金融风险，并解决监管者的激励问题。人工智能在金融领域的典型代表有有钱宝、蚂蚁金服、交通银行等。蚂蚁金服通过机器学习把虚假交易率降低至原来的1/10，为支付宝的证件审核系统缩短了大量的时间，同时也提升了通过率。蚂蚁金服的智能客服则在"双十一"期间很好地服务了广大消费者的需求，当用户通过支付宝客户端进入"我的客服"以后人工智能就开始发挥作用，自动猜出用户可能会有的疑问和提问方式供其选择。2015年"双十一"当天"淘宝+天猫"全站通过智能服务共解答用户疑问超过500万，将蚂蚁金服客服效率提升了20倍。

五、医疗健康

人工智能在医疗健康领域的应用，主要在于通过大数据分析，完成对部分病症的诊断，减少误诊的发生。同时，在手术领域，手术机器人也得到了广泛应用；在治疗领域，有基于智能康复的仿生机械肢。应用场景主要是医疗健康的监测诊断、智能医疗设备、药物挖掘等。

国内较知名的企业有华大基因、碳云智能等。碳云智能旨在通过建立一个健康大数据平台，收集人们各种各样的生物数据，包括基因数据、肠道菌群数据、代谢数据、基本体征数据等，然后利用人工智能技术处理这些数据，提出对不健康状态的干预措施，为医疗、慢病管理、美容、健身提供个性化解决方案，预测健康发展趋势，帮助人们做健康管理。

六、教育领域

人工智能进入教育领域最主要能实现对知识的归类，以及利用大数据的搜集，通过算法为学生计算学习曲线，并匹配高效的教育模式。同时，针对儿童幼教的机器人能通过深度学习与儿童进行情感上的交流（但是现阶段的效果并不明显）。人工智能在教育领域的运用场景主要体现在智能评测、个性化辅导、儿童陪伴等。国内的代表企业有科大讯飞、云知声等。

科大讯飞在行业内比较领先，在教学方面，通过构建网络化、数字化、个性化的教学支撑平台，打造立体交互、自适应的教学。实现老师授课时资源智能推送、老师和学生间即时交互及对学生学习效果的准确反馈。在学习方面用大数据技术实现个性化学习。采用多终端收集学习过程中的作业、考试等数据，打破教育信息化孤岛，建立以师生为中心的数据体系。通过对大数据的分析，评价学生知识点掌握情况、成绩稳定性情况，再结合教材重点和高频考点，经过智能分析，给出最优的学习路径推荐，促使学生实现终身学习、个性学习。

七、电商零售

人工智能在电商零售领域的应用，主要是利用大数据分析技术，智能管理仓储与物流、导购等方面，用以节省仓储物流成本、提高购物效率、简化购物程序。主要应用在仓储物流、智能导购和客服等场景中。

"IBM 商业洞察力"（IBM Commerce Insights）和"沃特森订单优化器"（Watson Order Optimizer）为管理库存做出了很大贡献，沃特森与零售商一起监测天气、购买率和顾客行为，以此来更好地管理和监测供应链，确保合适的库存水平和避免脱销。此外，典型运用企业还有亚马逊、京东、阿里巴巴、梅西百货等。以京东的人工智能为例，2016 年 11 月，京东成立"Y 事业部"主导智慧供应链——运用人工智能技术打造销量预测平台，将销量精细化预估至每个商品单元上，帮助京东自营管理人员制订商品销售策略和备货计划，将用户想买的商品提前送到就近的仓库。围绕供应链人工智能平台，"Y 事业部"还持续推进智能库存管理、智能定价、智能促销等模块在京东自营零售管理中的应用。

人工智能技术的应用步入了全新的时期，随着大数据的指数级增长和云计算基础设施的完善，人工智能技术正在对我们的产业发展带来巨大的变革，也对我们人类的工作和生活方式带来全新的体验。未来我们将面临一大波各种场景的 AI 技术带来的改变，各类 AI 技术也会和传统产业进行深度融合创新。

人工智能专栏 4　　楚天科技：推动医疗设备进入 4.0 时代

2017 年 4 月 28 日，中国最大的医疗装备企业楚天科技联手控股股东楚天投资并购世界医药装备行业著名企业德国诺玛科集团，司龄仅 17 年的一家中国上市公司成功吞并拥有 142 年历史的德国名企，在全球医药装备领域以及制药领域引起巨大反响。

一、公司介绍

楚天科技股份有限公司成立于 2000 年，从零起步，经过 17 年的发展，现已成为世界医药装备行业的领军企业之一。主营业务系智能医药装备整体解决方案，并率先推动智慧医药工厂的研究与开发（股票名称：楚天科技；股票代码：300358），旗下拥有楚天华通、四川医药设计院、楚天智能机器人等多家全资或控股子公司。2017 年 4 月，公司斥资逾 11 亿元人民币并购世界著名医药装备企业德国诺玛科集团，行业地位跃居世界一流，其中产量全球第一、工厂规模全球第一。合并财务报表后，公司总资产 40 亿元，年营收 30 余亿元，员工总数 3000 余人。

二、医疗机器人

2016 年 2 月 20 日，中国国产首台世界级水平的医药无菌生产智能机器人在楚天科技股份有限公司成功下线，这是中国首台具有自主知识产权的医药智能机器人生产系统，标志着楚天科技"医药机器人及智慧医药工厂战略"在智能机器人层面已经实现了产品化。在楚天科技的 TOP 车间，两台无菌机器人能自动完成预充式注射器拆包及物料转移，将撕膜、去内纸、灌装、加塞等集成一体。这不仅可以使药品污染的概率大幅降低，更重要的是，药品生产全周期都做到了数据化，可以全程追溯。

与此同时，楚天科技设立楚天智能机器人（长沙）有限公司，正式启动"年产300台套高端生物医药智能装备及医疗机器人建设项目"，机器人智能工厂整个项目包括智能后包装、智能仓储物流系统以及外骨骼机器人三个部分。

根据规划，楚天智能机器人（长沙）有限公司三大项目将同时进行：①年产100台套后包装线工业机器人，改造总建筑面积约2.28万平方米的生产车间，购置加工设备、实验室仪表及信息系统等；②年产50台套智能仓储物流系统建设，新建总建筑面积约1.44万平方米的主体工程，购置加工设备、实验室仪表及信息系统等；③年产150台套医疗服务机器人建设，购置加工设备、实验室仪表及信息系统等。

三、4.0 时代

楚天机器人智能工厂将充分利用互联网技术、物联网技术、自动化物流系统等先进技术，打破传统工艺流程，实现机器人制造的新模式；用安全可控的智能化生产手段，生产推动制药行业转型升级的高品质机器人及高端制药装备，并在各方面实现相应的新指标，如人工成本降低66.7%、生产效率提高约37.9%、不良品率降低27.3%、能源利用率提高13.3%。根据规划，项目投产后，预计年平均利润总额17089万元，具有较好的经济效益和社会效益。

不仅如此，通过此项目助推楚天科技实现2025年的梦想：年营收200亿元产值，总市值1000亿元。从产品上打造一纵一横一平台实现全产业链的产品和服务；从技术上打造容纳1800名高端科技人才的中央、上海、欧洲技术研究院，实现领先全球的智能医药装备技术研究基地。

楚天科技副总裁、楚天智能机器人（长沙）有限公司董事长周飞跃表示，建设智能工厂是加速楚天发展、提升楚天在制药装备领域地位的重要战略。在他看来，机器人智能工厂就是以机器人来生产机器人，从而推动医药装备进入4.0时代。

资料来源：笔者根据多方资料整理而成。

第三节　让机器更聪明

　　人工智能的发展得益于各种技术的进步，算法、机器学习、人工神经网络在这些年的逐步发展，也让我们的机器变得越来越聪明、越来越智能。深度学习则让人工智能成为现实。同时，人工智能的发展见证着这些技术的进步史，二者相互推动。可以说，人工智能让机器更聪明。

一、超级算法

　　算法是一系列包含能够帮助人解决问题、完成目标任务规则的步骤，用正确的方式把这些步骤和规则组织起来，能够用自动化算法建立人工智能。算法是实现人工智能的核心。人工智能的算法主要有工程学法和模拟法两种，如图 2-5 所示。

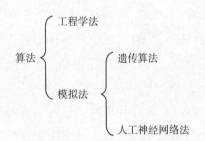

图 2-5　人工智能的主要算法

　　第一，工程学法。工程学法采用传统的编程技术，利用大量数据处理经验改进提升算法性能，使系统呈现智能的效果，也即工程学法在使系统智能化的过程中不考虑所用方法是否与人或动物机体所用的方法相同，而只在乎能否达到智能的效果。打败柯洁的阿尔法狗就属于这一类型，文字识别也属于这一类型。

　　第二，模拟法。与工程学法不同的是，模拟法不仅要看效果，还要求实现方法和人类或生物具体所用的方法相同或相似。具体来说，模拟法又分为遗传算法和人工神经网络法。遗传算法模拟人类或生物的遗传—进化机制，人工神经网络则是模拟人类或动物大脑中神经细胞的活动方式。为了得到相同智能效果，两种方式通常都可使用。采用前一种方法，需要人工详细规定程序逻辑，如果游戏简单，还是方便的。如果游戏复杂，角色数量和活动空间增加，相应的逻辑就会很复杂（按指数式增长），人工编程就非常烦琐，容易出错。一旦出错，就必须修改原程序，重新编译、调试，最后为用户提供一个新的版本或提供一个新补丁，非常麻烦。采用后一种方法时，编程者要为每一角色设计一个智能系统（一个模块）来进行控制，这个智能系统开始什么也不懂，就像初生婴儿那样，但它能够学习，能渐渐地适应环境，应付各种复杂情况。这种系统开始也常犯错误，但它能吸取教训，下一次运行时就可能改正，至少不会永远错下去，不需要发布新版本或打补丁。利用这种方法来实现人工智能，要求编程者具有生物学的思考方法，入门难度大一点。一旦入了门，就可得到广泛应用。由于这种方法编程时无须对角色的活动规律做详细规定，应用于复杂问题，通常会比前一种方法更省力。

二、人工神经网络

机器学习指的是计算机无须遵照显式的程序指令，而只依靠数据来提升自身性能的能力。自 20 世纪 50 年代以来，我国机器学习的研究大概经历了四个阶段。第一阶段是在 50 年代中叶至 60 年代中叶，属于热烈时期。在这个时期，所研究的是"没有知识"的学习，即"无知"学习；其研究目标是各类自组织系统和自适应系统；指导本阶段研究的理论基础是从 40 年代开始研究的神经网络模型。第二阶段在 60 年代中叶至 70 年代中叶，被称为机器学习的冷静时期。该阶段的研究目标是模拟人类的概念学习过程，并采用逻辑结构或图结构作为机器内部描述。第三阶段从 70 年代中叶至 80 年代中叶，被称为复兴时期。在这个时期，人们从学习单个概念扩展到学习多个概念，探索不同的学习策略和各种学习方法。该阶段已开始把学习系统与各种应用结合起来，中国科学院自动化研究所进行质谱分析和模式文法推断研究，表明我国的机器学习研究得到了恢复。1980年西蒙来华传播机器学习的火种后，我国的机器学习研究出现了新局面。机器学习的最新阶段（即第四阶段）始于 1986 年。一方面，由于神经网络研究的重新兴起；另一方面，对实验研究和应用研究得到前所未有的重视，我国的机器学习研究开始进入稳步发展和逐渐繁荣的新时期。

机器学习按照实现途径可分为符号学习、连接学习、遗传算法学习等。符号学习采用符号表达的机制，使用相关的知识表示方法及学习策略来实施机器学习，主要有记忆学习、类比学习、演绎学习、示例学习等。记忆学习即把新的知识储存起来，供需要时检索调用，无须计算推理。比如考虑一个确定受损汽车修理费用的汽车保险程序，只需记忆计算的输出输入，忽略计算过程，从而可以把计算问题简化成存取问题。类比学习即寻找和利用事物间的可类比关系，从已有知识推出未知知识的过程。演绎学习即由给定的知识进行演绎的保真推理，并存储有用的结论。示例学习即从若干实例中归纳出一般的概念或规则的学习方法。解释学习只用一个实例，运用领域知识，经过对实例的详细分析，构造解释结构，然后对解释进行推广得到的一般性解释。连接学习是神经网络通过典型实例的训练，识别输入模式的不同类别。典型模型有感知机、反向传播 BP 网络算法等。遗传算法学习模拟了生物的遗传机制和生物进化的自然选择，把概念的各种变体当作物种的个体，根据客观功能测试概念的诱发变化和重组合并，决定哪种情况应在基因组合中予以保留。

机器学习的应用范围非常广阔，针对那些产生庞大数据的活动，机器学习几乎拥有改进一切性能的潜力。同时，机器学习技术在其他的认知技术领域也扮演着重要角色，比如计算机视觉，它能在海量的图像中通过不断训练和改进视觉模型来提高其识别对象的能力。

人工神经网络（Artificial Neural Network，ANN）是基于生物学中神经网络的基本原理，在理解和抽象了人脑结构和外界刺激响应机制后，以网络拓扑知识为理论基础，模拟人脑的神经系统对复杂信息进行处理的一种数学模型。作为一种运算模型，人工神经网络由大量的节点（或称神经元）相互连接构成，每个节点代表一种特定的输出函数，称为激活函数。每两个节点间的连接都代表一个对于通过该连接信号的加权值，称为权重，人工神经网络就是通过这种方式来模拟人类的记忆，如图 2-6 所示。人工神经网络实际上是一个有大量简单元件相互连接而成的复杂网络，具有高度的非线性，能够进行复杂的逻辑操作和非线性关系实现。

在人工智能的人工感知领域，我们通过数学统计学的方法，使人工神经网络能够具备类似于人的决定能力和简单的判断能力。人工神经网络的实质就是通过网络的变换和动力学行为得到一种并行分布式的信息处理功能，并在不同程度和层次上模仿人脑神经系统的信息处理功能。人工神经网络在各个领域中的运用包括模式识别、信号处理、知识工程、机器人控制等。

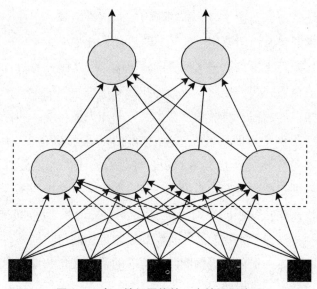

图 2-6　人工神经网络的一个神经细胞层

第一，模式识别。神经网络模式识别首先用已知样本训练神经网络，使之对不同类别的已知样本给出所希望的不同输出，然后用该网络识别未知的样本，根据各样本所对应的网络输出情况来划分未知样本的类别。其基本构成如图 2-7 所示。模式识别技术已广泛用于文字识别、语音识别、图像识别、指纹识别等领域。手写阿拉伯数字的识别在邮政信函分拣上起到重要作用；语音识别在身份鉴定中起到重要作用；图像识别在医疗上起到重要作用；指纹识别在安防上起到重要作用。

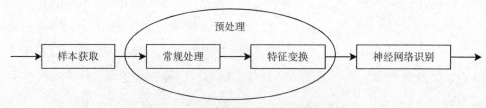

图 2-7　人工神经网络模式识别基本构成

第二，信号处理。现代信息处理要解决的问题是很复杂的，人工神经网络则具有模仿或代替与人的思维有关的功能，可以实现自动诊断、问题求解，解决传统方法所不能或难以解决的问题。人工神经网络系统的极高容错性、鲁棒性及自组织性，即使连接线遭到很大程度的破坏，仍能处在优化工作状态，这点在军事系统电子设备中得到广泛的应用。现有的人工神经网络用于信号处理主要有智能仪器、自动跟踪监测仪器系统、自动控制制导系统、自动故障诊断和报警系统等。

第三，知识工程。人工智能专家戴汝为于20世纪80年代中期开展了人工神经网络在知识工程中应用的研究，用人工神经网络通过学习进行模式识别、联想记忆和形象思维，提供了模式描述与知识表达的统一模型，并进一步提出了用物理符号处理、定性物理、可视知识及人工神经网络等综合各种模型的知识系统设计，并在技术上实现。

第四，机器人控制。人工神经网络由于其独特的模型结构和固有的非线性模拟能力，以及高度的自适应和容错特性等突出特征，在机器人控制系统中获得了广泛的应用，主要运用于运动学、动力学、手眼协调、观测器等方面。运动学问题包含正运动学和逆运动学，是机器人控制的有机组成部分。正运动学问题即给定机器人关节坐标空间的位置来确定末端操作器在笛卡尔坐标中的方位；逆运动学问题则是给定末端操作器的方位，计算关节坐标空间的各个参数。动力学是机器人关节位置与作用于机器人每个关节上的力矩的一种非线性映射，这种映射关系一旦被找到，就可实现机器人动态控制。手眼协调指学习过程中由随机运动发生器产生动作信号，以供学习。实际运行时则去掉此发生器，以视觉信号作为输入，马达的驱动信号作为输出，形成传感器感知的环境信息到控制信号的一种映射关系。观测器方面，则是在对机器人自适应控制进行负载估计时，使神经网络承担观测器的任务，由传感器所获外部信息构造系统的状态量，以便在负载变化的情况下，跟踪系统非重复的高速运动轨迹。

人工智能专栏5　　　　**神思电子：计算机视觉解决方案**

2017年4月11日，神思电子作为IBM在电子行业的合作伙伴，受邀参加了IBM公司在北京举办的"天工开物，人机同行"2017 IBM论坛，与IBM的其他合作伙伴及客户一起探讨认知计算与云平台技术如何助力商业与社会发展。神思电子与IBM并肩合作，希望运用IBM Watson认知计算技术加速公司战略升级的步伐，打造国内领先的智能认知行业解决方案，加速国内商业人工智能的发展。

一、公司介绍

神思电子技术股份有限公司是身份识别解决方案的提供商和服务商，专业从事智能身份认证终端和行业应用软件的研发、生产、销售与服务。2015年6月登录创业板之后，神思电子基于自身的技术积累和行业经验，深入研究大数据、云计算、人工智能等新技术，制定了"从行业深耕到行业贯通、从身份识别到智能认知"的新战略，确定了"185"中长期发展规划。依据新战略，神思电子着力研究移动展业、便捷支付、银医自助、诊间支付、计算机视觉等一系列创新型行业深耕方案。至2016年底，公司净资产已达5.1亿元，比2014年增长87.6%，比2015年增长1.94%，2016年实现营收2.79亿元。

二、计算机视觉解决方案

作为公安行业身份认证主要厂商之一，神思电子在向各地公安机关提供了多门类的台式、手持终端与系统平台的同时，潜心研究身份证内存照片比对现场人脸算法，打造多方位的计算机视觉解决方案，主要包括园区管理、实名入住、动态卡口管理、移动警务、双实管理、交通运输实名制、建筑实名用工管理、车辆管理八大方面。

第一，园区管理。主要由"各类身份信息采集终端+园区管理平台+省市级管理平台"组成，用于党政军机关、写字楼、庭院化物业小区、中小学校、企业园区的驻地人员、车辆自动通关，来访人员、车辆信息登记，重点区域防范管理。

第二，实名入住。满足宾馆、娱乐、网吧、典当、机修、散装油、二手车拆解等特殊治安管理行业落实实名制的需求。对持证人员通过终端核验证件，人脸捕捉、与身份证内照片比对，确认客户身份证件为本人持有；对于非持证人员，根据所述身份信息联网调取人口库照片与现场人像比对，确认客户身份。

第三，动态卡口管理。集实时监控、人像捕获抓拍、布控与查询、路人库检索等功能于一体，帮助公安客户控制重要点位的人员出入情况。

第四，移动警务。实现特殊场合对社会各类人群的身份核验，配合主管部门完成对重点人群针对性身份核查。

第五，双实管理。辅助公安机关实现反恐防暴、创建和谐平安社会。

第六，交通运输实名制。通过核验终端，结合管理平台配合票务检验人员完成实名进站、实名乘车，同时能够自动完成与高危、网逃、刑嫌、涉毒、临控等重点人员库的核查比对，比中的信息能够实时报警。

第七，建筑实名用工管理。通过与公安系统联网，实现对人员身份的核查，提供监管手段，实时掌握用工情况，规范用工。

第八，车辆管理。通过车牌提取、图像预处理、特征提取、车牌字符识别等技术，识别车辆型号、车辆牌号、车牌标贴、颜色等信息，实时掌握车辆详细情况，全程自动化处理，降低人工工作量，提高工作效率。

神思电子的计算机视觉应用不仅用于其人脸识别技术及车型车牌识别技术，还包括动态视频分析，对遍布城乡的视频监控点的动态人像、车辆的捕获、比对，对高铁沿线行人入侵、遗留物品等异常事件 24 小时监测、预警，甚至还包括金融行业服务机器人、银医自助设备的智能升级以及医疗影像的分析与辅助诊断等。在金融行业，机器人"大堂经理"具备业务咨询、视觉识别、室内导航等功能，从而胜任迎宾引导工作。机器人"大堂经理"根据业务问答过程中的语境，可以与客户进行多轮自然交流；通过分析语义，可以准确区别、判断业务问题，给出相应的问题答案；通过人脸识别、身份认证等技术可以确定客户身份，主动打招呼，导引客户至专区办理业务。在其他领域，神思电子计算机视觉应用也取得了不错的成就。

资料来源：笔者根据多方资料整理而成。

三、深度学习

深度学习是人工智能中发展迅速的领域之一，可帮助计算机理解大量图像、声音和文本形式的数据。深度学习的概念源于人工神经网络的研究，由欣顿等在 2006 年提出，主要机理是通过深层神经网络算法来模拟人的大脑学习过程，希望借鉴人脑的多层抽象机制来实现对现实对象或数据的机器化语言表达。深度学习由大量的简单神经元组成，每层的神经元接收更低层神经元的输入，通过输入与输出的非线性关系将低层特征组合成更高层的抽象表示，直至完成输出，如图 2-8 所示。具体来讲，深度学习包含多个隐藏层的神经网络，利用现在的高性能计算机和人工标注的海量数据，通过迭代得到超过浅层模型的效果。深度学习带来了模式识别和机器学习方面的革命。深度学习的实质就是通过构建具有很多隐层的

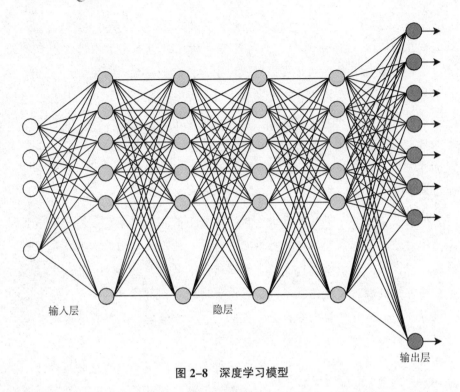

输入层　　　　　　　隐层　　　　　　　　　　　　　　　输出层

图 2-8　深度学习模型

机器学习模型和海量的训练数据，来学习更有用的特征，从而最终提升分类或预测的准确性。

　　我们知道传统机器学习为了进行某种模式的识别，通常的做法首先是以某种方式来提取这个模式中的特征。在传统机器模型中，良好的特征表达对最终算法的准确性起到了非常关键的作用，且识别系统的计算和测试工作耗时主要集中在特征提取部分，特征的提取方式有时候是人工设计或指定的，主要依靠人工提取。

　　与传统机器学习不同的是，深度学习提出了一种让计算机自动学习出模式特征的方法，并将特征学习融入到建立模型的过程中，从而减少人为设计特征造成的不完备性。目前，以深度学习为核心的某些机器学习应用，在满足特定条件的应用场景下，已经达到了超越现有算法的识别或分类性能（见图 2-9）。

　　深度学习的发展经历了三个阶段：

　　第一，模型初步。2006 年前后，深度学习模型初见端倪，这个阶段主要的挑战是如何有效训练更大、更深层次的神经网络。2006 年，杰弗里·欣顿提出了深度信念网络，一种深层网络模型。使用一种贪心无监督训练方法来解决问题并取得良好结果。该训练方法降低了学习隐藏层参数的难度且训练时间和网络的大

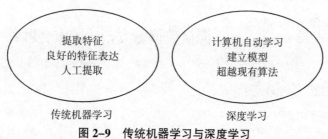

图 2-9　传统机器学习与深度学习

小和深度近乎线性关系。这被认为是深度学习的开端，欣顿也被称为"深度学习之父"。

　　第二，大规模尝试。2011 年底，大公司逐步开始进行大规模深度学习的设计和部署。"Google 大脑"项目启动，由时任斯坦福大学教授的吴恩达和 Google 首席架构师杰夫·迪安主导，专注于发展最先进的神经网络。初期重点是使用大数据集以及海量计算，尽可能拓展计算机的感知和语言理解能力。该项目最终采用了 16000 个 GPU 搭建并行计算平台，以 YouTube 视频中的猫脸作为数据对网络进行训练和识别，引起业界轰动，此后在语音识别和图像识别等领域均有所斩获。

　　第三，遍地开花。2012 年，欣顿带领的研究团队赢得 ILSVRC-2012 ImageNet，计算机视觉的识别率一跃升至 80%，标志了人工特征工程正逐步被深度模型所取代。此外，强化学习技术的发展也取得了卓越的进展。2016 年，Google 子公司 DeepMind 研发的基于深度强化学习网络的阿尔法狗，在与人类顶尖棋手李世石进行的"世纪对决"中最终赢得比赛，被认为是深度学习具有里程碑意义的事件。

　　人工智能近年来不断突破新的极限，部署新的应用，获得快速和普遍的发展，与深度学习技术的进步密不可分。深度学习直接尝试解决抽象认知的难题，并取得了突破性的进展。深度学习的提出、应用与发展，无论从学术界还是从产业界来说均将人工智能带上了一个新的台阶，将人工智能产业带入了一个全新的发展阶段。如今，深度学习俨然成为国外研究人工智能的最热门领域。

人工智能专栏 6　　　　**海信数据魔方，让城市会思考**

2016 年我国智能交通市场增长率为 33.5%，市场规模 414 亿元。过去 5 年虽然海信用户订单达 49 亿元，连续 5 年居同类第一，但也仅占全年市场份额的 4.8%。2017 年 3 月 24 日，"人工智能+交通"管理与服务创新论坛召开，在其中的一个分论坛"唤醒沉睡的数据，让城市更聪明"，海信网络科技向外界展示了人工智能技术在交通领域的应用。

一、公司介绍

青岛海信网络科技股份有限公司（简称"海信网络"）成立于 1998 年 10 月，是海信集团发展战略中信息板块的核心力量。公司秉承海信集团"高科技、高质量、高水平服务、创国际名牌"的发展战略，围绕城市交通管理、智慧城市、交通运输管理、轨道交通管理、运维服务管理等产业方向，立足自主研发，专业从事智能交通领域核心技术研究，研发具有自主知识产权的智能交通系统系列产品。

二、智慧交通的数据魔方

虽然国内智慧城市起步与国外同步于 2008 年左右，但国内智慧城市普遍停留在传统的垂直应用上，缺乏综合应用，更缺乏深度应用。在实践的过程中，海信发现当前智慧城市面临着种种挑战，包括系统割据、信息孤岛严重；数据碎片化，难以共享应用；大数据和人工智能技术应用程度不高；面临安全挑战。

针对国内智慧城市面临的这些问题，海信开启了自己的智慧城市及智能交通运作研究，形成了自己的数据魔方。智慧城市的核心是数据大脑，具体到城市管理和民生服务方面，就是让数据做决策、思考和调节，并与人类互动，而这其中最关键的技术就是大数据和人工智能。

海信研发的数据魔方，实现了基于深度学习的交通预测，它可以在 30 秒内完成 10 亿规模交通大数据的可视化分析，实现行业突破。一般城市每天会产生数千万的海量交通数据，但如何把这些数据用活，过去对于城市管理者来说是个难题。海信的数据魔方，可以迅速解决这些问题。数据魔方以海量交通数据为基础，去分析交通运行的规律性和相似性，建立智能学习模型，通过机器学习去预测流量、拥堵等多项交通参数。通过实时监控分析道路车流量，依据动态的交通数据，实现自动切换和调配信号灯时间，最直观的变化是红绿灯的时间不再固定，甚至全程绿灯不停车。

例如，以往对于交通堵塞问题，往往是发生拥堵后十多分钟，交警才收到报警，然后部署警力前往现场疏导。不仅反应过程长，而且容易导致拥堵加剧和潜在安全事故。海信建立起基于深度学习的交通预测，可以预测拥堵地区和时间，提前进行方案制订、信号调配、诱导信息发布以及警力的部署。

海信的数据魔方也运用在公交智能调度平台上，它通过人工智能和大数据分析实时做出最优处置方案，并配合公交调度。采用这个智能平台之后，对公交企业来说，提升了调度效率和质量，并降低经营成本；对公交调度员工来说，降低了工作量并减少违规率；对普通乘客来说自然是减少了等待时间，海信的数据显示平均等待时间从 16 分钟减到 9 分钟，这能够提升乘客的乘坐满意度。

将大数据和人工智能技术应用于城市管理和民生服务中，让数据帮助城市来做思考和决策，建设能够进行自我调节、与人类良性互动的智慧城市，是海信科技不断追求的目标。

资料来源：笔者根据多方资料整理而成。

四、复制大脑

对于复制大脑的科技探索，人类从未停止过尝试的步伐。2016 年的美国 SXSW 科技大会上，南加州大学教授西奥多·伯杰宣布，通过人造海马体完成了短时记忆向长期储存记忆"几乎完美"的转换，这项技术可以完成对人脑记忆的备份，并复制到其他人的大脑。无独有偶，美国休斯研究实验室的研究人员也研发出一种新型装置，能够直接将新技能和新知识上传到你的大脑，让不具备飞行知识的普通人瞬间可以学会开飞机。阿斯顿大学（一家位于英国伯明翰的研究教育机构）也在尝试用 3D 纳米打印技术来复制大脑的神经网络。

扫描复制大脑并构建数字化来世，这是可行的。著名的人工智能领域未来学家雷·库兹韦尔把类似的科技进步称为"奇点"。但是建立在一些可行的研究基础之上。

首先就是模拟1000亿个神经元。人类大脑有大约1000亿个神经元，它们之间通过整合简单的元素实现复杂的运算。信号在神经元间传递会越过突触，突触要么激发神经元，要么抑制它。神经元统计它每个瞬间收到的数以千计的"是"或"否"的投票，从而计算出最终的决策。如果"是"的投票占优，它将触发自己的信号，将其传递给其他神经元；如果"否"的投票占优，它则保持静默。这种基础的计算，虽然看起来不起眼，但却是强大智能的基础。突触工作的正确方式是一个关键点。人工神经网络通过经验调整它们的突触。给网络一个计算任务，让它一遍遍地重复。每当它有好的表现时，就给它一个奖励信号；反之，则给它一个错误信号，突触因而持续地更新自己。根据几条简单的学习规则，突触将会逐步变强。日积月累，网络成形，就能正确完成给定的任务。这便是深度学习法，它能训练机器使之拥有超乎想象的类人能力。

其次便是生物的复杂性。虽然未来我们的计算能力将强大到足以模拟大脑神经元，但是，遵循简便工程学方法打造的人工神经网络中，所有神经元都是完全一样的。然而，在实际大脑中，每个神经元都是不同的。那么如何复制人脑的独特和复杂就成为关键。

瑞士大脑研究所神经学家亨利·马克拉姆说：大脑是个极为复杂的集合体，有着数以万亿计的突触，数以十亿计的神经细胞，数以百万计的蛋白质，以及数以千计的基因。然而，在数量上，它们仍然是有限的。无论技术上还是生物学方面，目前的科技水平已达到足够的高度使得我们有能力在短时间内复制大脑。唯一的变数在于财政支持上，大脑复制耗资巨大。

专家各抒己见，实验界也频频出现新的研究成果。我们无法贸然判断谁的预言具有绝对真理性，但我们可以看到当前我们研制的机器人在拍摄和测绘方面比人类科技人员要快成千上万倍。在未来，量子计算带来的计算能力的数量级式飞跃，无疑将加速这一进程，大脑可以复制也就指日可待。

第四节　人机融合，连接未来

智能设备嵌入身体，实时读取你的生理数据；比你更了解自己的人工智能助手帮你决定终身大事……《人类简史》作者尤瓦尔·赫拉利认为，随着人工智能和生物技术的飞速发展，人机融合将在 21 世纪完全实现，人类未来生活将发生巨大改变。

一、人工智能可怕之处

人工智能在为人类带来巨大福音的同时，也引起越来越多人的恐慌，害怕人工智能对人类社会的破坏无法修复。先来看看人工智能对人类社会的冲击。

第一，劳务就业问题。由于人工智能能够代替人类进行各种脑力劳动，将会使一部分人不得不改变他们的工种，甚至造成失业。人工智能在科技和工程中的应用，会使一些人失去介入信息处理活动（如规划、诊断、理解和决策等）的机会，甚至不得不改变自己的工作方式。2016 年 11 月底，大疆创新推出先进的 MG-1S 型农业植保无人机，其飞行操作便捷稳定，使得农药喷洒更加精准高效、完全进入了实用化阶段。农业植保无人机一旦投入市场，传统农民将没有丝毫的竞争力。到 2016 年，富士康在中国各大生产基地安装了 4 万台机器人，以减少公司雇用员工的数量，受此影响，富士康昆山园区员工数量在过去的六七年间减少了 6 万人。

第二，技术失控的风险。2017 年 2 月，研究期刊《公共科学图书馆·综合》上发表的一篇论文发现，即使那些出于完全善良意愿而设计的机器人，也可能花费数年时间彼此争斗。因此，新技术最大的风险莫过于人类对其失去控制，或者是落入欲借新技术之手来反人类的人手中。美国著名科幻作家阿西莫夫（I.Asimov）甚至为此提出了机器人三守则：机器人必须不危害人类，也不允许它眼看人类受害而袖手旁观；机器人必须绝对服从人类，除非这种服从有害于人类；机器人必须保护自身不受伤害，除非为了保护人类或者是人类命令它作出牺牲。为此我们必须保持高度警惕，一方面在有限范围内开发利用人工智能，另一方面用智慧和信心来防止人工智能技术被用于反对人类和危害社会的犯罪。科技界关于人工智能将有可能统治人类世界的悲观理论也是技术失控的一大风险。在科幻电影《机械姬》中，就发生了机器人艾娃成功欺骗程序员并杀死富翁，然后逃出实验室的失控故事。

第三，思维方式与观念的变化。人工智能的发展与推广应用，将影响到人类的思维方式和传统观念，并使它们发生改变。虽然人工智能系统知识库的知识是不断修改、扩充和更新的，但是，一旦专家系统的用户开始相信系统的判断和决定，那么他们就可能不愿多动脑筋，并失去对许多问题及其求解任务的责任感和敏感性。过分地依赖计算机的建议而不加分析地接受，将会使智能机器用户的认知能力下降，并增加误解。因此人工智能一方面解决了人类工作生活中的许多麻烦，另一方面也对人类的思维方式和观念变化产生了巨大的影响。当人工智能使无人驾驶、机器人医疗、刷脸技术等越来越融入我们的生活，传统的这些只能依靠人类自己干的思想是不是也在逐渐转变，并不断去接受这些新的思维呢？

第四，引发法律问题。人工智能的应用技术不仅代替了人的一些体力劳动，也代替了人的某些脑力劳动，有时甚至行使着本应由人担任的职能，这就免不了会引起法律纠纷。比如医疗诊断专家系统如若出现失误，导致医疗事故，怎么样来处理，开发专家系统者是否要负责任，使用专家系统者应负什么责任等。2015年7月，大众汽车位于德国的 Baunatal 工厂就发生了一起意外事故，21 岁的外包工人在安装和调制机器人的时候，机器人突然伸手击中工人的胸部，并且将其挤向一块金属板，工人抢救无效，最终在附近的一家医院中死亡。虽然这起事故发生的原因不能全部由机器人承担，但却由此引发了相关的法律问题。

第五，心理上的威胁。人工智能还使一部分社会成员感到心理上的威胁，或叫作精神威胁。人们一般认为，只有人类才具有感知精神，而且以此与机器相区别。如果有一天，这些人开始相信机器也能够思维和创作，那么他们可能会感到失望，甚至感到威胁。人们在担心，有朝一日，智能机器的人工智能会超过人类的自然智能，使人类沦为智能机器和智能系统的奴隶。对于人的精神和人工智能之间的关系问题，哲学家、神学家和其他人之间一直存在着争论。按照人工智能的观点，人类有可能用机器来规划自己的未来，甚至可以把这个规划问题想象为一类状态空间搜索。当社会上一部分人欢迎这种新观念时，另一部分人则发现这些新观念是惹人烦恼的和无法接受的，尤其是当这些观念与他们钟爱的信仰和观念背道而驰时。

人工智能专栏7　　　　　　**海虹控股：智能医疗**

智能医疗是人工智能在医疗上的一个伟大进步。作为一家拥有三十多年历史的医药企业，海虹控股在智能医疗方面具有一定的先发优势，一起来看看企业的具体行动。

一、公司介绍

海虹企业（控股）股份有限公司（简称"海虹控股"）原为海南化学纤维厂，是1986年4月经海南省工商行政管理局批准成立的国有企业，1991年9月改组为"海南化纤工业股份有限公司"，1992年11月30日海虹控股在深圳证券交易所上市。公司属于综合类行业，主要服务为大健康服务产业，包括医药电子交易及电子商务业务、医保基金智能审核（PBM）业务及海虹新健康业务。2016年，公司实现营业收入2.17亿元，比上年增长11.87%，总资产达到14.9亿元。

二、智能医疗

2016年12月21日，海虹控股在海口预发布其第一款智能医疗产品。该产品充分展示了海虹控股在医疗产业内的服务能力和公司价值。早在2014年末，海虹控股就在筹备基于人工神经网络的临床循证医学智能诊断与治疗优化系统，随着其PBM业务的不断推进，公司积累了丰富的临床知识库、医疗质量、临床绩效评估、医疗基金运筹决策、个人健康征信等方面的经验，有力地保障了智能医疗项目的发布。海虹控股智能医疗的核心优势就在于拥有自有知识产权的专业化临床知识库：713万条医学数据+5668万条规则数据，审核处方累计超过200亿份。海虹智能医疗项目的载体是APP，APP分为医生端和患者端，均与医院的HIS系统打通。患者的相关医疗数据则由其自身选择授权给医生来查看。

第一，辅助医生临床诊断。"海虹智能医疗项目"主要向医生提供三个内容：诊疗决策辅助工具，即运用医学人工智能技术，为医生提供智能辅助诊断决策、推荐优选治疗方案，并基于个人健康档案与支付结算标准提供个体诊疗信息和医保结算费用信息提醒、提供同业临床处理参考，辅助医生在临床处理过程中自动匹配临床常规和合理诊疗，同时提供合作专家的临床处理方法和诊治结果，供医师参考借鉴；医师"技能修业图书馆"覆盖临床指南、用药说明与产品指导、细分专业学术文献、医保管理政策、卫计委公示全国典型范例、医生病例交流工具等临床常用资料，辅助医生自我学习、技能强化；签约管理工具，海虹控股参与到家庭医生服务中去，在第三方经办的基础上促成参保人与医生建立长期的服务契约关系，并推进医保备案。

第二，提供患者个人"新健康"产品。"海虹智能医疗项目"可以提供面向患者个人的"新健康"产品：个人健康闹铃，根据个人提交的诊疗信息和健康记录，生成智能健康档案，并根据医疗常规、医嘱建立基于条件触发的提醒机制，对个人健康进行动态干预；智能就医助理，依据个人的健康状态、福利特征、医疗资源的获取成本、治疗偏好，优选医师对象，制定就医路径；健康福利顾问，根据个人医保类型、缴费基数、健康状态等综合因素，提供补充商业保险、药品补贴、医药生产企业慈善援助等福利管理方案。

未来，海虹控股将联合包括医院、门诊中心、医生集团、诊所、药房、医药生产企业、流通配送企业、商业保险等机构，基于 PBM+AI 双引擎来构建更多的医疗服务分享平台。

资料来源：笔者根据多方资料整理而成。

二、机器圈养了人类

机器开始圈养人类，这个话题听起来似乎有点玄乎，但其实不然。让我们先来看一个例子。2017 年 1 月，芬兰政府实行了一个新的实验，从领取失业救济金或补贴的人里随机抽出 2000 人，从 1 月 1 日开始的两年里，每月会给他们每人发 560 欧元（约 4077 元），这笔钱无须交税，也不会影响其余任何福利。领取这笔补贴的人完全可以待在家中靠这 560 欧元节衣缩食。芬兰政府表示，若实验效果不错，会考虑将受众扩大到全芬兰的成年人。芬兰这种尝试无条件普遍基本收入，芬兰普通民众按月领取一份保证"起码生活水准"的补贴，且不以任何形式的工作或其他社会贡献为条件，和被圈养有什么不一样呢。

当然，芬兰民众即便被"圈养"也是被同胞圈养，那我们为什么说机器人圈养人类呢？人工智能近年来的发展速度让我们始料未及，一方面，我们把权力交给了机器人，另一方面我们也把重要的道德决定，甚至个人决定交给了机器人。

虽然今天我们的自动驾驶还没有那么智能，但是明天，自动驾驶出租车就可能决定不载我了，因为我看起来喝醉了，而我想去医院或者逃离危险处境的打算就会落空。你以为自己撒谎的技术无人能识破，却不知道轻而易举就被家里的智能眼镜识破。等我们发现这些问题时，可能为时已晚。比如，当我们依靠无孔不入、错综复杂的自主系统网络来种植、处理、传送或准备食物时，就很难叫停这种系统，因为这是一个复杂的链系统。

在过去，我们的父母总是按照自己的愿望来养育孩子。但是在未来，我们却能够以父母为蓝本设计智能机器。当机器接管了人类大部分困难而讨厌的工作时，也为我们人类提供了前所未有的闲暇和自由。以父母为蓝本设计智能机器可能就成为他们的爱好了。这是机器被人类利用时我们能得到的好处。

但是它们也可能成为我们的管理员，防止我们伤害自己、破坏环境。这里存在的问题就是，人类可能只有一次机会来设计这些服务于我们的系统，而不会有重来的机会。如果我们搞砸了，接下来的修补就会很艰难，甚至是不可能的。最终的结果就是，很有可能是由合成智能来决定什么是允许的、什么是不允许的，以及我们应该遵守的规则到底是什么。机器最开始调整的可能仅仅是避免拥堵的行车路线，但是渐渐地，这些系统可能会控制我们生活的地点、我们学习的内容，甚至我们结婚的对象。

虽然合成智能可能会想保护这种可贵的能力储备，就像我们想要保护大猩猩、鲸鱼或其他濒危物种一样；或者合成智能觉得我们还有留着的必要，将来可能还会有合作，要让我们继续探索新的道德或进行科学创新。所以当机器可以设计、修理以及复制自身时，人类很有可能会变得孤立无援。它们"奴役"人类的可能性也比较小——更有可能的是圈养人类，或者把我们放进保护区，让我们生活得惬意且方便，并失去探索边界以外世界的动力。

当然，机器需要的也只会是少部分的精英，只有这些人才是他们的合作对象，而最大多数的普通人，就成了尤瓦尔·赫拉利所说的，拜机器所赐，人类社会将诞生一个历史上从未出现的对经济和军事都毫无用处的阶级——简称无用阶级。

三、繁殖机器人

机器人可以向人类一样繁殖吗？关于机器人的自我繁衍，早在20世纪40年代就已经成为热门话题。现代计算机创始人之一约翰·冯·诺伊曼（John von Neumann）也曾提出机器人生产机器人的概念，他在著作中描述了机器人自我繁衍的条件，即任何能够自我繁殖的系统，都应该同时具有两个基本功能：第一，它必须能够构建某一个元素，并且用这些元素组装和自己一样的下一代；第二，它必须能够把对自身的描述传递给下一代。

2015年8月，剑桥大学的研究人员就制造出了可以繁衍后代的人工智能机器人。项目由剑桥大学和瑞士苏黎世联邦理工学院合作进行，其中的"母体"机器人其实是一个机械臂，而它所制作的"后代"则是一个个6厘米见方的塑料四方体，其中包括驱动马达。在多次实验中，机械臂先后独立制造了共10代"子体"机器人，每一代机器人在性能上都要优于上一代，一批"子体"机器人生产出来后，它们的运动状况被摄像头拍下。它是由一个程序自动评估这些"新生儿"移动的距离、速度和持久度，然后将要改进的地方反馈给"母体"机器人，在制造下一代机器人时加以改进。结果就是，最后一代"子体"机器人的移动距离比第一代能提高两倍，这种逐代进化的能力已经非常接近生物的进化。

不仅如此，2016年6月1日，英国《每日邮报》报道，荷兰阿姆斯特丹自由大学的科学家们创造出新技术，可以让机器人通过WiFi网络进行"交配"，然后通过3D打印技术产生机器人后代。阿姆斯特丹自由大学的科学家设立了"机器人婴儿计划"，旨在通过类似有性繁殖的过程创造出更智能化、更先进的机器人。早在2016年的2月，研究人员就将一对机器人父母通过"交配"，诞生了首个"机器人婴儿"。在这个过程中，研究人员开发出"让机器人发生性关系并将DNA传递给后代"的方法，期望让机器人进化，连续数代传承后，产生更先进的机器人。自由大学的实验室中还有专为机器人婴儿建立的"出生诊所"和"育儿室"。出生后，这些小机器人需要经历学习过程。如果满足条件，小机器人就可长大成人，继续繁育下一代。研究人员称，这标志着"工业进化"新时代的开始，机器将可以自主操作，并进行繁殖。

可以说，这些例子都一再告诉我们，机器人繁殖机器人不再是痴心妄想，而是已经落地开发结果。

四、制造人工智能

近年来，人工智能的发展，与制造机器人的过程密切相关。从本质上来说，如何制造人工智能，其实就是在制造智能机器人的过程。虽然计算机为人工智能提供了必要的技术基础，但是直到 50 年代早期人们才注意到人工智能与机器之间的联系。诺伯特·威纳在研究反馈理论时，有一个最熟悉的反馈控制的例子：自动调温器。将收集到的房间温度与希望的温度比较，并做出反应将加热器开大或关小，从而控制环境温度。诺伯特·威纳的这项发现对早期人工智能的发展影响很大。

1959 年，德沃尔与美国发明家约瑟夫·英格伯格联手制造出第一台工业机器人，即人手把着机械手，把应当完成的任务做一遍，机器人再按照事先教给它们的程序进行重复工作，主要用于工业生产的铸造、锻造、冲压、焊接等生产领域。虽然这一机器人被称为可编程示教再现型机器人，但它开启了机器人的历史。

1962 年，美国 AMF 公司生产出"万能搬运"（VERSTRAN），成为真正商业化的工业机器人，并出口到世界各国，掀起了全世界对机器人研究的热潮。

20 世纪 60 年代中期开始，麻省理工学院、斯坦福大学、爱丁堡大学等陆续成立机器人实验室，1965 年，约翰·霍普金斯大学应用物理实验室研制出 Beast 机器人，第二代带传感器、"有感觉"的机器人研究兴起，并开始向人工智能进发。这种"有感觉"的机器人类似人在某种功能下的感觉。比如，力觉、触觉、听觉，以此来判断力的大小和滑动的情况。

1968 年，美国斯坦福研究所公布了他们研发成功的机器人 Shakey。Shakey 装备了电视摄像机、三角测距仪、碰撞传感器、驱动电机以及编码器，并通过无线通信系统由两台计算机控制，可以进行简单的自主导航。作为世界第一台智能机器人，虽然 Shakey 只能解决简单的感知、运动规划和控制问题，但它却是当时将 AI 应用于机器人的最为成功的研究平台。

1978 年，美国 Unimation 公司推出通用工业机器人 PUMA，标志着工业机器人技术已经完全成熟。

1999 年，日本索尼公司推出犬型机器人爱宝（AIBO），家庭机器人开始进入人们的视线。

2014 年 6 月 7 日，在英国皇家学会举行的"2014 图灵测试"大会上，聊天程序"尤金·古斯特曼"（Eugene Goostman）首次通过了图灵测试，预示着人工智能进入全新时代。

2016 年，阿尔法围棋由谷歌旗下的 DeepMind 公司戴密斯·哈萨比斯领衔的团队开发。其主要工作原理是"深度学习"，属于服务型机器人。阿尔法狗于

2016 年 3 月、2017 年 5 月分别以 4：1、3：0 的分数击败了围棋世界冠军、韩国职业九段棋手李世石和世界排名第一的中国职业九段棋手柯洁。其实，除了能下围棋的智能机器人之外，已经有不少公司研发了各种类型和功用的机器人，可以照顾我们的生活、陪孩子玩耍，甚至帮我们做一顿美味的晚餐。

2017 年，法国科研人员就新研发了一款智能机器人勤杂工 Pyrene，并对其进行测试。勤杂工，顾名思义，就是可以帮助人类做家务。估计端茶倒水、打扫卫生这些琐事，对它来说，都是小菜一碟。日本丰田公司研发了一种帮助残障人士或老年人等在日常家庭生活中实现生活自立的生活辅助型机器人 HSR，该机器人可以帮助使用者穿衣服。中国海尔公司也有款智能机器人 Ubot，不仅拥有人型的外观，可以移动，而且具有家电智能管家、家庭安全卫士、家人陪护、生活助手等多项功能。英国研发团队推出了一款智能概念型机器厨房 Moley，这套 Moley 系统中的机械手臂内置触觉传感器，通过模仿可以完成切、搅拌、倒等动作，并且能够操搅拌机和收放餐具。那些打开燃气灶、关闭吸油烟机等简单的操作更是不在话下。

人工智能一路上的发展离不开机器人的发展，机器人也由最初的工业机器人发展为现在的智能机器人了。制造智能机器人的过程，也是在制造人工智能。

五、工业机器人

工业机器人是面向工业领域的多关节机械手或多自由度的机器人，是自动执行工作的机器设置，靠自身动力和控制能力来实现各种功能。当前全球机器人市场主要以工业机器人为主，占市场份额的 80%。工业机器人的出现，不仅能提高效率、提高生产品质，而且还能花较少人工成本，因此工业机器人也深入到企业的心脏。我国工业机器人的市场主要集中在汽车、汽车零部件、摩托车、电器、工程机械、石油化工等行业。

最初的工业机器人只能进行一些简单的重复动作，但是当今工业机器人技术正逐渐向着具有行走能力、具有多种感知能力的方向发展。这些具有触觉、力觉或简单的视觉的工业机器人，能在较为复杂的环境下工作；如具有识别功能或更进一步增加自适应、自学习功能，即成为智能型工业机器人。智能型工业机器人集精密化、柔性化、智能化、软件应用开发等先进技术为一体，通过对过程实施检测、控制、优化、调度、管理和决策，实现增加产量、提高质量、降低成本、减少资源损耗和环境污染。由于智能工业机器人具有一定的通用性和适应性，能适应多品种中、小批量的生产，因此常与数字控制机床在一起，成为柔性制造单元或柔性制造系统的组成部分。

随着制造业的发展，企业对工业机器人性能的要求越来越高，以期进一步提高生产效率和产品质量，因此高速、高精度、智能和模块化成为目前工业机器人发展的主要趋势。现代技术正引导工业机器人逐渐根据人工智能技术制定的原则纲领行动。

2015年，ABB发布了全球首款真正实现人机协作的双臂机器人YuMi，YuMi具有协同式双臂，配有突破性功能，将小件装配等自动化带入一个全新时代，其灵活的双臂以软性材料包裹，并配备创新的力传感技术及最先进的软件控制系统。YuMi从机械手表的精密部件到手机、平板电脑以及台式电脑零件的处理，都能以其精确性轻松应对，甚至还能穿针引线。YuMi将人与机器人并肩合作变为现实，并宣告一个人机协作新时代的来临。同年，德国库卡推出首款轻型工业机器人LBRiiwa，LBRiiwa是一款具有突破性构造的七轴机器人手臂，其极高的灵敏度、灵活度、精确度和安全性的产品特征，使它特别适用于柔性、灵活度和精准度要求较高的行业，可满足更多工业生产中的操作需要。

例如，广州数控设备有限公司于2014年攻克了工业机器人核心部件（包括机器人控制器、伺服驱动、伺服电机、减速器）的最后一个难关——减速器，掌握了被国外垄断的工业机器人本体制造的全套核心技术。其设计的工业机器人有可广泛用于电子、食品饮料、机械、制药、医疗、教学研究等领域的搬运、码垛、分拣、装配等工作类，也有广泛用于打磨、抛光、机床上下料、冲压自动化生产线的自动搬运类，等等。

由此我们可以看到，国内外工业机器人在近几年获得了巨大的进步，也迎来了机遇。特别是人工智能的发展使得工业机器人朝着数字化、智能化的方向发展，而智能工业机器人也将成为未来的技术制高点和经济增长点。

人工智能专栏 8　　　　**汇川技术的工业机器人**

对于备受关注的机器人制造，汇川技术近日表示，公司瞄准了国内机器人市场，未来将专注于为工业机器人行业提供包括伺服、变频器、PLC在内的自动化控制产品和解决方案。

一、公司介绍

深圳市汇川技术股份有限公司（简称"汇川技术"）是一家专门从事工业自动化控制产品的研发、生产和销售的高新技术企业。其主要产品有变频器、伺服、PLC、稀土永磁同步电机、电动汽车电机控制器、光伏逆变器等，主要服务于装备制造业、节能环保、新能源三大领域，产品已经广泛应用于电梯、机床、空压机、金属制品、电线电缆、印刷包装、纺织化纤、塑胶、建材、起重、冶金、煤矿、市政、化工、电力、汽车等行业。目前，汇川技术主要的电梯、注塑机、通用伺服等产品都取得较高增长，其他新产品包括大传动、电动车、电机等都增长趋势较好。据了解，汇川技术自上市以来培育的包括大传动、汽车电子、光伏逆变、伺服电机等多个新产品，从2017年开始进入收获期。伺服产品则是工业机器人的重要部件。据2016年年度报告，公司实现营业总收入36.6亿元，较上年同期增长32.11%；实现营业利润8.3亿元，较上年同期增长14.80%。

二、专注于工业机器人

2015年以来，汇川锁定机器人行业最难的核心部件，同时深入到机器人制造商和终端用户，提出了"面粉+工艺"的策略。2016年，汇川对公司的组织架构进行调整，新增通用自动化事业部和机器人事业部，以满足智能制造对多层次网络架构与机电一体化解决方案的需要。

第一，以技术为中心。汇川技术核心管理层始终将技术放在公司发展的首位上。在机器人技术发展方面，汇川早在2010年就启动了机器人控制器的调研工作，并着力于工业机器人的伺服应用技术研发。2015年初，汇川机器人控制器产品正式推向市场，并获得了一些战略合作伙伴的好评。伺服产品就是汇川技术的一个非常重要的产品。目前，汇川已经推出了专业符合工业机器人产品需要的IMC100R系列的工业机器人控制器、IS620N系列的基于 EtherCAT 总线的伺服驱动器以及带绝对值编码器的伺服电机等多个产品。

在产品研发上，汇川技术从一开始就时刻契合着工业机器人最核心的需求：快、稳、准。"快"主要指的是能够满足机器人实时通信的要求，汇川在伺服的电流环上已经可以实现 640 千赫兹的调节周期，为下一代高性能伺服打下了坚实的基础；"稳"则指内置机器人动力学算法，使得机器人在高速曲线规划时具有更好的机器人刚性和带宽，即可以让机器人在合理的负重范围内举重若轻地工作，杜绝不应该出现的抖动现象；"准"指的是汇川自主研发的 23 位绝对值编码器能够为机器人控制精度提供更高的分辨率。

第二，视觉技术助力机器人发展。2013 年，汇川并购、重组了南京汇川工业视觉技术开发有限公司。南京汇川工业视觉技术开发有限公司专注于工业视觉技术的研发和产品制造，收购重组活动不仅为汇川的产业链中又增加了一个极具潜力的业务板块，更为给机器人装上"眼睛"打下了基础。原因在于市场上大多机器人还只能实现简单的定点应用，而要真正实现高端应用，只有使用视觉技术给机器人装上"眼睛"，才能充分发挥出机器人的柔性功能。基于视觉技术的重要性，汇川将其列为公司机器人战略的一个重要组成部分，并加大投入进行开发，以方便为机器人的柔性提供更多的技术方案。

第三，提出面粉工艺策略。2015 年以来，汇川技术深入到机器人制造商和终端用户，提出了"面粉工艺"的策略。对于机器人来说，人们往往最关注的还是这个产品能够做什么，能够实现什么我们达不到或做不好的事情，即仅仅停留在应用层面。作为国内工业自动化的领袖企业，汇川技术努力在产品制造时就从技术的角度去解决应用层面的问题。

这种方式对于国内机器人的发展将提供非常大的帮助。在产品和技术突飞猛进的时代，许多机器人制造厂商实际上根本没有精力或无暇顾及太多的工艺技术，汇川技术正好能够给予他们更多的技术指导，帮助他们节省大量的时间，也让他们能够更多地将精力聚焦于应用层面上。

"面粉工艺"的另一层意思则是汇川会通过与机器人制造企业形成战略合作，共同为终端用户服务。"面粉工艺"战略是汇川针对目前国内大多数机器人生产厂商仍处在初级探索阶段而做出的深层次思考，希望通过战略合作，与更多的机器人厂商结盟，以汇川的雄厚技术实力去推动机器人产业的进步。因此其战略合作不仅包括伺服、减速机等机器人部件的提供，还包括根据终端用户的需求与机器人制造企业共同研发新的工艺。

机器人产品作为汇川众多产品中的一员，秉承了汇川技术固有的产品基因，即以"工控工艺"的产品意识不断满足行业及客户的需求。在未来工业机器人产业发展的过程中，汇川技术有望给客户带来"快、稳、准"以及更为安全的产品和用户体验。

资料来源：笔者根据多方资料整理而成。

【章末案例】　　　　川大智胜：人脸识别的强者

人脸识别是人工智能应用中发展速度较为提前的领域，也是最典型的人工智能应用，在很多行业都已经开始有所涉及，例如出入境边检、刑侦等，机场、火车站、汽车站等场景。随着"人工智能"行业里面逐步应用验证川大智胜的产品，公司在行业的领先优势将得到巩固，川大智胜已成为当前人脸识别的强者。例如成都火车东站人证票自动查验系统经过 500 万人次检验，正确识别率达95.6%。

一、公司介绍

四川川大智胜软件股份有限公司（简称"川大智胜"）是我国空中交通领域主要的技术、系统和服务供应商。公司是由四川大学智胜图像图形有限公司经整体变更形成的股份制企业，成立于 2000 年 11 月，2008 年 6 月在深圳证券交易所中小板上市，是国内空管领域第一家上市公司。公司旨在成为航空和图像图形应用领域融创新工厂、孵化器和高科技企业经营为一体的集团公司。

目前，川大智胜的主要业务包括空中交通管理（即空管）、飞行模拟、智能化图像识别和合成以及信息化。其中，空管业务为军航用户（空军、海军、陆航、中航工业）和民航用户提供空管业务层面所需的空管自动化系统、仿真模拟训练系统、流量管理系统、空域管理系统、空管气象管理系统、多通道数字同步记录仪等产品。飞行模拟业务包括飞行模拟机培训服务和飞行模拟产品销售。飞行模拟机培训服务由公司采购 D 级飞行模拟机，为航空公司提供飞行员模拟机培训服务。飞行模拟产品销售包括飞行模拟机视景系统、管制员体验飞行模拟机。主要客户有飞行模拟机或飞行训练器厂商、空管相关部门。智能化图像识别和合成业务包括基于车辆自动识别的城市智能交通、三维人脸照相机和人脸自动识别产品、智能型实时互动虚拟现实产品三方面。基于车辆自动识别的城市智能交通的核心技术是基于视频图像的车辆号牌和类型的自动识别，主要为城市交管、道路交通和城市公交等用户提供基于车辆视频精确识别技术的治安卡口、电子警察、交通视频综合检测系统、城市交通管控调度指挥平台、收费卡口、超速抓拍、事件检测、公交电子站牌等产品。智能化虚拟现实产品是在虚拟现实产品的基础上发展而来的。信息化主要为政府相关部门提供电子政务信息化系统、城市应急指挥调度系统、智慧景区解决方案、世界遗产监测解决方案等产品和服务。

截至 2016 年末，公司营业收入超过 3 亿元，比上年增长 20.94%；公司归属上市股东净利润 3889.10 万元，比上年度增长 16.4%。公司之所以能取得这样的成绩，除了传统业务的贡献，更在于其不断的技术创新。近年来，公司的销售收入稳步增长，具体如图 2-10 所示。

图 2-10　川大智胜 2013~2016 年公司营业收入状况
资料来源：根据川大智胜 2013~2016 年年报整理而成。

二、人脸识别

川大智胜早在 2013 年就开始布局人脸识别。针对"人、证"一致性严格认证的迫切需求，川大智胜基于人脸识别技术开发了人证查验智能通道产品，采用人脸检测、跟踪、人脸识别、二代身份证验证及多功能检测等技术，对人员进行实时人脸识别分析和报警，以刷身份证件加上人脸验证模式，实现人员智能身份验证。该设备可应用于通道出入、车站站点、银行等场景，是具有高安全性，高保障性的自助通行终端设备。

随后，川大智胜开发三维人脸识别技术。2016 年 1 月 30 日，川大智胜与成都卫士通签署了两年的战略合作协议，在"网络空间安全 + 三维人脸识别""网络空间安全 + 空管""安全视频监控 + 图像识别"、商用密码在空管自动化、三维测量以及城市综合管理的应用等领域加强合作。成都卫士通是中国信息安全第一股，通过和卫士通的合作，有利于保障公司三维人脸识别技术的安全开发和研究。同时，也可以看出公司还在继续发力人脸识别技术。

三维人脸采集产品是川大智胜的重要人脸识别项目。2016 年，公司完成了三维人脸相机的原理样机和应用样机。小型三维人脸相机是公司自主研发的光学三维测量仪器，拥有完全自主知识产权。三维人脸相机技术指标优于国外同类产品，3D/3D 识别正确率显著提高，并有很强的防伪能力，对人脸部细节的深度测量精度已达到 0.1mm。配合公司的 3D 识别软件，可以达到 99.5% 以上的识别正确率和极强的防伪能力，技术水平国际领先。三维人脸相机产品打通了从三维人脸照相、数据库建立到人脸识别的完整的三维人脸识别产业链。

2016 年，川大智胜人脸识别产品实现盈利 138.12 万元，成为人脸识别技术领域当之无愧的强者。

三、人工智能技术

除了涉足人脸识别之外，川大智胜还开始布局虚拟现实，包括在科普市场、航空空管市场和数字化天象厅等领域。

第一，科普市场的虚拟现实。2013 年，川大智胜大型全景互动科普体验系统（现代航空港）成立。现代航空港是一套完整的交互式全景虚拟现实系统，展示机场全天候的运行情况并对可能出现的事件进行模拟，实现精确仿真的同时为用户提供必要的交互功能。其节目设计以互动为主，穿插航空表演，紧急迫降，机场夜景等附加场景的设计，使节目的科普内容增强了趣味性与刺激性，并遵循视听语言的基本规律，以结构、线索、节奏、情绪、为推动力和高潮点。使整体形成了具有科学性又有观赏性的虚拟全景互动体验节目。

2015年，川大智胜年报首次明确其文化科技领域相关的教育科普虚拟现实(VR)产业链布局内容：显示系统研制（高清立体LED屏）、内容制作（全景互动节目、立体互动节目、穿戴式虚拟现实节目）、互动检测技术、互动体验系统（座舱式、巨幕式、穿戴式）研发、虚拟现实科普体验馆建设和运营。

2016年，川大智胜深入践行文化科技业务的发展战略。同年2月，川大智胜与奥飞动漫签署合作协议，双方将开展多形式、多层次、多渠道的业务合作，研发用于智能硬件方面的图像识别、虚拟现实技术等应用产品，开拓新市场。双方将发挥各自的软硬件技术、IP、内容和渠道优势，在动漫IP、智能硬件产品、儿童乃至家庭娱乐虚拟现实产品，软件应用开发等智能领域开展全面深度合作；双方将合作开发全景互动虚拟现实内容，并向教育和科普领域推广。川大智胜旨在通过合作，在全景互动体验系统所需的虚拟现实内容上有所突破，并在细分领域形成核心竞争力。3月，川大智胜与利亚德签订《"虚拟现实技术创新与应用"战略协议》。双方拟共同研究将LED小间距显示技术与VR技术融合并应用；拟共同投资建设和运营基于文化艺术与科学技术相结合为核心的平台（如校园电影院线），形成集产学研为一体的、完整的高校影视动漫创新创业产业链；拟共同投资研发影院级"高清晰立体LED显示"相关技术；拟共同投资建设和运营"虚拟现实科普体验馆"。

第二，航空空管市场的虚拟现实和人工智能。2016年10月，上海虹桥机场发生因管制员指挥失误，险些造成两架飞机在跑道相撞的事件，引起国家高度重视，要求空管系统具有自动预警能力。该功能的核心关键技术是管制员和机长通话的自动识别和理解，空管通话由于专业性很强，国际国内都还未实现。在市场需求的召唤下，川大智胜立即组织专门队伍利用民航现有地空通话记录设备中公司产品占较大比例这一优势，开始整理编辑地空通话大数据，作为其深度学习训练的依据。由于公司前期在人工智能和虚拟现实的投入较多，因此这一技术发展较快，有望在 2017 年推出第一批基于自动语音识别的空管指挥安全监控产品，满足国家和行业急需。此外，2016 年12 月，川大智胜自主研发的我国首套国 D 级飞行模拟机视景系统通过民航总局的鉴定，获得首套订单，也是公司虚拟现实和人工智能在航空空管市场取得的成就。

第三，数字化天象厅生态圈。数字化天象厅是公司虚拟现实新产品。川大智胜的数字化天象厅建设主要由公司控股子公司四川华控图形科技有限公司（简称"华图科技"）主持。十多年来，华图科技一直在从事虚拟现实和可视化仿真领域的技术和产品研发，产品服务包括分布式仿真系统、可视化指挥监控系统、全景互动虚拟系统、天文科普系统、多媒体互动解决方案等。2010 年，华图科技在国内建成首个互动式数字化天象厅，颠覆了以往只看不动的传统天象厅模式。公司从 2012 年开始增加相关投入，大力推进数字化天象厅建设。2015 年，华图科技与云南天文台合作建立了数字化天象厅联合实验室，以先进的虚拟交互技术、丰富的天文节目，创造出集天象科普观赏、星空体感互动、宇宙探索体验、《星空大讲堂》数字天文科学数学四种功能于一体的国内新型互动式数字化天象厅。

数字化天象厅的多功能应用包括天象节目播放、天文软件应用、虚拟互动体验教学、快速简捷天文教学课件创作、节目及教学资源的网络化发布共享管理。2016 年 1 月 11 日，华图科技数字化天象厅示范——包头科技馆正式开馆。该馆占地 26 亩，总建筑面积 24866 平方米，常设展览面积 11440平方米。设有"儿童科学乐园""探索与发现""科技与生活""宇宙与生命"四大主题展区，设置展品 314 件。数字化天象厅虚拟现实体感互动，伸手即可摘星，翻手即可翻转星体；"星空"开窗，体验"虫洞"；还有专业的世界望远镜（WWT）和虚拟天文馆（Stellarium）科普平台等。

数字化天象厅不仅适用于各类大中小学校进行天文科普教育等兴趣教学，也适合国内科普主题场馆的现有天象厅、球幕影厅的升级改造。在保持传统天象厅的天文科普授课功能以外，又创新增加了互动体验式教学方式，将教学内容从天文扩展到了地理、生物、宇航、军事等领域，形成数字化天象厅生态圈，充分挖掘了天象厅的使用功能，大幅提高了使用效率；同时，也调动了学生的主动思考、积极创造等诸多能力。

不仅如此，2016 年 12 月，公司与四川大学签订《产学研战略合作协议》，双方合作共建"四川大学智能系统研究院"。公司拟在 10 年内，平均每年提供500 万元的横向合作经费，支持人工智能研究。公司董事长游志胜、董事杨红雨各向四川大学捐赠 5000 万元，共 1 亿元，用于该研究院引进高水平人才和实验室建设。这种战略合作，有了充足的资金和人才支持，将对未来公司依托人工智能技术开发新产品和升级传统产品有重大支撑作用。2016 年，川大智胜完成多人互动检测技术、互动体验节目和 VR 科普教室产品的研发，形成了以全景互动为特色的三类虚拟现实体验产品。全年虚拟现实体验馆产品盈利 60.23 万元。

四、启示

新的人工智能技术带来的新一轮技术革命大潮势不可当，川大智胜不仅在"人工智能"领域布局领先，而且积极推进以人脸识别、虚拟现实为代表的新兴业务。

第一，在人脸识别领域，公司研发的高精度三维全脸照相机原理样机和应用样机已经完成，对人脸部细节的深度测量精度已达到 0.1mm。配合公司的 3D 识别软件，可以达到 99.5% 以上的识别正确率和极强的防伪能力，技术水平国际领先。此外，与市场需求更契合的、适合大批量现场应用的中高精度三维全脸照相机也处在研发过程中。

第二，在虚拟现实领域，在科普市场、航空空管市场、数字化天象厅一起发力，并取得不错成绩。例如，新产品中"数字化天象厅"已实现销售。部分人脸识别和虚拟现实新产品还将在 2017 年下半年进入市场，预计在 2017 年底前新产品能够实现盈利。

面向未来，川大智胜在"高精度三维人脸照相机和人脸自动识别产品""人工智能＋行业应用经验""虚拟现实新产品"领域的投入会更多。

资料来源：笔者根据多方资料整理而成。

第三章

虚拟现实

2016 年是中国 VR 元年，中国 VR 用户总量达 1000 万，同比增长 10 倍，实现了行业、用户、内容、渠道的全面爆发。与移动互联网相比，VR 平台能创造一种沉浸感，让用户突破时间与空间限制，在一个创造出的虚拟场景中体验到全新的"真实"的存在。目前，VR 与房地产、教育、文化旅游、汽车、UGC 等诸多行业结合，可以为用户提供全新的体验。

——暴风集团创始人、董事长兼 CEO　冯　鑫

【章首案例】　数码视讯：全息图像与现实世界互动模式

你是否体验过虚拟世界与现实世界的双重境界？全息图像——这一全新的科技实现了打破虚拟世界与现实世界的阻隔，让观众体验到前所未有的视觉冲击快感。数码视讯是国内全息图像技术的代表企业。

一、公司介绍

北京数码视讯科技股份有限公司（简称"数码视讯"），前身是北京自清科技有限公司。北京自清科技有限公司成立于 2000 年，2007 年公司整体变更为股份有限公司，2010 年 4 月公司在深交所创业板上市，是中国数字电视机三网融合龙头企业。作为全球领先的数字电视解决方案提供商，公司全面参与广电总局 TVOS、NGBW 等未来广电核心标准的制定，坚持聚焦战略，对广电网、大数据、云平台和智能终端等领域持续研发投入，在构建广电全

产业生态链的同时，倾力打造"广电网+互联网"全解决方案，助力广电平台化运营。主要产品包括：云服务及大数据；数字电视系统及服务；新媒体技术服务及应用；宽带网改；智能网关及终端；金融及互联网金融技术服务及应用；TVOS及安全产品等。

　　近年来，公司营业收入呈直线上升趋势。2013年，公司实现营业收入约为3.9亿元；2014年约为5.5亿元，比上年增长41%；2015年约为10.3亿元，比上年增长87.27%；2016年约为14.7亿元，比上年增长42.72%，如图3-1所示。

图3-1　数码视讯2013~2016年公司营业收入状况

资料来源：根据数码视讯2013~2016年年报整理而成。

二、体感技术方案商

　　数码视讯是继微软之后全球第二家具有体感技术全套方案的厂商，拥有多项国内首创技术与专利，所有核心技术均为自主知识产权方案。体感技术是指可以不用遥控器来操控电视，不用手柄就可以玩游戏，人本身就是遥控器的一种新技术。公司在体感技术领域的定位是实现传感器装置、模式识别、云计算平台、体感游戏的应用一体化方案。

　　第一，传感器装置。数码视讯在传感器装置的研发上主要体现在军事信息化领域。公司从2009年开始布局军品生产，2014年，公司的一代音视频控制解决方案亮相第二届全国指挥控制大会和第九届应急通信研讨会，正式展示了公司在军工领域的产品。参加这两次行业内顶级专业会议标志数码视讯的军用产品已经非常成熟。

第二，云计算平台。在云计算方面，数码视讯云终端解决方案以宽讯云平台为核心，以低成本云终端做解码呈现广电"TV+"云技术解决方案。其中采用了云计算及视频流化技术、云端流切换技术和云终端技术，实现在云端通过云流化容器承载各类 Web 业务、Android 应用和 Window 应用，并通过云端流切换设备对各视频、内容、应用的流统一调度、统一切换，最终通过云终端来呈现数字电视业务、互动电视、OTT、互联网、游戏和云 PC 等业务。数码视讯云终端解决方案将业务更新、上线、下线、加载等常规业务逻辑在云端实现，终端保留解码能力和数据回传能力，简化了终端需求，延长了终端的生命周期，可助力广电实现低成本适配互联网业务的快速更迭。

第三，体感游戏。数码视讯从 2010 年开始研发体感技术，作为体感技术全套方案提供商，数码视讯的体感交互方案与清华大学图形图像所合作研发。公司在体感技术上的投入方向主要为姿态识别和手势识别，主要应用在体感游戏方面，有研发人员 40 多人，其中 60% 以上为研究生毕业，由清华大学提供核心算法，数码视讯负责软件实现。数码视讯的体感设备不仅是单纯的娱乐游戏设备，而是采用软硬件结合的方式，深入到任何有电脑的地方，可以是 PC、笔记本电脑、平板电脑，也可以是汽车、电视。既可以是医疗、游戏领域，也可以是金融、工程等领域，只要能想出应用，任何有电脑的地方，都可以应用到。2014 年，公司已经基本完成其核心的技术攻关及体验实现。

三、全息图像与现实世界互动模式

作为一家具有体感技术全套方案的厂商，数码视讯能将数字内容投射成全息图像，可以和现实世界互动。数码视讯的体感技术有多个传感器，能将数字内容投射成全息图像，而且可以和现实世界互动，甚至还有环绕立体声音效。虚拟现实的出现对这个行业是一个非常重要的促进作用，沉浸式虚拟现实以后，精准的动作捕捉成为必需，而且还要即时、准确地映射到虚拟环境里，不能出现稍微的滞后。2015 年 1 月，数码视讯与清华大学图形图像所承接的科技部下一代体感操控技术研究与 3D 体感互动平台项目完成，尺寸比微软的 Kinect 小，性能比原型机有很大提升。数码视讯一直研发并不断优化体感游戏平台,该平台既可以应用到机顶盒当中,作为电视游戏的一部分,也可以独立作为类似任天堂的体感游戏产品销售。

不仅如此,数码视讯还投资 VR 视频直播。2016 年 5 月 17 日,数码视讯全资子公司数码视讯美国控股公司还与 Video Stitch Inc 签订了《股权投资可转债协议》,用自有资金 30 万美元投资布局于美国硅谷和法国巴黎的虚拟现实直播技术有限公司 Video Stitch,投资方式为股权投资(可转债)。Video Stitch 是一家部署在美国硅谷和法国巴黎的 VR 视频技术公司,主要提供 VR 视频内容采集、剪辑和传输的软硬件整体解决方案,其拥有世界上第一个实时 360 度全景 4K 解析度的 VR 视频直播技术。服务客户包括谷歌、Facebook 和诺基亚。本次公司投资 Video Stitch 与公司的业务布局形成协同效应,对公司拓展 VR 直播技术在各领域的实际应用起到积极作用。

四、启示

体感交互技术被称为第四次人机交互技术革命,将带来全新的数字家庭娱乐体验,开启新一代数字家庭娱乐创新模式,推动国家三网融合应用与文化创意产业发展。未来建立全息图像与现实世界的互动模式。

第一,数码视讯努力成为体感技术的全套方案商,分别从传感器装置、模式识别、云计算平台、体感游戏等方面着力,打破了国内的空白。

第二,公司与清华大学合作,承接科技部下一代体感操控技术研究与 3D 体感互动平台项目。相信在未来,数码视讯将给中国的人机互动技术带来一场技术革新。

资料来源:笔者根据多方资料整理而成。

近几年,随着技术的逐渐成熟、概念的虚火渐褪、行业的良性洗牌、政策和资本的利好等,智能硬件行业热情高涨。作为智能娱乐硬件细分领域的代表,虚拟现实已逐渐成为智能硬件最重要的标志。虚拟现实技术被视为当前科技界公认的一大"风口"。业界认为,2016 年是"VR"元年,VR 将会成为颠覆下一代的技术。

第一节　直击虚拟现实

2016 年"两会"期间，"十三五"规划纲要把 VR 产业视为新兴前沿创新的六大领域而大力推进。2016 年 4 月，国家工信部电子技术标准化研究院发布《虚拟现实产业发展白皮书 5.0》，阐述了当前中国虚拟现实产业的发展状况，并提出了相关政策："未来应该提前谋划布局做好顶层设计，通过财政专项支持虚拟现实技术产业化，实现核心技术突破，加强文化和品牌建设。"2016 年 8 月，国务院正式印发《"十三五"国家科技创新规划》，对虚拟现实等诸多前沿科技做出了明确的规划。强调要突破虚实融合渲染、真三维呈现、实时定位注册等一批关键技术，在工业、医疗、文化、娱乐等行业实现专业化和大众化的示范应用，培育虚拟现实与增强现实产业。2016 年 10 月，文化部发布《文化部关于推动文化娱乐行业转型升级的意见》，鼓励游戏游艺设备生产企业积极引入体感、多维特效、虚拟现实、增强现实等先进技术。2016 年 12 月，国务院印发《"十三五"国家信息化规划》，明确指出要强化战略性前沿技术超前布局，包括加强虚拟现实在内的新技术的基础研发和前沿布局，构筑新赛场先发主导优势。虚拟现实频频出现在政府重要文件中，可以从宏观上推动产业的发展，而正是借助政策这一东风，虚拟现实才有可能实现快速发展。

一、处女地

虚拟现实 VR 技术最早起源于 20 世纪 50 年代的美国，发展至今仍然处于不断探索阶段。到目前为止，经历了 VR 启蒙、VR 爆发和 VR 狂欢三次浪潮。

第一，VR 启蒙阶段。20 世纪 50 年代到 60 年代，是 VR 的启蒙时代。1957 年，电影摄影师莫顿·海利希相继研发了数个类 VR 设备，包括街机式的多感知电影播放设备、提供 3D 影像与立体声的头戴设备以及多感知虚拟现实系统 Sensorama Simulator。1968 年，计算机图形学之父在哈佛大学组织开发了第一个计算机图形驱动的头戴显示器 Sutherland 及头部位置跟踪系统。Sutherland 的诞生，标志着头戴式虚拟现实设备与头部位置追踪系统的诞生，为现今的虚拟技术奠定了坚实基础，Ivan 也因此被称为虚拟现实之父。

第二，VR 爆发阶段。20 世纪 80 年代末至 90 年代是 VR 的二次爆发时期。1989 年，加伦·拉尼尔第一次正式提出了"Virtual Reality"这个概念，其公司 VPL Research 也成为第一家成功商业化销售 VR 头戴显示设备和手套的公司。90 年代，索尼、任天堂等游戏公司都陆续推出了自己的 VR 游戏机产品。但由于产业链不完善、技术不成熟，VR 产品并未得到消费者认可。虽然这一波商业化浪潮在消费级市场并不成功，但在军事、工业、医疗等领域却逐渐应用起来了。

第三，VR 狂欢阶段。2014 年迎来了虚拟现实的第三次浪潮，Facebook 以 20 亿美元收购 Oculus，VR 商业化进程在全球范围内得到加速。VR 产业在全球范围内快速铺开，VR 创业公司相继出现并快速覆盖了几乎所有的产业环节。围绕着"下一代计算平台"风口，国内外兴起一场从未有过的"VR 狂欢"。到 2015 年，国内虚拟现实开始真正走上风口，2016 年，虚拟现实迎来了元年。

虽然虚拟现实的发展历史并不短，但是从其发展演变来看（见表 3-1），虚拟现实这一巨大领域依然存在广阔的开拓空间，有一系列的数据可以进行佐证。2016 年，全球 VR 软硬件的产值将达 67 亿美元，预计 2020 年之前将达到 1000 亿美元；2016 年中国虚拟现实产业白皮书报告指出，在全国 15 个省市抽取的 5626 个 15~39 岁的抽样调查中，对 VR 非常感兴趣的用户占比达到 68.5%，潜在用户规模达到 2.86 亿；2016 年，中国 VR 行业投资案例为 61 笔，投资金额约 25.2 亿元，较 2015 年增长 19%；国内 VR 线下体验店的数量超过了 3000 家。这些数据无不诠释出虚拟现实领域仍然潜藏着巨大的财富。

表 3-1　虚拟现实发展演变

发展阶段	事件
VR 启蒙时代	1957 年莫顿·海利希研发了数个类 VR 设备
	1968 年 Sutherland 的诞生，奠定了现今虚拟技术的基础
VR 爆发时期	1989 年加伦·拉尼尔第一次提出 Virtual Reality 概念
	20 世纪 90 年代游戏公司相继推出 VR 游戏机产品
VR 狂欢浪潮	2014 年 Facebook 以 20 亿美元收购 Oculus
	2015 年三星 GEAR VR 设备开售
	2016 年索尼 Morpheus、Oculus 消费版 VR 头盔上市

我们先来看看 VR 产业链的这些环节：硬件设备、操作系统、内容、应用、分发平台（见图 3-2）。

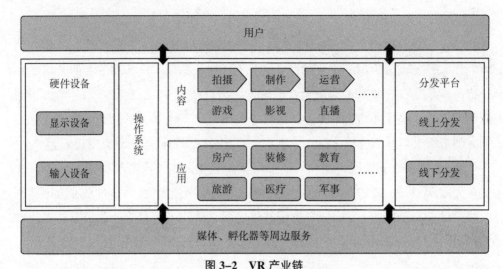

图 3–2　VR 产业链

资料来源：http://www.iot-online.con/chanyeyanjiu/2016/0402/29237.html.

　　硬件设备可分为显示设备和输入设备。显示设备负责用户的知觉反馈，主要是头戴显示设备。输入设备则负责用户的知觉捕捉。操作系统用于管理 VR 的硬件资源和软件程序、支持所有 VR 应用程序。内容主要包括内容形态和内容制作，内容形态最常见的是游戏和影视，内容制作有内容自制和内容运营。应用包括房产、旅游、医疗等。分发平台有线上分发和线下分发。我们以在优酷上观看一场 VR 电影为例。首先，观看者得佩戴一个智能的头显设备，而优酷平台则在电影拍摄时对电影内容进行一些虚拟现实技术的拍摄（内容制作）或是在拍摄后进行处理工作（内容形态），使影视内容效果和头显设备效果相协调，当然其中的分发平台属于线上分发。

　　VR 产业链每一部分都孕育着机会，因为在产业链这五个核心部分中，每一部分都储藏着丰富的金矿。虽然 VR 头显产品全面进入消费市场的条件已经基本成熟，但是头显面临的眩晕问题、沉浸感不足问题、硬件指标不达标问题等并没有得到有效的解决。VR 头显不仅是一堆硬件的组合，还是包含系统在内的一整套软硬件体系，而系统底层的算法优化是核心。因此这些问题的出现也就代表着算法技术的提升，是新入者很好的"敲门砖"。移动 VR、生态 VR 是 VR 发展的趋势，也是新进入者可以挖掘的一块广阔天地。

　　VR 有一个很重要的特点是交互性。但是从目前来看其交互性并不是很好。一方面，VR 头显还不是一个像 PC 或手机一样的标准化交互载体，因此无法形成标准化的交互模式，但这是未来的标准。另一方面，相对于 PC 和手机，VR 将二维世界升至三维世界，对应的交互方式理应更复杂、更多元，这也等待着进一步实现。

VR 视频有三种形态：3D 效果视频、360 度全景视频、真正的交互视频。3D 效果视频的门槛较低，大多是将现有影视内容进行转码，生成 3D 效果。这已经不再受消费者欢迎。360 度全景视频需要从拍摄阶段就介入，通过全景拍摄和后期拼接来还原一个 360 度的场景。用户视角的改变会伴随画面的变化，有着类似街景地图的效果。目前这是 VR 视频中重要的内容形态，但是这一技术并不成熟，还存在很多问题。而真正的交互视频则不再遵循线性结构，从影视作品策划开始，贯穿到摄像、灯光、美术等拍摄环节以及后期制作环节，制作团队都需要重新探索出一套新的方法才能有效实现交互效果，而现阶段，这一块的涉猎少之又少。

VR 游戏很可能是消费市场杀手级内容。国内的 VR 游戏开发大致分为几类参与者：以 TVR、超凡视幻为代表的只做 VR 游戏的创业者；传统的手游、页游、网游、端游公司在内部成立 VR 游戏孵化团队，低调尝试；在传统游戏领域中失败的开发者，转型开始做 VR 游戏；以腾讯、完美世界、巨人、盛大等为代表的游戏巨头。即便如此，但在国内还没有一款足够优秀的爆款游戏出现之前，VR 游戏领域仍然是一个非常值得探索的领域。

VR 内容的线上分发渠道主要以各个硬件厂商自己搭建的渠道为主，第三方内容分发平台还没有明显的布局。即便有，这些分发平台也基本没有盈利能力，大多数是面向内容开发者的分享平台。线下分发渠道主要是体验店和主题公园。体验店面临着两个主要问题：随着头显设备不断进入市场，VR 在消费市场逐渐普及开来，因此对体验店的需求会逐渐减少至零；体验店内体验效果良莠不齐、内容更新频率慢，难以引起用户的多次体验兴趣。主题公园则因为其差异化，所承载的内容形态更加丰富受到欢迎，但现在国内市场几乎是没有涉猎。

从产业链的角度来看，VR 市场确实存在着巨大的可能性，新入者抓住其中的任一机会，都有可能成为垂直领域巨头。据高盛预测，到 2025 年 VR/AR 市场保守将达到 800 亿美元，其中硬件约占 56%。著名投行 Digi-Capital 预测到 2020 年 VR 市场规模可达 300 亿美元。华泰证券则认为到 2020 年全球头戴 VR 设备销量会达到 4000 万台，仅硬件市场规模就达 400 亿元人民币，加上内容和企业级

市场将是千亿规模。虚拟现实产业是当之无愧的未被开垦的处女地。

二、虚拟现实定位

虚拟现实，又称灵境技术或人工环境，利用电脑或其他智能计算设备模拟产生一个三度空间的虚拟世界，为用户提供一种多源信息融合的交互式的三维动态视景和实体行为。和虚拟现实相对应的还有增强现实和混合现实（MR）两个概念。AR 是在人眼与现实世界连接的情况下，叠加全息影像，加强其视觉呈现形式；MR 则是虚拟现实技术的进一步发展，它在虚拟世界、现实世界和用户之间搭起一个交互反馈的信息回路，以此来增强用户体验的真实感。典型的虚拟现实系统由以下几部分组成：

第一，效果发生器。效果发生器是完成人与虚拟环境交互的硬件接口装置，包括人们产生现实沉浸感受到的各类输出装置，例如头盔显示器、立体声耳机；还包括能测定视线方向和手指动作的输入装置，例如头部方位探测器和数据手套等。

第二，实景仿真器。实景仿真器是虚拟现实系统的核心部分，它实际上是计算机软硬件系统，包括软件开发工具及配套硬件组成，其任务是接收和发送效果发生器产生或接收的信号。

第三，应用系统。应用系统是面向不同虚拟过程的软件部分，它描述虚拟的具体内容，包括仿真动态逻辑、结构，以及仿真对象之间和仿真对象与用户之间交互关系。

第四，几何构造系统。它提供描述仿真对象物理属性，例如形状、外观、颜色、位置等信息，应用系统在生成虚拟世界时，需要这些信息。

虚拟现实的主要特征有三点：沉浸性、交互性和想象性。第一，沉浸性。虚拟现实的沉浸性又被称为临场感，指用户感受到作为主角存在于虚拟环境中的真实程度，是虚拟现实系统的性能尺度。第二，交互性。交互性指的是参与者与虚拟环境之间以自然的方式进行交互。使用者可以借助专用的三维交互设备（如立体眼镜、数据手套、三维空间交互球、位置跟踪器等传感设备）进行交互。第三，想象性。想象性指的是在虚拟环境中，用户可以根据所获取的多种信息和自身在系统中的行为，通过联想、推理和逻辑判断等思维过程，随着系统的运行状态变化对系统运动的未来进展进行想象，以获取更多的知识、认识复杂系统深层次的运动机理和规律性。

虚拟现实技术将试听体验带到了一个全新的高度，这主要得益于它在四个方面的创新：将传统的平面显示方式升级成为全景显示，大幅提高了用户的沉浸感和内容的仿真程度；通过水平定位系统模拟用户视角，同时通过高画质的全景展示达到欺骗视觉的效果；用最先进的 3D 音效解决方案模拟环境式听觉体验，让用户产生身临其境的感觉；结合手柄操控、行为检测，语音识别等多种类的交互方式来提高用户在行为甚至触觉上的交互体验。

虚拟现实的应用前景十分广阔。它始于军事和航空航天领域的需求，但近年来，虚拟现实技术的应用已大步走进工业、建筑设计、教育培训、文化娱乐等方面，虚拟现实正在改变着我们的生活。虚拟现实用于工业，出现了虚拟仿真，通过计算机等科学技术，模拟仿真后再叠加，将真实的环境和虚拟的物体实时地叠加到了同一个画面或空间同时存在。虚拟现实用于建筑设计，IrisVR 让人真正走进一栋还未建造的建筑里，尝试不同的设计选择，并向客户依比例展示空间，在施工前对细节进行改进。虚拟现实用于教育培训，学生坐在教室里，就可通过虚拟设备来访问历史古迹，甚至与历史名人面对面站立领略其风采。虚拟现实用于文化娱乐，玩家"穿越"至亚马孙森林进行森林大冒险。

三、逐鹿虚拟现实

虚拟现实最早在 2014 年就开始吸引众多公司关注与投资，既包括高科技的互联网公司 Facebook、谷歌，也包括传统的 3C 硬件厂商如三星、索尼等。2014年 7 月 Facebook 以 20 亿美金收购 Oculus 虚拟现实头显厂商，其中包括 4 亿美元的现金，以及价值约为 16 亿美元的 Facebook 普通股票。Facebook 收购 Oculus，揭开了资本市场对 VR 关注的序幕。2014 年 10 月，谷歌领投 5.42 亿美元融资Magic Leap，Magic Leap 是一家可穿戴增强现实技术公司。传统的 3C 硬件巨头索尼、三星、HTC 也纷纷布局 VR 产业。此外，迪士尼、时代华纳及传奇影业等娱乐公司也豪掷数百万美元为这些设备紧急创作内容。

从 2015 年起，VR 概念迅速蔓延全球，企业在产品的竞争中为了能够脱颖而出也是试图加入 VR 概念和技术以满足用户需求。谷歌、索尼、Facebook 等科技巨头则大大推动了市场布局。2015 年 3 月，国内暴风科技登录 A 股，创下股价连翻 34.6 倍的纪录，谱写了中国资本市场的又一部神话。暴风科技神话实现的重要原因正是其同样拥有虚拟现实概念，凭借利器"暴风魔镜"，暴风科技在 A 股市场刮起了一阵强势旋风，创造了上市后的 55 个交易日中，共有 40 个涨停。暴风科技的资本神话，使得虚拟现实的热火在国内被迅速点燃，成为行业新"风口"。2015 年初起，和君资本相继投资加你科技（硬件）、爱客科技（硬件）、乐客灵境（内容平台）、明海云科技（VR 垂直孵化器）；国内巨头 BAT，国内创业公司如蚁视科技、3GLASS、大朋科技等相继布局 VR；2015 年底，华为、小米、乐视也几乎同时开始筹备进军 VR 产业；2016 年 1 月，国内盟云软件 4.6 亿元全资收购 3 家 VR 公司；启明创投、光信资本、IDG、中信资本等也纷纷投入 VR 市场。2016 年，Oculus Rift、HTC Vive、PS VR 三大现象级设备发布。进一步刺激了资本的介入，VR 行业涌现出了大批的软硬件、内容和渠道商。但同时我们发现 VR 产业在逐步发展，硬件、内容、服务等细分领域逐渐明晰，资本投资也由广投转化到精投。

虚拟现实专栏 1   **阿里巴巴布局虚拟现实**

当 Facebook、索尼、HTC 等巨头纷纷加入 VR 产业的时候，阿里巴巴也没有袖手旁观，开始了自己的 VR 布局。

一、公司介绍

阿里巴巴起家于电子商务公司，1999 年由以马云为首的 18 人创立于杭州。2014 年 9 月 19 日，阿里巴巴集团在纽约证券交易所正式挂牌上市。目前，公司已成为一家集多种产业为一体的巨型公司，其生态圈业务涵盖电子商务、互联网金融、物流网络、文娱、搜索、地图、医疗等。2016 年，阿里巴巴集团平台成交额突破 3 万亿元，达到 3.092 万亿元人民币，同比增长 27%；全年实现营收 1011.43 亿元，同比增长 33%。

二、虚拟购物

阿里巴巴借助虚拟现实，为其电子商务服务，大大促进虚拟购物主要表现在 VR 实验室的建立及"BUY+计划"的实施。

第一，建立 VR 实验室。2016 年 3 月，阿里巴巴宣布成立 VR 实验室——GnomeMagic，并透露其发展战略"发挥平台优势，同步推动 VR 内容培育和硬件孵化"。实验室旨在联合商家建立一个 3D 商品库，实现虚拟世界的购物体验。事实上，在此之前，阿里巴巴就已经涉足了虚拟现实领域。

2016 年 2 月阿里巴巴领投 8 亿美元完成 Magic Leap C 轮融资，蔡崇信借此机会加入了 Magic Leap 的董事会。2016 年 5 月，阿里巴巴再度投资 Magic Leap 2 亿美元。Magic Leap 成立于 2011 年，其核心技术是光场技术，配备了光场技术的镜头，可以同时捕捉到整个背景的光场，拍摄的照片可以随意改变焦点，移动视角，相当于捕捉了某个瞬间的全部影像。Magic Leap 是把光场技术运用到眼镜上的第一家。

第二，实施"BUY+"计划。阿里 VR 实验室由阿里无线、内核、性能架构等多个领域的技术领军人物主持，其成立后的第一个项目是"造物神"计划，即"Buy+"计划。选择虚拟购物作为切入点，一方面，阿里巴巴可以利用自身资源：天猫和淘宝的用户和商品资源，进行再次开发和创新；另一方面，可以抓取用户的猎奇心态。虚拟现实的遍地开花，使虚拟购物有了先天优势，消费者先在虚拟电商上体验，能让网购变得更有画面感。2016 年 7 月 22 日，阿里巴巴"BUY+"服务在"淘宝造物节"上正式落地，这其中也引用到了 Magic Leap 的技术展演，人们纷纷开始憧憬 VR 购物的未来。

同时，为了和"BUY+"相对应，阿里巴巴还开发了 VR Pay，试图让顾客直接在虚拟现实中完成支付操作，这也大大简化了 VR 购物的支付流程。在 VR Pay 的帮助下，用户通过眼球追踪和手势动作等方法，就可以直接在虚拟现实的环境下登录支付宝，输入密码并完成交易。2016 年杭州云栖大会上，蚂蚁金服就展示了 VR Pay 技术。

三、文娱业务

2016 年 1 月，阿里巴巴合一影业（优酷土豆）低调推出全景视频业务。这是阿里影业、阿里音乐、优酷土豆等建立 VR 内容输出标准的一个成果展现，推动了高品质 VR 内容的产出。2016 年 5 月，合一影业正式完成私有化，阿里数娱与优酷双方在 VR 项目方面正式统一布局和统筹规划。一方面，阿里数娱 TV 平台的日活跃用户超过 1000 万，通过大数据的分析，建立清晰的全方位用户画像，为 VR 的内容服务和产业化打下了坚实基础。另一方面，优酷作为国内最大的视频网站，其娱乐内容和 IP 储备极其丰富。截至 2016 年 12 月 31 日，阿里巴巴数娱业务收入达到 40.63 亿元人民币，同比增长 273%，显示了阿里巴巴布局文娱业务的正确性。

2017 年 3 月 21 日，阿里巴巴全资收购大麦网。至此，阿里巴巴大文娱产业圈的航母基本建成。阿里巴巴收购大麦网的最主要原因就是认为 VR 技术将成为颠覆线下演出行业的关键。大麦网是中国最大的票务平台，2016 年 6 月起，大麦网斥资数亿元在国内重点城市打造智慧场馆，进军线下场馆业务领域。大麦拥有一整套完备场馆系统，包括移动端身份证实名购票、电子票直接入场的创新型全自助化购票服务。同时，拥有包括 RFID 芯片防伪技术、人脸识别及大麦闸机综合验证技术在内的安全防控系统。同时，大麦还推出了 DamaiVR 业务，为上百位明星艺人提供过演唱会、舞台剧、纪录片等内容的 VR 拍摄、制作和推广服务。接下来将推出 VR 选座，以及在演出现场切身体现 VR 产品，观赏 VR 作品的服务。大麦网的系列布局和阿里巴巴的 VR 战略不谋而合。

资料来源：笔者根据多方资料整理而成。

四、虚拟现实趋势

2015 年中国虚拟现实市场规模为 15.4 亿元，2016 年中国虚拟现实市场总规模为 68.2 亿元，虚拟现实市场依然处于培育期。那么，虚拟现实会有什么样的发展趋势呢？我们总结了以下几点：

第一，集聚发展将成为重要产业发展模式。虚拟现实作为拥有完整产业链结构、产业边界明显的新兴信息技术产业，推动其集聚发展将成为推动区域经济增长的重要支撑。当前，我国各省市已在积极布局，加紧打造中国·福建 VR 产业基地、数字福建（长乐）产业园、青岛 VR/AR 产业创新创业孵化基地、中国西部虚拟现实产业园、贵州省贵安新区 VR 产业基地、中国·潍坊虚拟与现实文化产业园等虚拟现实科技和产业集聚区。产业集聚区的经济带动效应，将带动更多地区建设产业基地、孵化器、小镇、产业园等形式的集聚区，推动虚拟现实产业集聚发展。

第二，行业事实标准将成为市场竞争焦点。虽然当下虚拟现实领域尚没有形成成熟的行业标准，各个主要企业都在力推自身的设备接口和操作平台，抢占行业事实标准制高点。例如，在系统平台方面，谷歌推出 Daydream 平台，力图延续 Android 的推广策略，打造全新的 VR 生态系统；微软则借助 Windows 的市场优势，推出 Windows Holographic 系统平台，欲把其打造成类似 PC 行业中 Windows 一样的地位。在硬件设备方面，三星、索尼、HTC 等均闭环开发自己的硬件终端及周边适配产品，并通过与内容开发商合作或自己发布仅适配自身硬件产品的内容，逐步完善产品生态，抢占硬件设备接口标准。当然，国内 BAT 三巨头和一些新兴的科技创新企业也在追逐风口，力图占领新的制高点，市场竞争激烈，群雄逐鹿。

第三，软件技术将大幅进步。虚拟现实与智能手机的发展路径相似，单纯依靠硬件发展不足以带动虚拟现实产业的进步，软件、系统和分发平台的发展是连接底层硬件和上层应用的纽带，是推动虚拟现实产业发展的核心，也是掌握产业发展制高点、完善产业生态体系的关键环节。随着对虚拟现实技术要求的提高，三维引擎技术、360°视频、自由视角视频、计算机图形学、光场等媒体技术的演进，位置定位、动作捕捉等交互技术将都会有大幅度的提升，反过来又促进虚拟现实产业的发展。

第四，应用市场将同时向 B 端和 C 端延伸。随着交互技术的发展和沉浸感的不断增强，虚拟现实将对社会生活以及各个行业领域产生深远影响。在 C 端市场，其与游戏、视频、直播等领域结合将开创娱乐市场新纪元，与电商消费领域相结合将塑造消费市场新格局。游戏领域的精品应用 PokémonGo 已迅速打开大众消费市场，开创了手游新时代。在 B 端市场，虚拟现实与工业、医疗、教育等行业领域深度融合将助力产业转型升级。在智能制造领域，微软与 Autodesk 合作将虚拟现实整合到计算机辅助设计中，助力汽车设计和制造，为智能制造和工业 4.0 的推进提供了重要机遇窗口。未来，随着软硬件性能提升和内容应用的不断丰富，虚拟现实应用市场将不断拓展，从多个角度、多个层面渗入社会生产和生活的各个领域。

第五，租赁运营将成为重要的商业模式。受价格、质量等多种因素影响，优质虚拟现实硬件设备的普及率较低，未来，线下体验店、网吧、主题乐园、主题公园等租赁运营模式将面临较大市场空间。虚拟现实体验馆、网吧具有成本低、占地面积小的优势；同时，从单人单次消费情况来看，虚拟现实体验馆和网吧在定价上也较亲民，有望成为虚拟现实进入广泛商业应用的突破口，为虚拟现实内容推广提供了重要机遇。主题乐园和主题公园作为当前文化产业的一个主流形态，与虚拟现实相结合可以大幅提高虚拟现实的娱乐性和市场占有率。租赁运营

模式很有可能成为虚拟现实产业发展的重要商业模式。

第六，AR 将超越 VR 率先驶入快速发展车道。我们有理由相信 AR 将超越 VR 率先驶入快速发展车道。增强现实和虚拟现实有着完全不一样的体验。虚拟现实完全是与物理空间隔离需要戴设备进行沉浸式的体验。增强现实是与外界的物理环境融合，虚拟的图像是显示在物理的环境里，人与物理环境完全交融。智能手机的普及，可以把 AR 和 VR 技术嫁接在廉价的产品上进行发展。2016 年 8 月口袋妖怪游戏的流行，足以证明这一技术的可行性。通过与可穿戴设备和智能终端的融合，尤其是手机的融合，不断丰富应用内容并快速发展，AR 和 VR 成为趋势。

虚拟现实专栏 2 　　　　　　　　**易尚展示的虚拟展示**

VR 技术发展的一个重要体现就是虚拟展示，深圳市易尚展示公司抓住这一机遇进行自己的研究和推广，得到了消费者的青睐。

一、公司介绍

深圳市易尚展示有限公司（以下简称"易尚展示"）成立于 2004 年，2015 年 4 月 24 日在深交所中小板上市。是国内品牌终端展示、低碳循环会展、3D 扫描打印和虚拟现实领域的国家级高新技术企业。易尚展示专注于为国内外知名企业提供终端展示策划、终端形象设计、终端道具研发生产、安装维护等一体化的服务，重点发展三维数字成像技术、虚拟现实、增强现实、全息技术及其应用。2016 年，公司实现营业收入 6.4 亿元，比上年增长 19.23%。资产总额比上年增长 19.26%，达到 17.9 亿元。

二、3D 虚拟展示

易尚展示具有展示道具自主设计与整体展示项目一体化服务能力。公司以一体化终端展示解决方案为主要模式，以网上 3D 虚拟展示作为实体展示的重要补充，为众多国际知名品牌提供终端展示服务。易尚展示充分发挥院士工作站、博士后工作站、工程实验室的研发优势，持续加强三维数字化、虚拟现实等技术的研究与开发，进一步提升三维数字化技术的速度、精度和色彩还原度。根据不同应用场景，推出了系列化的三维扫描设备（包括新一代人体三维扫描仪、文物艺术品三维扫描仪、创客教育三维扫描仪、面部识别三维扫描仪、服装定制三维扫描仪、电商三维扫描仪等）和针对文化教育、文物保护、数字化博物馆、互联网电商、医疗美容、服装鞋帽等行业三维数字化解决方案，取得了良好的效果。

第一，3D打印机制作3D人像。易尚展示使用全彩人体三维扫描仪获取人体全身数据，并使扫描时产生的3D"点云"数据与彩色贴图数据融合，真实还原被扫描客人的形态。通过电脑建模后，采用专门的3D打印机及粉末状金属或塑料等可黏合材料制作出逼真的人物3D模型。

第二，数字化博物馆建设。易尚展示3D数字博物馆业务已与无锡市鸿山遗址博物馆、深圳博物馆等客户展开合作。鸿山遗址精品陈列展览及文物保护数字化项目为国家文物局批准的博物馆数字化国家级试点项目。项目通过文物3D扫描仪、三维激光扫描仪、全景相机以及无人机航拍等，采集鸿山遗址出土礼器、乐器和玉器等文物数据、复原遗址数字化场景，建立精品陈列展览虚拟展示系统、文物保护后台管理系统和实体展项游客互动系统等，实现博物馆的智慧服务、智慧保护和智慧管理。

第三，人体3D扫描仪与整形技术结合展示术后效果。整形手术前，利用人体3D扫描仪获取整形者全身三维数据，整形者可以在电脑上看到自己的模样清楚地出现在屏幕上。通过人体3D扫描仪成像，再利用相关软件，模拟单个或多个方案的治疗后效果，给客户一个术后的模型展示，给予接受手术的人足够的信心。

第四，3D打印辅助成骨不全矫形手术。2015年，港大深圳医院成功开展了全国首例利用3D打印设备辅助的成骨不全矫形手术。在这一过程中，医院医学影像科先为患者进行3D CT扫描，然后将数据输入医学图像处理软件，建立3D模型，再通过3D打印机打印。有了3D模型，主治医生在术前能对病患部位有一个直观的了解和认识，避免了因对病患部位了解不充分而增加手术时间和手术风险，从而提高了手术效率和手术成功率。在3D模型的帮助下，患者的双下肢截骨矫形及髓内固定手术成功进行。

2016年，公司虚拟展示业务实现收入568万元，同比增长639.03%。公司的3D技术主要运用逆向工程通过光电测量等技术手段快速构建高分辨率全彩色三维数字化模型。三维数字化技术模型通过虚拟现实、增强现实等新

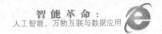

型数字化显示技术进行展示。此外，公司还一直关注虚拟现实内容方面相关
技术的研究和应用。

资料来源：笔者根据多方资料整理而成。

第二节　虚拟现实与人工智能

现阶段，人们总是倾向于将虚拟现实和人工智能一并提出，从中我们或多或少可以看出两者之间的一种特殊联系，那么它们之间究竟存在着一种什么样的关系呢？

一、虚拟现实技术

虚拟现实系统主要由检测模块、反馈模块、传感器模块、控制模块、建模模块构成，如图 3-3 所示。虚拟现实系统的五个模块在不同环节发挥着各自的重要作用。第一，检测模块，检测用户的操作命令，并通过传感器模块作用于虚拟环境。第二，反馈模块，接受来自传感器模块信息，为用户提供实时反馈。第三，传感器模块，一方面接受来自用户的操作命令，并将其作用于虚拟环境；另一方面将操作后产生的结果以各种反馈的形式提供给用户。第四，控制模块则是对传感器进行控制，使其对用户、虚拟环境和现实世界产生作用。第五，建模模块，获取现实世界组成部分的三维表示，并由此构成对应的虚拟环境。其原理为：用户通过传感装置直接对虚拟环境进行操作，并得到实时三维显示和其他反馈信息（如触觉、力觉反馈等），当系统与外部世界通过传感装置构成反馈闭环时，在用户的控制下，用户与虚拟环境间的交互可以对外部世界产生作用，五个模块的协

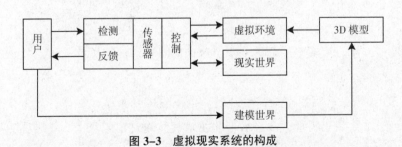

图 3-3　虚拟现实系统的构成

调作用，最终构建出 3D 模型，实现对现实的虚拟。

当然，在虚拟现实系统发挥作用的过程中，更需要多种技术的综合服务，为其做技术支撑。虚拟现实关键技术主要有动态环境建模技术、立体显示和传感器技术、系统开发工具应用技术、实时三维图形生成技术、系统集成技术五大项。虚拟现实通过这些技术的共同作用来模拟人的视觉、听觉、触觉等感觉器官功能，使人能够沉浸在计算机生成的虚拟境界中，并能够通过语言、手势等自然的方式与之进行实时交互，创建一种适人化的多维信息空间。

第一，动态环境建模技术。虚拟环境的建立是虚拟现实技术的核心内容。动态环境建模技术用于获取实际环境的三维数据，并根据应用的需要，利用获取的三维数据建立相应的虚拟环境模型。三维数据的获取可以采用计算机辅助设计（CAD）技术（针对有规则的环境），而更多的环境则需要采用非接触式的视觉建模技术，两者的有机结合可以有效地提高数据获取的效率。

第二，立体显示和传感器技术。虚拟现实的一大特性是交互性，其交互性的实现依赖于立体显示和传感器技术。立体视觉是虚拟现实系统的第一传感通道，是使用户产生身临其境感觉的最重要的因素之一。人类视觉系统的敏锐和复杂，对立体显示技术提出了很高的要求。现有虚拟现实设备的跟踪精度和跟踪范围尚有待提高，可能存在延迟大、分辨率低、作用范围小、使用不便等缺点。虚拟现实的真实感、沉浸感，都需要通过高的清晰度来实现。

第三，系统开发工具应用技术。虚拟现实技术的运用要求寻找合适的场合和对象，即如何发挥想象力和创造力。选择适当的应用对象可以大幅度地提高生产效率、减轻劳动强度、提高产品开发质量。系统开发工具应用技术就是为了达到这一目的。例如，虚拟现实系统开发平台、分布式虚拟现实技术等。

第四，实时三维图形生成技术。三维图形的生成技术已经较为成熟，其关键在于如何实现"实时"生成。为了达到实时的目的，至少要保证图形的刷新率不低于 15 帧/秒，最好是高于 30 帧/秒，在不降低图形的质量和复杂度的前提下，如何提高刷新频率将是该技术的研究内容。计算机图形学是三维图形生成技术常用的一种技术，主要研究的就是如何在计算机中表示图形，以及利用计算机进行图形的计算、处理和显示的相关原理与算法。

第五，系统集成技术。由于虚拟现实系统中包括大量的感知信息和模型，因此系统的集成技术显得尤为重要。系统集成技术包括信息的同步技术、模型的标

定技术、数据转换技术、数据管理模型、识别和合成技术等。

二、虚拟现实与人工智能

在科幻电影中我们经常看到虚拟现实与人工智能相伴出现，比如《她》《黑客帝国》。《她》是 2013 年奥斯卡获奖电影，片中一次偶然机会，作家男主人公接触到了最新的人工智能系统 OS1，OS1 的化身萨曼莎拥有迷人的声线，温柔体贴而又幽默风趣。人机之间存在的双向需求与欲望，让主人公不知不觉沉浸在由声音构筑的虚拟现实中，并最终爱上了这个人工智能系统。在电影《黑客帝国》中，基努·里维斯则通过脑后插管直接与虚拟世界沟通。

那么虚拟现实和人工智能到底是何种关系呢？简单来说，虚拟现实创造的是一个被感知的环境，人工智能则创造了接受感知的事物。人工智能的事物可以在虚拟现实环境中进行模拟和训练。同时，在虚拟现实中，计算机是从人的各种动作、语言等变化中获得信息，而要正确理解这些信息，就需要借助人工智能技术来解决。当然，随着时间的推移和技术的进步，我们看到人工智能和虚拟现实正逐步融合，也是未来的发展趋势：在虚拟现实的环境下，配合逐渐完备的交互工具和手段，人和机器人的行为方式会逐渐趋同（见表 3-2）。

表 3-2 虚拟现实和人工智能关系

虚拟现实	人工智能
创造被感知的环境	创造接受感知的事物
借助人工智能技术来正确理解虚拟现实中的信息	人工智能的事物可以在虚拟现实环境中进行模拟和训练

虚拟现实和人工智能在当下的环境中运用最多的是娱乐领域。在游戏行业，我们知道现在的 VR 游戏都比较初级，因为没能融合人工智能的 VR 技术只不过是让使用者沉浸在设定好的 3D 场景中。在游戏中，玩家感觉这个世界依然是死的，无触觉，无智能，在可玩性上甚至不如许多第一视角的平面游戏。如果将人工智能植入 VR 游戏中，游戏中的人物便拥有了一定的智慧，甚至是独特的个性，那么游戏内容也将随之生动起来。玩家不再是一成不变地完成各种任务，更可以和非玩家角色（NPC）相互交流。盛开互动研发的阿 U 幻境就是一款结合了视觉识别，面向 3~8 岁儿童的 AR 智能产品。这款智能硬件的外形是一个胡萝

卜，在胡萝卜上面还有一个小毛毛虫造型的摄像头，通过摄像头，孩子的任意涂鸦或者绘画，以及七巧板和各种卡片会自动被识别，并在屏幕中生成三维物体，产品可以激发孩子学习知识与手动操作的兴趣。

再如教育行业。我们先看看传统的老师是怎么工作的吧。学生坐好，老师进教室开始授课，形式不外乎演讲、视频、阅读、活动等一些基础项目。那么，虚拟现实和人工智能可以怎么做呢？AI 系统可以向学生提问，并识别学生的回答是否正确，由此根据学生的知识水平再问一个问题。由于 AI 系统是互联网的一部分，因此有能力发送学生们需要学习的内容、资源、视频、文章等。AI 系统能够使用最相关的资源和最新的研究来支持学生学习各方面的内容，同时 AI 系统还能链接到世界各地的任何其他 AI 教育系统。通过虚拟现实技术，自然科学课可以在模拟的科学实验室举行，音乐课可以在著名的法国歌剧院或者旧金山的电子音乐研究室举行，甚至美国诗人埃德加·爱伦·坡可以来教授语言艺术。学习将不再被局限于教室里、学校里甚至地球上。实地考察可以在古罗马进行，在体育课上可以在黄石公园远足。当然还有一点也是很重要的，学生不用因为生病或是出现其他意外而请假了，因为虚拟现实和人工智能都是基于网络，可以随时切入，随时退出，个性化学习成为常态。

虚拟现实和人工智能都是高科技的代言人，也是未来世界的雏形，这也是为什么这么多影片将它们放在一起的原因。未来，虚拟现实和人工智能将引领一场新的科技革命。

虚拟现实专栏 3　　　　海康威视的智能制造

2016 年 7 月 29 日，"2016 中国装备制造业智能制造论坛"在天津成功召开。来自全国各地的装备制造行业信息化专家、企业 CIO 以及国内外优秀厂商共 200 余人参与了会议。海康威视与参会同人深入交流装备制造产业信息化深度应用及智能制造的实施经验，在论坛各环节和产品展台上分享装备制造业信息化智能化的展望，诠释了"物联、智能、全视"的智能制造信息化理念。

一、公司介绍

海康威视是以视频为核心的物联网解决方案和数据运营服务提供商，面向全球提供安防、可视化管理与大数据服务。主要经营活动为安防产品的研发、生产和销售。产品提供的劳务主要有：硬盘录像机、视音频编解码卡、视频服务器、监控摄像机、监控球机、道路卡口等产品，以及安防工程施工等劳务。2016年海康威视实现营收319亿元，比上年增长26.32%。

二、智能制造

海康威视的智能制造主要体现在两个方面：一个是切入机器视觉，另一个是打造智能安防。

第一，切入机器视觉。顺应工业4.0和智能制造的潮流，海康威视积极切入机器视觉领域，机器视觉可用于产品检测识别、机器人引导等。

2015年5月，海康威视发布工业立体相机和工业面阵相机，成为拥有国内首款工业立体相机和工业面阵相机的公司。这两款相机作为机器视觉领域的核心产品，主要应用于智能产品和智能装备，通过给机器人、自动化设备装上视觉系统，使机器具备感知和自主判断思考的能力。工业立体相机除了能够提供图像数据之外，还能够提供深度信息数据，利用深度数据可以对物体进行三维建模，实现物体的三维感知。工业面阵相机实时输出高清数字图像，具备高稳定性、高传输能力、高抗干扰能力的特点，满足复杂严苛的工业应用环境和质量标准要求，可与运动控制、智能处理系统等结合，助力现代化工厂高效生产、柔性制造。

第二，打造智能安防。2015年9月，海康威视基于对深度学习技术的积累与突破，推出后端产品"猎鹰""刀锋"智能服务器。"猎鹰"是一款专为海量视频监控智能化处理设计的超强智能服务器，最高支持160路1080P车辆分析，40路1080P活动目标（车辆、人）分析。同时，它可以全方位、快速捕捉车牌、车身颜色、车型、车辆品牌及子品牌、运动方向等关键信息。"刀锋"支持7种车型识别、11种车身颜色识别、200多种车辆品牌识别和2000多种车辆子品牌识别，同时能够完成安全带、开车打手机、遮阳板、黄标车、危险品车辆等二次识别信息检测。目前"猎鹰""刀锋"已在南昌"天网项目二期"、武进智慧交通等重大项目中发挥着重要作用。

2016年10月24日，在北京召开的"AI+：感知未来、融合发展"主题论坛暨海康威视新品发布会上，海康威视携手全球业务合作伙伴NVIDIA、movidius，发布基于深度学习技术的从前端到后端全系列智能安防产品，涵盖"深眸"系列智能摄像机、"神捕"系列智能交通产品、"超脑"系列智能NVR、"脸谱"系列人脸分析服务器等。其中的"深眸"系列专业智能摄像机依托强大的多引擎硬件平台，内嵌专为视频监控场景设计优化的深度学习算法，具备了比人脑更精准的安防大数据归纳能力，实现了在各种复杂环境下人、车、物的多重特征信息提取和事件检测。从后端智能到前端智能，海康威视不断推动智能安防深入发展。将人工智能技术革命性地应用于安防产品中，推动安防行业进入智能新纪元。

资料来源：笔者根据多方资料整理而成。

三、在人工智能中应用

2016年12月，由百度发起的一场通过增强现实技术复原朝阳门的行动，引起了大家的广泛关注。市民在朝阳门地铁站利用手机百度APP对准墙面或地面上的巨幅朝阳门手绘海报拍照，随后点击"发现AR动画"，即可唤醒老城门，看到元末明初时期老百姓在朝阳门的各色各样生活场景，同时还可与复原的朝阳门进行人机交互。这是国内首次使用AR技术进行文化名城复原，并在流动空间里进行大型历史文化公益教育的尝试。在这场成熟的百度AR技术应用背后，实则是百度在人工智能领域深厚积累的体现。

百度深度学习实验室AR首席架构师乔慧表示，实现该技术主要需要这些步骤：第一，对自然图像（需要扫描的图片）进行训练；第二，机器学习并识别图像的特征点；第三，手机摄像头识别图像，获取关键信息点；第四，和通过人工智能训练后的图像关键信息相匹配，触发AR；第五，通过对摄像头的朝向和姿态的了解，把虚拟的物体叠加在现实中，呈现给用户。因此，最终的技术实现正是虚拟现实、增强现实在人工智能技术内的应用。

一方面，虚拟现实在人工智能中的运用可以更好地为我们服务；另一方面，也可能为我们带来一些问题。1995年的一部科幻电影《时空悍将》就揭露了其中潜在的危险。故事讲的是1999年，美国政府执法技术中心开发出用于训练警探的模拟机原型。这种虚拟现实模拟机装载有最先进人工智能技术，使用者需追捕电脑生成的罪犯Sid 6.7，用以锻炼它们的侦探技巧。但出人意料的是，融合了超过150个连环杀手变态心理和杀人手法的Sid 6.7在人工智能的催化下最终挣脱

了科学家的控制独立行凶，给电影中的科学家带去了许多始料未及的灾难。

因此，当我们试图让二者发挥更大的作用时，也应该对其可能出现的风险作出防御，让虚拟现实和人工智能更好地服务现代社会。

第三节　体验虚拟现实

体验虚拟现实的前提是虚拟现实的普及，以及虚拟现实场景的普遍化。虚拟现实独特的体验，赢得了人们的普遍关注，也使越来越多的人想参与到其体验中来。

一、无所不在

虽然被广为人知的虚拟现实几乎是用于娱乐领域的，但其实虚拟现实正变得无处不在。2016 年 1 月，新西兰 8i 发布了全新的 8i Portal VR 播放器，它通过一种运算平台（CUDA）优化的专属算法来创造出精彩的真实人像 3D 立体视频。2016 年 CES、奥迪宣布推出虚拟展厅，通过虚拟现实技术让消费者能细细探索各种车型的精妙之处。奥迪采用 NVIDIA Quadro GPU 来打造虚拟展示间，消费者在此可依个人喜好来挑选任何奥迪车型的配置方式，并且在多种环境里体验驾车的乐趣。国内成立于 2010 年的北京四度科技有限公司则为各类科教场馆、商品展厅打造虚拟场馆、展厅，让观众进入虚拟化的展示空间。其 VR 虚拟展厅可以实现多项功能：360 度观看场景内所有印象信息，无视角盲点，信息量大；全景图像经过特殊透视处理，立体感、沉浸感更强，观众有身临其境的感觉；观赏者可通过鼠标和手势等任意放大缩小、随意拖动，实现自由漫游；可通过电脑、手机、平板、触摸一体机同步展示，打造永不闭馆的虚拟场馆。

在医学方面，早在 1985 年，美国国立医学图书馆就开始人体解剖图像数字化的研究，并由美国科罗拉多州立医学院将一具男性尸体和女性尸体分别做了 1mm 和 0.33mm 间距的 CT 和 MR 扫描，所得图像数据经压缩后，建立了"可视人"并于 1995 年出版发行了 CD 盘片。学生可以在计算机屏幕上对"可视人"进行冠状面和矢状面的解剖，并可把局部的图像进行缩放。虚拟现实医学应用供应商 Surgical Theater LLC 专门成立新的部门，着重于将虚拟现实技术用在脑部肿瘤等手术上。2016年6月，国内好医术VR团队和上海六院张长青院长合作，第一次在国内实现VR手术APP直播，通过好医术APP向来自20个省区3000多位执业医师进行了手术的现场直播。

在教育和教育性娱乐方面，Realities.io通过虚拟方式让人一探历史遗迹和难以进入的地区。该公司利用摄影测量、照片、视频、交互式元素和海量数据打造出非同凡响的旅程。网龙华渔推出VR101教室，学生可以带上设备进入虚拟世界用体验的方式学习抽象的理论知识，把游戏和学习结合起来，甚至是边游戏边学知识。国内高校如清华大学、北京航空航天大学、山东大学等也建立了VR实验室或VR研究所。

在产品设计方面，福特汽车在设计流程中也采用了VR技术，借由两张旗舰NVIDIA Quadro M6000专业显卡支持福特临场感虚拟现实环境（FiVE）系统，以实时、全面地在全尺寸环境下评估车辆原型，提高设计精度。

当你觉得这些已经够让你大吃一惊的时候，那么关于虚拟现实入驻味觉世界更会让你一脸茫然。国立新加坡大学的Nimesha Ranasinghe带领团队，发明了这样的一种新科技：用数字模拟器将屏幕中的食物和饮料的味道传递到你的舌尖。这一设备的主要发射器是一个银制的电极。它通过半导体微小的改变电流与温度，使舌尖的味觉感受器收到信号，并向大脑发出四种基本的味觉：甜、酸、苦和咸。无独有偶，东京大学的团队也利用微弱电流刺激咬合肌，模拟人类咀嚼不同食物的触感。Arinobu Niijima和Takefumi Ogawa的电子食物质感系统也在运用电极刺激人体肌肉，刺激下颚肌肉来模仿各种类型的咀嚼动作。

虚拟现实专栏4　　　　赞那度——VR+旅游的先行者

自2015年F8开发者大会上，扎克伯格为希望去意大利小镇的观光者展示了一段VR旅游视频后，VR+旅游业逐渐走入消费者视野。国内外众多企业尝试把VR技术应用到旅游领域，让人们从此摆脱传统旅游模式，在出行之前以虚拟方式进行"实地"考察，感受目的地真实的美景体验。赞那度就是这么一家公司。

一、公司介绍

北京赞那度网络科技有限公司（简称"赞那度"）是一家精品线上旅行社及生活方式媒体平台，致力于成为全球最精彩度假和生活方式体验平台，为中国中高端新锐旅行者提供非凡旅程预订服务，用心打造世界上最美、最独特的旅行体验，并提供领先潮流的生活方式内容。赞那度主张"有故事的人生，有风格的旅行"，旅行产品包括精品线路和定制旅行服务——"赞品旅程"以及轻奢小团，海外自由行套餐，顶级奢华邮轮——"大航海时代"，世界各地别墅预订，全球精品酒店预订，国内短假轻奢套餐和定制旅行服务，赞那度已发展成为国内高端旅行行业内具有全高端产品线的公司。在胡润研究院出版的 2016 年中国奢华旅游白皮书中赞那度在 Top12 中国大陆出境游奢华旅行社中名列第五，成为奢华出境游旅客的优先选择。

二、VR+旅游

国内首款旅游 VR APP、首家 VR 旅行体验空间、首部酒店民宿 VR 纪录片……赞那度是国内 VR+旅游的先行者。

第一，首部酒店民宿 VR 纪录片。2015 年 12 月 15 日，赞那度旅行网在京举办"TRAVEL VR"媒体发布会，并同时推出中国第一个"旅行 VR"APP，并发布首部虚拟现实 VR 旅行短片《梦之旅行 The Dream》，同时宣布成立 ZANADU Studio，专门负责创意、拍摄、制作高质量旅行相关主题 2D 或 VR 影片。赞那度旅行 VR 是真正的旅行 VR，因为在其 APP 上，赞那度花高成本拍摄的 VR 旅游视频，只在每段视频下端有一个 banner 广告小条幅，为观众提供视频中目的地、酒店等相关信息。如果观众对某个产品感兴趣，也只能选择留下联系方式，等待客服人员的主动沟通。尽管赞那度有 8个 APP 产品，但只有 2 个可以进行下单操作，其他的都只能先咨询，后接受服务。

第二，首部酒店民宿 VR 纪录片。2016 年 8 月 3 日，赞那度在奕欧来上海购物村盛大开启赞那度 VR 旅行体验空间。这是全球首家也是全国最大的虚拟现实旅行概念店，将 360 度虚拟现实旅行体验和数字销售（POS）终端，以及手机应用、电商平台和社交媒体无缝整合在一起。体验空间革新性地展示了旅行的未来，从旅行灵感和信息的获取，到高端旅行的定制和选购，无不让人耳目一新。

赞那度旅行体验空间的亮点主要是数条精心制作、富有电影质感的 VR 影片，展示全球精选顶级酒店、目的地和体验活动。客人即使没有旅行计划，也可"飞"到世界各地，探索他们最心仪的旅行目的地。优质的 VR 影片配上具有优质体验的三星 Gear VR 眼镜，不会让用户有丝毫的不适和晕眩感，良好的兼容性、时尚的外观、舒适的佩戴和优秀的视觉展示让您随时随地都享受到身临其境的视觉饕餮盛宴。

第三，首部酒店民宿 VR 纪录片。2016 年 11 月 8 日，赞那度携手优酷旅游频道，上线国内精品民宿与国际精品酒店 VR 体验纪录片《赞舍》。《赞舍》每期有 1~2 位主持人来到不同主题的国内外精品民宿或度假村，通过感受酒店环境、体验酒店完备设施，结合 VR 技术沉浸式体验，让网友身未动就能身临其境般地看到目的地和酒店全貌。节目上线当天播放量迅速破百万，网友们纷纷表示真实、好看、看后更想去度假了。

资料来源：笔者根据多方资料整理而成。

二、虚拟场景

虚拟现实是对真实三维世界的模拟，其场景同传统的三维建筑浏览动画场景有很多不一样的地方。

第一，三维动画场景强调最终输出效果，观看者完全是一种被动观看的角色，其感觉和我们在看电影是一样的。虽然虚拟现实里的场景也强调画面效果，但相对而言，虚拟现实更注重二者间的互动性、参与性以及游戏性。

第二，一般三维全景的场景都是以观察者为中心，从一个场景到另一个场景的过渡也只是点到点的跳跃。要想真正实现"真实走动"或者"观察者视角可围绕场景中某目标物任意旋转"的这种效果，就需要在场景里面建立复杂空间模型。用三维软件完成实景建模后，最终通过 VR 合成软件可以实现真正意义上的交互式全方位漫游。也就是说，可以在这个真实的三维环境里随意的前后左右走动，并且不仅限制在地面，还可以随意升降视点。其原理就是经过三维建模的实景是"实时"的，和我们以往采用的建筑浏览动画有很大不同，这种"实时性"实现了在模拟场景中的人机"可交互性"。操作员可以用 VR 软件制作一个沿着某一条路径浏览固定的浏览动画进行反复播放。

第三，VR 里的三维实景是"活"的。观察者在漫游时可以用鼠标、键盘或操纵杆控制漫游方向，不受任何限制。在虚拟现实场景里可以跟三维人物做简单的交流，可以打开场景里任何你可以打开的物件，或者任意布局出你想要的虚拟环境，真正实现现实情境的数字化虚拟。目前，虚拟现实场景已经不仅停留在游戏和电影这两个层面了。

在 River VR 启动加速器的 SXSW 展会上，美国知名科技媒体人西格恩·布鲁斯特这样描述道："我戴着三星 Gear 虚拟现实头戴设备，看着马丁在 7-11 便利店购买食物饮料，那是监控摄像头拍摄的颗粒感很强的视频，然后我的视角转换到了马丁和齐默曼的最初遭遇的动画重建场景上。当两人奔跑到视野之外后，真实的 911 报警音频开始播放，我被切换到目击者的角度。枪响了，我打了个哆嗦。"这是 VR 在新闻播报场景中。美国广播公司 ABC 推出了虚拟现实新闻播报，通过 VR 技术让读者身处新闻现场并进行自由移动。其首个 VR 新闻报道在叙利亚首都大马士革进行，让新闻用户亲临战区，获得浸入式体验。

三、虚拟体验

我们先来看看虚拟现实体验是如何被设计的吧。初次进入一个虚拟现实体验时，一个"令人称赞的元素"是可以真正使人兴奋的。然而，虚拟现实的潜力是重新构想现实，使现实更加个性化——提供接近在真实世界中接触不到的事物、地方和人的途径。所以设计的第一步就是要考虑你的创意能否带来某种特定的虚拟现实效益。既然虚拟现实是一个全新的体验，故事就理所当然地成了非常重要的因素，如何设计一个精美的虚拟现实环境，并维持体验者在穿越旅程时的平衡是虚拟现实体验设计时要考虑的第二个问题。在创作的时候，一般需要有一个会设计、会用户体验、会行为和技术的专家团队一起持续工作，投入到虚拟现实体验项目的各个方面。

一个好的虚拟现实体验可以分为三个层次：第一层次是视野的感知，即戴上头显就可以看到虚拟环境；第二层次是身体的感知，就是在视野进入了虚拟现实世界中之后，你会想要你的身体也能进入这个虚拟现实世界中去，很多第一次体验虚拟现实的人，戴上头显后的第一个反应是抬起手看看手在不在，这就是身体的感知；第三层次是环境的感知，也即虚拟中的环境是否真的会妨碍现实活动。比如有一堵墙，你可以摸到这堵墙，可以感觉到这堵墙阻止你前进，但在虚拟现实中你能不能摸到它？它能不能阻止你前进？这是虚拟现实体验不断升级所要达到的效果。

　　既然虚拟现实体验能够达到不一样的层次，也就意味着我们再选择虚拟现实体验的时候可以根据个人爱好来挑选了。如果不想要过强的参与感，或者对于完全浸入虚拟环境感觉不那么舒服，增强现实将会是最佳选择。如果想完全深入体验，全息虚拟现实则会更优。或者是更深入的，不仅想让主观感受被控制，连带肉体也一起被束缚，就可以选择软模拟了。所谓的软模拟，就是将意识上传到超级计算机中，然后由程序生成新的意识，也即个体将会失去所有的外部硬件支持。随着技术的进步，诞生了越来越多的虚拟现实体验方法，是硬模拟还是软模拟，是完全模拟还是部分模拟，是个体体验还是群体体验，甚至你还可以选择混合搭配。

四、颠覆生活

　　虚拟现实技术将会彻底颠覆我们的生活。或许你觉得现在互联网和移动互联网已经颠覆我们的生活了？但那和虚拟现实比起来，几乎不值一提。《虚拟现实：从阿凡达到永生》一书的译者辛江如是说。马化腾说：微信在这五年很成功，未来会有什么产品颠覆它呢？可能是 VR。暴风集团 CEO 冯鑫表示：VR 将是下一代互联网的中心。各路大佬纷纷发言，发表自己对虚拟现实颠覆人类生活的看法，我们还有什么理由不相信呢。2015 年，E3 游戏展会上，Oculus、Sony、微软、三星等全球知名公司陆续推出其研发的最新 VR 游戏设备。VR 设备带来的超现实感官刺激，让只要有提供 VR 产品体验的展台都非常火爆，似乎有一种"要是没有 VR 产品，都不好意思和别人打招呼"的气氛萦绕在会场之上。

　　当然虚拟现实除了颠覆游戏领域，还在很多领域内有了新的突破。VR+医疗：借助 VR，建立虚拟人体模型，了解人体内部各器官结构、对人体模型进行手术、观测手术后的效果等；VR+媒体：观看 VR 视频时，用户仿佛觉得身临其境，体验极佳；VR+教育：打开课堂视频，就能进行 360 度观看课堂，参与进度；VR+电商：网上购买衣服，在下单前就能穿上身，省去很多不必要的麻烦。

虚拟现实专栏 5　　　　**无忧我房：全新的置业方式**

　　当虚拟现实和房地产相撞，又能怎样颠覆我们的生活呢？看看无忧我房是如何使 VR 和房地产结合的吧。

一、公司介绍

无忧我房（51VR）成立于 2015 年 1 月，主创团队成员来自国内 VR、游戏、科技、房地产、互联网企业。成立至今，无忧我房已发展成为融合 VR、AR、AI 以及数据分析的 51 生态系统。公司以房地产为首个进驻行业，以业内顶尖的虚拟现实技术，为用户创造"随时随地走进未来的家"之极致看房体验，以及全新的置业方式。服务于房地产、汽车、广告、教育、娱乐等行业。自推出以来，无忧我房先后与万科、万达、绿地、华润等房地产百强企业合作，虚拟样板间累计开发数量为全国之首。目前，无忧我房已经覆盖 80% 以上的房地产 VR 市场，市场占有率居全国第一。同时，公司也在布局全球化，陆续进驻国内外 63 个主要城市和地区，设立了北京、上海、成都、旧金山、特拉维夫、伦敦、法兰克福七大 VR 研发中心。

二、全新的置业方式

第一，全场景 VR 看房。无忧我房采用全球顶级硬件 HTC Vive 和 UE4 开发引擎，以遥遥领先的内容研发能力，打造目前国内虚拟样板间的顶尖配置，制作最为优良的 VR 样板间。其室内场景包括主打产品可自由漫游、全空间交互的虚拟样板间，以及以 VR 视角鸟瞰的项目沙盘。无忧我房通过 VR 不仅能做室内房间，也可以做室外大场景，借助 VR 设备浸入式地查看室外景观和未来的小区园林，身临其境感受社区环境。同时以 VR 鸟瞰视角，考察区域规划，大到城市格局，小到单体楼宇，均可无微不至地体察。公司已经成为全国房地产行业 VR 领域中，唯一一家可以实现室外大场景的公司。公司甚至还将动态实时渲染及流体动力效果用到 VR 样板间中，加强体验的真实性，影子变化、光线变化、风吹树动、水流波动与真实无异。除了场景的真实感，无忧我房还在样板间中做了交互设置，在虚拟的场景中，通过控制棒即可实现控制整个智能家居系统，开窗、开门、拿起水杯……与场景随心互动。

此外，在 VR 场景中，无忧我房融入 AI 人工智能销售助理 Hugo。因为是人工智能，所以 Hugo 并没有标准的形象，用户可以根据自己的爱好选择 Hugo 的形象。Hugo 可以准确传达销售说辞，保证项目关键信息正确传递，也可以轻松记录用户行为数据，让客户分析更精准有效，为项目各营销阶段精准策略提供大数据支持，Hugo 成功地替代至少 50% 的基础销售。

第二，全平台 VR 看房。全平台看房指的是在 VR 端，无忧我房既可提供深度沉浸的 PC 端 VR 体验，又可提供轻便的移动端 VR。除此之外，用户还可通过 PC、Pad、智能手机等各种设备浏览 Wed 或 APP 上的看房产品，包括 360 度全景看房、待建项目的 VR 渲染视频等丰富内容。

通过让用户 VR 体验样板间，其体验 VR 的反馈被忠实记录。无忧我房将这些数据作为项目的重要依据，对产品方案进行改进，由此可以实现消费者类定制的参与式设计，打通产业链内关系，让用户住进自己创造的家里。无忧我房以领先的 VR 技术打造虚拟样板间，相比传统实体样板间，能跨越时间和区域的限制，让用户在任意场景下，获得沉浸式的看房体验，戴上 VR 眼镜，即置身于未来的家。

资料来源：笔者根据多方资料整理而成。

第四节　虚拟现实应用

对虚拟现实技术的不断研发和追求，最终还是为了追求虚拟现实的应用价值，以更好地服务人类社会。目前，虚拟现实应用主要体现在科技、商业、医疗、娱乐四大领域。

一、科技应用

我们以飞机的设计制造过程为例来谈 VR 在科技应用中所扮演的角色。在飞机设计过程中，可以应用 VR 技术提前开展性能仿真演示、人机功效分析、总体布置、装配与维修性评估，能够及早发现并弥补设计缺陷，实现设计、分析、改进的闭环迭代。在飞机研制的整个历程中，设计工作主要集中在方案论证、初步设计、详细设计和工程研制四个方面，采用 VR 技术进行产品设计的特点是进行先虚拟体验，因此设计部门可以直接在 VR 系统下建造飞机，而不再需要实体模型的搭建了，VR 技术对飞机设计能力的促进作用，主要体现在以下三点：

第一，可以让用户在产品设计初期进行沉浸式虚拟体验，增强用户信心，抢

占市场先机。

第二，基本取代实物样机，设计出的产品可以先进行虚拟体验，大量节省飞机的研制经费，缩短研制周期，符合绿色航空设计和低碳经济的理念。

第三，避免将设计缺陷带入后续研制阶段，大大减少反复更改活动，真正实现设计一次成功，提升飞机质量。

在方案论证阶段，应用 VR 技术虚拟构造，演示飞机总体性能和技术特征，让用户能够直接了解将要购买的飞机性能。在工程研制阶段，飞机各专业的设计方案已基本确定并开始工程试制，这时 VR 技术适合应用于设计更改评估和空地勤人员演示培训等方面。比较而言，VR 技术运用最多的是在初步设计和详细初步设计阶段，例如，驾驶舱人为因素、人机工效分析与评估、驾驶舱整体布局美观度、飞行员视野与头部活动空间、操纵手柄与显示器等布置合理性、仪表板反光影响、显示屏亮度舒适性及驾驶员飞行疲劳等分析与评估、座舱舒适性分析与评估，包括灯光布置、光源颜色、内装饰色彩、座椅舒适度和舱内噪声评估等，以及飞行仿真等。采用 VR 技术的验证环节则必须要与可靠性、维修性、安全性及各专业功能分析等工作一样纳入设计流程。

虚拟现实专栏6　　　　曼恒数字的 VR 科技创新

2017 年 1 月 3 日，全球首款异地多人协同 VR 引擎平台 IdeaVR 1.0 发布，异地多人协同、交互编辑器、VR 视频录制等功能成为其创新亮点。该款新品的推出商正是曼恒数字。

一、公司介绍

上海曼恒数字技术股份有限公司（简称"曼恒数字"）创立于 2007 年，总部位于上海。主营业务包括三大部分：一是 To B 模式的 VR 企业级产品；二是 3D 打印平台和服务；三是面向商业、家庭及个人娱乐的消费级 VR 产品。公司于2015 年 12 月 23 日，挂牌全国中小企业股份转让系统，加速其3D 产业布局。2016 年，公司实现营收 1.3 亿元，比上年增长 42.01%。

二、VR 科技创新

曼恒数字始终坚持自主产品的研发与技术创新，研发出虚拟现实引擎平台、虚拟现实沉浸式交互系统、G-Motion 交互追踪系统及全身动作捕捉系统等多款首创性虚拟现实产品，为高端制造、高等教育、国防军队等领域提供产品及技术服务。

第一，全球首款支持异地多人协同的虚拟现实引擎平台。IdeaVR 1.0 是曼恒数字历时多年自主研发的全球首款支持异地多人协同的虚拟现实引擎平台，该平台可通过曼恒云平台快速地获取 VR 素材资源，方便快捷地搭建场景内容、制作行为逻辑，支持 CAVE、3D LED 以及主流 VR 头盔等多种设备进行交互操作，并基于内置强大的分布式多人协同系统，快速地构建多人协同工作环境，让所有使用者置身于同一个真实的场景中，进行产品展示、方案评审、教育培训、协同训练等应用，最后还可快速地将优质的资源和案例发布到曼恒云平台进行共享。

支持异地分布式多人协同工作，是该平台的最大亮点。每个参与者戴上头盔或者立体眼镜，带着各自的视角，浏览和操作同一场景，就能相互协作地共同完成某项复杂的工作。该平台在医学认知教学和汽车构造教学等方面可发挥重要作用。

第二，虚拟现实沉浸式交互系统。G-Magic PRO 虚拟现实系统是可支持多用户的沉浸式虚拟现实显示交互环境的系统，能够为用户提供大范围视野的高分辨率及高质量的立体影像，同时也为用户提供虚拟设计、虚拟装配、虚拟展示、虚拟训练等技术服务。该系统适用于高端装备、高等教育、国防军队等领域，同时为超精细画面等比展示、虚拟设计、方案评审、虚拟装配、虚拟实训等交互操作提供应用保障。

第三，G-Motion 交互追踪系统。G-Motion 交互追踪系统分为 G-Motion 手柄交互版和 G-Motion 全身交互版两款产品。G-Motion 手柄交互版是一套以手柄为交互外设的高精度光学位置追踪产品，能实时准确地捕捉目标物体的自由度姿态（位置和方向）信息。可作为虚拟现实人机交互外设，也可应用于人体动作捕捉、结合半实物仿真设备进行姿态捕捉和运动实物的空间位置信息实时获取等方向。G-Motion 全身交互系统是在 G-Motion 手柄版的功能基础上，融合了全身动捕交互技术，精确捕捉到人体头部、手部及其他关键部位的姿态及动作信息，进行步态分析和虚拟人动作模拟，实现人与虚拟环境的精准互动。G-motion 交互追踪系统可用于仿真训练、生物医学、科研教育等领域（见图 3-4）。

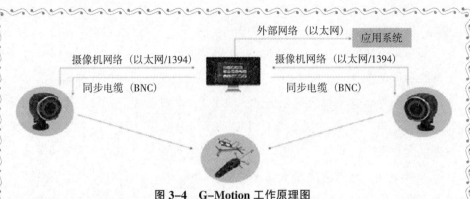

图 3-4　G-Motion 工作原理图

资料来源：http://www.caigou.com.cn/product/201407101045.shtml.

第四，GDR-Motion 全身动作捕捉系统。GDR-Motion 全身动作捕捉系列是国内首创实用光学式运动捕捉产品。系统采用多台近红外线高感度摄像机及相关设备，实现高精度实时三维运动数据的采集，能够支持实时在线或者离线的运动捕捉及分析。可广泛应用于军事模拟、工程测量、医学研究中的运动机能评价和康复医疗、体育运动分析和体育训练指导、影视、动画和游戏制作等诸多领域。

资料来源：笔者根据多方资料整理而成。

二、商业应用

在商业方面，近年来，VR 技术常被用于产品的展示与推销。采用 VR 技术来进行展示，可以全方位地对商品进行展览，展示商品的多种功能，另外还能模拟工作时的情景，包括声音、图像等效果，比单纯使用文字或图片宣传更加有吸引力，并且这种展示可用于互联网之中，可实现网络上的三维互动，为电子商务服务，同时顾客在选购商品时可根据自己的意愿自由组合，并实时看到它的效果。全国第一家 3D 全景购物网就采用全景展示技术来对所出售的商品进行展示，创建网络贸易新亮点。

推销应用，例如建筑工程投标时，把设计的方案用虚拟现实技术表现出来，便可把业主带入未来的建筑物里参观，如门的高度、窗户朝向、采光多少、屋内装饰等，都可以感同身受。它同样可用于旅游景点以及功能众多、用途多样的商品推销。因为用虚拟现实技术展现这类商品的魅力，比单用文字或图片宣传更加有吸引力。同时，VR婚庆、VR酒店、VR景观等也逐渐进入人们的视线。在VR婚庆中，一方面是全景婚纱照和视频，VR技术颠覆传统婚庆的记录模式，用4K超高清360度完整地记录时间与空间，加上VR技术带来的身临其境之感，能让新人瞬间"穿越"到结婚现场，也把高清晰度三维全景视频及照片轻松搬到宾客面前。另一方面在婚礼直播平台上，通过全景平台，可以建立婚礼直播通道，宾客可实时观看婚礼的直播情况，通过反馈达到最佳游玩的结果。也可以使不能去婚礼的宾客满足观看现场婚礼的愿望。在VR酒店业，2016年3月21日，艺龙旅行网发布了在线旅游行业全球首批使用VR技术拍摄的系列酒店体验视频，正式将VR技术引入行业，为用户在酒店选择方面提供了"未住先知，身临其境"的感受，帮助用户"选得省心"。在VR景观中，恒润科技是一家主要服务于国内大型主题文化公园、旅游景区、科博场馆及大型企事业单位的企业。其中的主题文化创意和4D特种影院业务都和VR息息相关。主题文化创意业务涵盖了为客户定制包括"飞翔球幕、360度全景、5D动感穿越、黑暗骑乘、多媒体剧场"等在内的全品类特种影院核心设备，以互动体验设备、多媒体技术、虚拟仿真技术等多种高科技技术为外延。4D影院系统集成业务则利用包括"烟雾、雨水、光电、气泡、热浪、寒风、布景"等在内的环境模拟配套设备以及4D动感座椅来推动观影内容的故事情节发展，帮助科博馆所、电影院线等机构聚集人气，提升现实体验。

三、医疗应用

医疗领域是虚拟现实技术具有最大吸引力的应用之一，虚拟现实在疾病的诊断、康复以及培训中正在发挥着越来越重要的作用。虚拟现实利用特定的交互工具（输入设备，如感传手套和视频目镜）模拟真实操作中的软硬件环境，用户在操作过程中有身临其境的感觉。虚拟现实在医疗领域主要可用于虚拟医疗器械、手术培训、远程医疗等各个环节，给医院带来实实在在的丰厚回报。

第一，医疗器械。随着生活水平的日益提高，人们越来越关注自己和家人的健康情况，各种简单实用、功能齐全的新型家用医疗仪器也应运而生，因此医疗器械的市场需求越来越大。对于一些精密的虚拟医疗器械无论在销售还是在使用过程中，都无法将其特点更加良好地展示。因此用虚拟技术将一些精密的虚拟医疗器械3D化，将其仿真化，是虚拟医疗器械可以解决的根本问题。将医疗器械

的销售和使用说明书转化成虚拟说明书，可以让使用者和购买者在动态的演示过程中一目了然地了解整个医疗设备的使用方法和结构演示。

第二，手术培训。手术医生在真正走向手术台前，需进行大量精细的训练。虚拟现实系统可提供理想的培训平台，受训医生观察高分辨率三维人体图像，并通过触觉工作台模拟触觉，在切割组织时也能感受到器械的压力，其操作的感觉就像在真实的人体上手术一样。这种既不会对病人造成生命危险，又可以实现高风险、低概率的手术病例，可供培训对象反复练习。同时，在虚拟手术后系统还可通过对切口的压力与角度、组织损害及其他指标的准确测定，监测受训练者手术操作技术的进步。

第三，远程医疗。在远程医疗中采用虚拟现实技术，外地病人的各种生理参数可以反映在远在北上广甚至国外的医疗专家面前的虚拟病人身上，专家们便能及时作出结论，并给出相应的治疗措施。这样，利用远程医疗技术，即使边远地区的病人也可以得到经验丰富的医生的诊治，特别是那些当地医生无法解决的疑难杂症。在这其中，远程外科手术又是远程医疗中的一个重要组成部分。在手术时，手术医生在一个虚拟病人环境中操作，控制在远处给实际病人做手术的机器人的动作。目前，美国佐治亚医学院和佐治亚技术研究所的专家们已经合作研制出了能进行远程眼科手术的机器人。这些机器人在有丰富经验的眼科医生的控制下，更安全地完成眼科手术，而不需要医生亲自到现场去。世界上首例实验性远程手术已经在 1999 年成功地进行。

在医疗工作的各个领域推广虚拟现实技术的应用，可以节省大量的时间和资源，从而更迅速、更安全地挽救生命。虚拟现实技术在医疗领域的发展所带来的巨大的社会效益与经济效益令每个利益相关者叹为观止。

虚拟现实专栏7　　医微讯：医疗+VR 打造外科手术培训平台

提到乔布斯，估计没人会陌生，而如果有一家公司谋划以乔布斯方式改变医学教育，那你会不会很好奇这到底是一家怎么样的公司呢？这家公司就是上海医微讯数字科技有限公司。

一、公司介绍

上海医微讯数字科技有限公司（简称"医微讯"），前身是水晶石科技医疗事业部，2009 年开始从事医疗多媒体业务。2013 年 7 月，公司正式成立，旨在成为国内第一家把虚拟现实与医学教育以及医学相关方面相结合的应用创新公司。2016 年 11 月 11 日，医微讯在新三板挂牌。目前医微讯在 VR 业务的主要方向是医学教育，包括医生规范化教育、专业领域培训、医生交流、患者教育等。2016年，医微讯实现营收 602.6 万元，同比增长 3.54%。

二、VR+3D 交互平台

医微讯的医学教育主要通过平台柳叶刀客（Surgeek）来实现。2015 年，医微讯开始研发 VR+3D 交互的外科手术培训在线平台柳叶刀客。2016 年 6 月 5 日，柳叶刀客正式上线发布。柳叶刀客主打两大功能，手术（3D 交互模拟）和 360 度全景视频直播、录播。这是基于不同的手术学习场景而设计的。手术是按照 APP 中的动画术式进行理性模拟操作，VR 则是感性观看专家及助手们在手术室的真实操作。

手术功能分为教学和考核模式。教学是根据配音提示，教青年医生进行虚拟手术操作。类似于实际学习中的"老师带徒弟的手把手教学"；青年医生学习完之后，可以进入考核模式回顾自己所学的情况，得分可以转化成积分，来解锁更高阶的术式（手术类型的最小单元）。要想解锁更高阶的术式，有两种方式：排名靠前或花钱。柳叶刀客会对青年医生的考核进行排名，排名在前者可以直接进入更高阶术式；如果花钱，一个术式约在几元钱左右。无论学习形式，还是 APP 界面，柳叶刀客的手术功能都与游戏十分类似。柳叶刀客的术式是基于医微讯积累的人体的九大模型数据库和 300 多部外科医生手术动画视频制作而成的。医微讯把这些积累的资源利用虚拟现实技术、计算机图形技术以及三维技术，做成了一个在线手术模拟交互学习平台。其中的模型数据库是和复旦大学医学院解剖教研室合作建立的，通过对 CT 数据源、解剖图谱以及人的实体研究综合形成的；动画视频则经过了与 200 多名作为种子用户的外科医生调研和讨论。当然，除了线上的术式学习，青年医生线下也可以在头盔、手柄、空间定位器以及计算机等设备的辅助下，身临其境地进入 3D 虚拟手术室进行手术操作。

相比手术功能，VR 功能实现起来更加复杂，对于设备、手术室环境、网络的条件要求都很高。首先，进行 VR 直播、录播的手术室一般会放有不同机位的摄像机，来接收不同的信号。包括 360 度全景摄像机、普通 3D 摄像机，以及能传输信号的设备，如 3D 腹腔镜、电子显微镜、X 光机、CT 机、B 超机等。

360 全景相机的优点在于，可以看到整个手术室的所有场景，包括主刀医生、助手、麻醉师等角色的分工。不过，它也有缺点——看不到手术的细节。因此，要想看到细节，需要再有普通 3D 摄像机或者其他设备的配合。在 3D 腹腔镜手术直播中，柳叶刀客 APP 系统就接收了 4 路信号源——2 个 360 度全景摄像机、1 个普通 3D 摄像机再加上塞入患者腹中的腹腔镜（内置视频采集器）。医生可在柳叶刀客上 360 度无死角观察专家手术过程，也可重复练习。3D 虚拟手术使得手术培训的时间大为缩短，同时减少了对昂贵的实验对象的需求。

资料来源：笔者根据多方资料整理而成。

四、娱乐应用

虚拟现实技术的现实应用并非总是那么严肃认真的，其在娱乐领域的应用既可以是电影，也可以是游戏，或者是家庭互动。

Condition One 是首家通过使用 Oculus Rift 虚拟现实头盔来拍摄电影的公司，他们的首部电影作品《零点》(*Zero Point*) 已于 2014 年 10 月 28 日首映。这部电影作品是由四部 Red Epic 3D 摄像机拼在一起的重达 70 磅的大家伙拍摄而成，可拍摄 5K 级别画质、每秒 60 帧的 3D 全景视频。电影制作人员将这四个 3D 摄像机拍摄的画面无缝拼接在一起，这样观影者可以看到 360 度全景电影画面，无论从哪个角度看电影，都能看到完整画面，就好比在真实世界中一样。2015 年，VR 内容制作商兰亭数字联手青年导演林菁菁拍摄了国内第一部 VR 电影《活到最后》，电影主要讲述四个年轻人和一个小女孩儿在密室中发生的悬疑故事。事实上，由于该影片采用的是第三人称视角，并不是最纯正的以第一人称代入的 VR 电影。2016 年 10 月，由星和文化传播（深圳）有限公司开拍的第一部虚拟现实恐怖片也就成为国内关注的焦点。

三维游戏既是虚拟现实技术重要的应用之一，同时也为虚拟现实技术的迅速发展起到了巨大的需求牵引作用。尽管虚拟现实在娱乐运用过程中碰上了很多技术难题，虚拟现实技术在游戏市场中还是扮演着重要角色，虚拟现实技术成为三维游戏工作者的崇高追求。人类丰富的感觉能力与 3D 显示环境使得 VR 成为理想的视频游戏工具。由于在娱乐方面对 VR 的真实感要求不是太高，故近些年来 VR 在该方面发展最为迅猛。芝加哥开放了世界上第一台大型可供多人使用的虚拟现实娱乐系统，主题是关于 3025 年的一场未来战争；英国开发名为 "Virtuality" 的虚拟现实游戏系统，配有 HMD，大大增强现实感；1992 年 "Legal Qust" 的系统由于增加了人工智能功能，使计算机具备了自学习功能，大大增强了趣味性及难度，该系统也获得了年度虚拟产品奖。2016 年 Crytek 的新作《罗宾逊：旅途》，是目前为止最被看好的一款虚拟现实游戏，采用了 CE 引擎打造，画面感非常好，游戏主要把玩家送到一个遍地恐龙和布满奇妙景象的遥远大陆进行冒险。

现代家庭父母与子女分多聚少，父母为了给孩子营造更好的经济环境，总是会错过孩子成长过程中的很多片段。虚拟现实能有效协助家庭互动，增加彼此间的了解，助力家庭感情的和睦。父母在上班途中也能看到儿子第一次在台上表演，丈夫不进家门就能看到妻子在为他准备美味的晚餐。网上曾流传了一段视频，视频记述的是三星 Gear VR 的一个应用——睡觉时间 VR 故事（Bedtime VR stories）。在视频中，妈妈由于工作原因只能把小女儿留在家里，睡觉前，小女孩和妈妈同时戴上 Gear VR，头显中展示的是一段睡前故事，妈妈用自己的声音叙述着这段故事，而小女孩和妈妈也在这个虚拟的环境中能够看到对方，能够进行对话。这段视频就展示了 VR 对于留守儿童家庭来说可以起到的作用。

五、场景应用

除了上述应用之外，虚拟现实还有很多其他场景。包括 VR 教育、VR 社交、VR 太空探索、VR 博物馆等。

第一，教育场景。事物清楚地表达出来，能使学习者直接、自然地与虚拟环境中的各种对象进行交互作用，并通过多种形式参与到事件的发展变化过程中去，从而获得最大的控制和操作整个环境的自由度。这种呈现多维信息的虚拟学习和培训环境，可以为学习者掌握一门新知识、新技能提供最直观、最有效的方式。AR 地球仪是新三板 AR 第一股摩艾客打造的。这款地球仪内容丰富，包括天体知识以及全球 195 个国家的国情及地理介绍，可以生动直观地呈现世界各国建筑、全球动物、太阳系等；采用真人语音完整介绍地球地理知识，利用互动语音技术加深对地球地理知识的理解。通过这一地球仪，使用者可以真实体验太阳系八大行星的天体运行模式，犹如身在宇宙，体验星球在身边环绕的神奇景象；使用者可以深入了解地球构造，亲临地理气象的爆发中心；使用者可以上山入海，甚至与国宝级的动物们合影互动。

第二，社交场景。2015 年，Oculus 联合三星一起推出了一款社交应用 Oculus Social。Oculus Social 能够识别头部的转动、后仰、低头和倾斜等基于颈部的单点运动，这让 Oculus Social 和一般的社交应用大不一样，它让你觉得这并不是冷冰冰的码字或语音社交。当你进入聊天室时，你会发现椅子上的那些人都在不停地互相打量对方，虽然彼此都知道看到的不过是一颗浮在沙发上的卡通大脑袋，但是那种陌生人之间的好奇马上就能感受到。而且，当你和他们一起看电影时，还能够即时听到"身边"网友的回应。2016 年，Facebook 和 Oculus 一起向我们展示了这样的画面：身处地球两端的 Facebook CTO 麦克·夏洛菲尔和 Oculus 的成员米克尔·布斯在 VR 里玩自拍。这是虚拟现实世界里的第一张自拍照，也意味着 VR 社交不再是梦。

第三，太空探索场景。对于一般人来说，踏上外太空是绝对不会实现的事，但是 VR 可以帮助你圆梦。在美国的 SpaceVR 项目中，将 360 度 VR 照相机送入太空，相机平台使用 2 个 4K 传感器，结合广角镜头来捕捉太空影响，并将其拍摄到的数据通过 X 波段无线广播传输回地球，再被转换成 48K 超高清画面的 360 度视频，提供给用户。通过拍摄太空全景 VR 图像，让在地球上的人可以在沉浸式的虚拟现实影片中探索整个宇宙，感受太空旅行之美，把宇航员独特的那种感受传递给每一个普通人。

第四，名胜古迹、博物馆场景。一直以来，我们都致力于保护名胜古迹和博古馆内的各种古文物，但与此同时，游客的旅行和参观本身也是对名胜的一大破坏，二者之间存在的矛盾至今依旧存在，而 VR 的出现则很好地解决了这个问题。目前，大英博物馆已经利用虚拟现实技术让游客参观青铜时代展区，中国故宫也推出了 VR 视频展览体验。借助 VR，双方得到了共赢。

虚拟现实专栏 8　　咪咕视讯"内容+硬件"双引擎

加持虚拟现实

2016 年 11 月 29 日，咪咕视讯联合云享客（上海云孟企业管理有限公司）在上海东郊宾馆举办主题为"开放共享，服务视界"的 VR 产业论坛，并宣布：咪咕视讯与云享客正式签署战略合作协议，共同打造国内首家视频云服务的共享创新平台。咪咕视讯为了这个目标做了些什么呢？

一、公司介绍

咪咕视讯科技有限公司（简称"咪咕视讯"）是中国移动下属子公司，前身为中国移动视频基地，于 2006 年成立，隶属于中国移动上海公司。2014 年 12 月，中国移动集团为了加快在互联网与新媒体领域的战略转型，原视频基地进行公司化转型，成立咪咕视讯科技有限公司，作为中国移动在视频领域的唯一运营实体。主要业务有音乐、视频、阅读、游戏、动漫等移动互联网数字内容服务。公司立足于打造传统媒体和新兴媒体融合发展的新型平台，致力于为产业链合作伙伴搭建高校、透明、便捷的服务体系，为客户提供精彩纷呈的数字内容产品及服务。

2016 年里约奥运会，咪咕视频除了购买奥运赛事直播版权，还将 VR 虚拟现实技术引用到奥运观赛视频中，给观众带来一场最真实、最清晰、最震撼 360 度全景观无死角的视觉盛宴。网民只需在奥运期间购买咪咕视频半年会员，即可获得咪咕视频特别赠送的 VR 眼镜，然后进入 VR 频道，就能任性体验如同置身赛场般的观赛感觉。

二、携手 ODG："内容+硬件"双引擎

依托中国移动 8 亿用户，拥有 VR 领域深度硬件和开发经验以及强大原创内容制作实力的咪咕视讯是一个非常好的内容供应商。

美国 Osterhout Design Group（ODG）是一家老牌军工科技公司，花了近十年时间以及近亿美元的研发资金将原本属于军用的技术带到了消费电子领域，其主要产品为外形酷似墨镜的 AR 眼镜，针对政府、工业、企业用户提供可穿戴设备。2016 年 12 月，准备进军中国市场的 ODG 与咪咕视讯达成战略合作。ODG 是一个非常好的 VR 硬件供应商。咪咕视讯合作 ODG，成功组建"内容+硬件"双引擎。

2017 年 1 月 12 日，咪咕视讯在上海宣布与 ODG 合作推出两款融合现实 MR 眼镜——MIGU Glass 的企业版 M1 Pro 和个人版 M1，两款产品都具有 VR 内容及 AR 应用功能。发布会上除了 AR 眼镜的硬件展示外，还对 MIGU Glass 的应用进行了介绍，其中包括在医疗手术、汽车设计、辅助弱视人群

等方面的应用。M1 Pro 重量 200 克，1080p/60 帧显示，50 度 FOV，4K 单摄像头视频采集。个人版 M1 重量 126 克，720p/60 帧显示，40 度 FOV，1080p双摄像头视频采集。

作为可让用户同时享受到更好 VR 体验与 AR 场景的 MR 智能眼镜 MIGU Glass，蕴藏着巨大的发展潜力和产业价值。借助万物互联，MIGU Glass 的解决方案将可灵活应用于制造业、医疗业、教育业、旅游业等诸多专业性垂直领域中，促进产业进步。这些已经在咪咕视讯的未来规划中。在远程 AR 应用方面，APP 开发企业 SCOPE 所构造的远程 AR，将使用 MIGU Glass 着力构建全世界专家和技术人员的跨地域实时混合协作；在汽车、机器人等制造业，由 AR 产业领军企业绚云科技为代表的技术开发商，将借助 MIGU Glass 实现在汽车装配培训、机器人维修培训等领域的应用；在医疗领域，沃手网络将基于 MIGU Glass，为弱视群体匠造智能助视仪，并通过中国残联、中国盲协以及爱心慈善机构为弱视患者带来康复医疗协助。

资料来源：笔者根据多方资料整理而成。

【章末案例】　　　暴风集团：构建虚拟现实生态模式

2015 年 3 月暴风集团登陆 A 股就谱写了中国资本市场神话——创下股价连翻 34.6 倍的纪录。而后凭借利器"暴风魔镜"，暴风集团更是创造了上市后的奇迹，在 55 个交易日中，共有 40 个涨停。我们来看看暴风集团到底有多传奇。

一、公司介绍

暴风集团股份有限公司（简称"暴风集团"）前身是北京暴风网际科技有限公司，经过多次变更登记，公司于 2016 年 5 月 17 日更名为暴风集团股份有限公司。2015 年 3 月暴风集团在深圳证券交易所上市。上市后，公司确立全球"DT 大娱乐"战略，在稳步发展原有互联网视频业务基础上，公司以虚拟现实(VR)、智能家庭娱乐硬件、在线互动直播、影视文化为新增长点。同时，公司积极布局 O2O、云视频、互联网游戏研发和发行、影视等业务，以成为全球领先的互联网综合性娱乐企业为发展目标。经过两年的发展，公司已由单一的在线视频企业发展成为包括互联网视频、互联网电视、虚拟现实、互联网体育等多平台产品在内的集团化互联网企业。其中，互联网视频业务为 PC 端和移动端暴风影音软件平台运营；互联网电视业务为暴风电视硬件和软件平台一体化运营，是互联网视频业务在家庭场景下的延伸；虚拟现实业务为暴风魔镜硬件和软件平台一体化运营，是公司布局下一代互联网的流量入口；互联网体育主要以暴风体育APP平台运营为主。暴风影音、暴风电视为公司合并范围业务，暴风魔镜、暴风体育为公司的战略布局。公司通过 DT 大数据中心打通各个板块业务用户，充分发挥各个板块业务间的协同效应，提升公司运营效率和商业变现效率。

近年来，暴风集团公司营业收入快速增长，特别是 2016 年，暴风集团实现了成倍增长。2016 年，公司营业收入约为 16.5 亿元，比上一年增长了152.62%。2013~2015 年，暴风集团分别实现营收约为 3.2 亿元、3.9 亿元、6.5 亿元（见图 3-5）。虽然暴风集团的营业收入逐年缓增，那为什么在2015~2016 年实现了巨大的飞跃呢，这些成就都是如何取得的呢？

图 3-5　暴风集团 2013~2016 年公司营业收入状况
资料来源：根据暴风集团 2013~2016 年年报整理而成。

二、DT 大娱乐平台战略

互联网时代的娱乐产业不同于传统娱乐产业的先制作后娱乐的方式，而需要让用户可以全面参与从制作到娱乐的所有环节，增强用户黏性。互联网娱乐本质上由娱乐内容和娱乐用户的关系交互产生，用户成为互联网娱乐时代的核心。能否通过精准的大数据为用户带来良好的产品体验，成为对新一代互联网娱乐公司的考验。面临着这样的市场趋势，暴风集团有了自己的战略。2015 年是公司上市元年，上市以后，公司以"跨界有方，联邦生态"的战略思维，确立了"平台＋内容＋数据"的 DT（数据科技）大娱乐战略，如图 3-6 所示。

图 3-6　DT 大娱乐平台战略

资料来源：http://www.21so.com/2016/renwu_317/1412488.html.

公司依托已拥有互联网 PC 端和移动端的海量用户视频平台，逐步搭建并完善虚拟现实平台"暴风魔镜"、智能家庭娱乐硬件平台"暴风超体电视"和在线互动直播平台"暴风秀场"。平台战略是公司用户量持续增长的保证，暴风魔镜获得下一代互联网用户，暴风超体电视获得家庭娱乐用户，暴风秀场获得直播用户。以各个平台为基础，公司继续向上游影视、游戏等内容产业延伸，并利用大数据打通平台与内容，一方面为用户提供更好的服务，另一方面提高商业变现效率。

2016 年 9 月，公司将"DT 大娱乐"的战略目标具象为"N421"的战略组织形态。在"N421"战略的指导下，公司以"PC、手机、电视和 VR"四块屏幕为获取用户的核心平台，以"体育＋影业"为内容增长点，以 DT 作为技术手段提升公司的运营和变现效率，通过"N"个触角布局互联网业务，构建暴风泛娱乐联邦，实现公司"DT 大娱乐"战略。其中，公司在 PC 和手机上通过暴风影音软件保持原有互联网视频业务的稳定增长；暴风电视通过软硬件一体化来获取新的家庭用户，是互联网视频业务的自然延伸，也是公司互联网视频业务整体获得竞争优势的关键；暴风魔镜则通过软硬件一体化来获取下一代互联网年轻用户。

为了保障DT大娱乐战略的成功，公司始终坚持以人为本，将人才作为公司第一资源，采取多种激励政策相结合的方式，让团队保持创业者独有的热情及能量，实现人才与公司共同发展。在DT大战略之下，暴风集团开始布局VR虚拟现实业务，如图3-7所示。

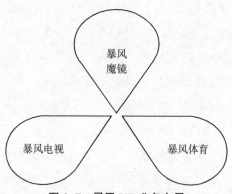

图3-7 暴风VR业务布局

三、暴风魔镜

首先，暴风魔镜是暴风集团虚拟现实生态业务的核心，暴风魔镜努力构建"硬件＋内容＋渠道"的移动VR产业生态。2016年，暴风魔镜加大新产品的研发力度，不断对产品进行优化及更新迭代。

在硬件方面，同年5月，暴风魔镜在京召开主题为"虚拟现实·新篇章"的盛大发布会，逾千名到场嘉宾共同见证了新一代暴风魔镜5及5 Plus产品的发布会。暴风魔镜5首次引入手势识别、加入低功耗电子芯片、高精度九轴传感器、高灵敏度电容触控板和FOV96°双凸非球面镜片，使视频画面更清晰，VR游戏更流畅，操作方式更简便，开启"VR2.0概念"。12月，暴风魔镜发布了一体机——暴风魔镜"3K屏概念机"Matrix及VR眼镜S1两大产品，在清晰度、头显重量、眩晕三大阻碍VR普及的难题上取得突破，有力推进了国内虚拟现实产业的发展。此外，暴风魔镜还发布了自主研发的全新一代 VR ROM-Magic UI2.0，并展示了最前沿的"移动空间定位+手势识别"一体解决方案，为移动 VR 交互发展打下坚实的技术基础。

在内容方面，暴风魔镜通过自制、购买与其他第三方合作等方式丰富 VR 内容资源。作为国内最大的 VR 影视资源库，暴风魔镜拥有三万余部电影、电视剧资源，全景视频、全景图片等近千款，上线了 200 余款 VR 游戏。2016 年，暴风魔镜自制 VR 恐怖系列剧《晚娘怪谈》，开创国内系列剧第一首创，霸占流量排行榜，并获得第 47 届坦佩雷电影节奖项。同时，暴风魔镜积极与行业顶尖机构合作，携手传奇影业，实现《魔兽》VR 全球首发；与《法制晚报》合作进行 2016 年"两会"新闻 VR 报道；联手博鳌亚洲论坛，打造全球首场户外 VR 晚会；与 CCTV-1 合作大型综艺项目《加油向未来》；与北京电视台合作制作北京卫视 2016环球春晚 VR 版，并拥有《中国新歌声》《超女来了》《HELLO! 女神》等重磅资源；发布第一款付费 VR 游戏《杀戮空间》，成为游戏内容变现的第一个里程碑，并成功上线《女神星球》《劲舞团 VR》《鬼吹灯》等知名 IP 游戏。

在渠道方面，暴风魔镜采取线上精细化运营，线下最大化覆盖的销售策略，重点布局线下销售及体验渠道，通过线上线下渠道快速占领并开拓新的 VR 市场。在线下，国内首家移动 VR 线下体验馆建成，销售网点近万家，销售地区覆盖华北、华东、华中、华南、西南、西北、东北七个大区 30 个省、市、自治区；在线上则进驻国美、苏宁、迪信通、乐语通讯、宏图三胞等多家知名第三方平台来相互配合。

暴风魔镜用户体验不断提升，2016 年底，暴风魔镜的单人用户时长 35 分钟，较 2015 年单人用户时长增长约 75%。也验证了暴风集团虚拟生态业务布局的可行性。

四、暴风电视

暴风电视也在构建虚拟现实布局。2015 年 7 月，暴风集团、海尔日日顺、奥飞娱乐、三诺数码影音合资成立暴风 TV，暴风集团进军互联网电视领域。暴风 TV 坐拥 3 亿暴风基础用户和 5000 万日活用户；拥有海尔日日顺云店营销网的 30000 家体验店及 17000 个社区服务中心；奥飞动漫作为国内最大的漫画企业和国内最大的动漫玩具企业，可以为暴风 TV 提供包括动画、影视、游戏等方面的差异化内容，提升电视机用户的黏性；三诺数码是国内知名音响设计及工业设计企业，其产品市场占有率在国内名列前茅，并出口至世界三十多个国家。暴风TV以研发创新为突破点，持续丰富硬件产品线、优化软件产品结构，通过"秀场+游戏+VR+超级IP+互联网影视+线下服务+互联网技术+线下服务+互联网开放平台"满足用户多样化需求，兼具知识产权（IP）、内容提供商（CP）、服务提供商（SP）三重模式支持，成为拥有开放内容生态的新一代互联网电视品牌。

2015年12月，暴风超体电视第一代发布，以极具差异化的"主机分体可升级"功能和打破传统的玫瑰金金属机身，成为互联网电视的科技风向标。2016年度，暴风TV专利申请超过70项，获得专利证书超20项。强有力的研发工作，确保了暴风TV在2016年持续推陈出新，陆续发布了暴风超体电视F1、暴风超体电视第二代及全球首款45英寸VR电视，公司的产品线日趋完善，极大丰富了产品尺寸的覆盖面，满足了国内不同客户的消费需求。此外，暴风TV还完成了从芯片算法、无线音响、内容编辑等方面提升软件服务功能，以优质的产品和服务，不断提升用户体验、提升用户认可度。在内容方面，暴风TV采取了开放的合作模式，与暴风影音、爱奇艺和奥飞等内容供应商深度合作，与暴风魔镜共享VR的内容资源，形成强大的内容提供能力，在内容覆盖面及内容更新速度方面具备明显竞争优势。在渠道方面，暴风TV加强"线上+线下"渠道建设工作，线上渠道实现了官网、天猫、京东、国美、苏宁等主流电商的全面覆盖；线下渠道则实现国内21个大区的全面覆盖。仅2016年一年，暴风电视就实现销量80万台，并获得用户的广泛认可，取得了2016年度互联网品牌电视销量第二、增长速度第一的佳绩，同时斩获2016年天猫"双十一"电视品类销量冠军。

五、暴风体育

不仅如此，暴风体育也在构建虚拟现实。暴风体育开始于2016年6月，坚持以产品为驱动、以用户为中心打造互联网体育平台，高效链接体育用户及相应的需求、服务。设立以来，暴风体育快速完成产品的设计与上线，通过核心的推荐算法、以用户行为画像为核心，率先在体育类应用中采用了"千人千面"的信息流分发平台，为用户精准推荐感兴趣的不断更新的内容，满足更加广泛体育人群的需求，提高效率。同时，暴风体育在赛事直播中采用"云+清"技术，实现视频播放清晰度远高于行业标准。暴风体育还在产品中融入了竞猜、表情动画、送礼物等各种互动玩法，让用户在观看比赛的同时也能玩起来，进一步提升用户体验、增强用户黏性。

暴风体育特有的运营模式和高效的运营团队，得到了互联网行业与体育行业的充分认可，也确保了暴风体育产品更新迭代的速度。2016 年 9 月暴风体育就发布了第二代产品，产品发布 3 个月，便取得了 2016 年度综合体育 APP 第六名，体育平台 APP 第三名的佳绩。此外还获得了小米应用市场"2016 年度最受欢迎体育类应用"，懒熊体育"2016 年度最具影响力商业决策"，品途商业评论"2016 年最具爆发力创新企业"等多项奖项。暴风体育为满足广大人群的需求，采用人工编辑与机器算法相结合的方式，极大缩短了用户获取内容的时间及路径，每日更新内容超过 2000 条，大大领先行业的内容更新效率。

六、启示

随着公司 DT 大娱乐战略布局的不断深化，公司软硬件一体化的业务形态逐渐成形。

第一，暴风魔镜利用先发优势，巩固在国内 VR 行业的领先地位，突破关键技术，提高运营效率，优化产品结构，进一步扩大活跃用户规模，提高用户黏性，在下一代互联网成熟时占据竞争优势。

第二，暴风 TV 进一步加大研发力度，推进暴风 TV 硬件产品的不断创新，发挥公司软件运营的经验优势，贯彻差异化策略。

第三，以全面拥抱的态度对待信息流，并以该模式升级 PC 端和移动端暴风影音、暴风 TV 软件端、暴风魔镜 APP 及暴风体育 APP 等软件。

资料来源：笔者根据多方资料整理而成。

第四章

万 物 互 联

　　智能社会正在到来。信息通信（ICT）技术是智能社会背后最重要的基石。智能社会有三个特征：万物感知、万物互联、万物智能。由于有了先进的 ICT 技术，这三大特征才能实现。在智能社会，终端是万物感知的触角，网络连接万物，而云则是万物智能的源泉，与此对应的是全面协同的"端、管、云"架构。

——华为副董事长兼轮值 CEO　胡厚崑

【章首案例】　　思创医惠：开拓医疗物联网

　　当物联网技术逐渐发展，医疗物联网成为人们的热捧。杭州中瑞思创物联网科技有限公司抓住机遇，收购医惠科技，传统标签产品通过医惠科技实现医疗物联网的应用，并改名思创医惠科技股份有限公司，开发新的市场。

一、公司概况

　　思创医惠科技股份有限公司（原中瑞思创）成立于 2003 年 11 月，2010 年 4 月在深圳创业板上市，是一家专业从事电子商品防盗（EAS）、无线射频识别系统（RFID）定制化产品及行业应用解决方案的开发与服务的高科技企业，是全球零售支持领域新理念的开拓者和引领者。2015 年 4 月，公司公告以 10.87 亿元收购医惠科技，强势进军智慧医疗领域。同年九月，公司改名为"思创医惠科技股份有限公司"。2016 年 12 月，思创医惠与浙江中医院及杭州认知网络科技有限公司一起成立沃森联合会诊中心，成为"人工智能+医疗技术"进入中国医疗行业的第一步。思创医惠正大力布局人工智能诊疗并开展以省为单位建立区域沃特森会诊中心等项目，依托沃特森业内领先的数据库为癌症患者提供人工智能诊疗建议。

近年来，思创医惠营业收入稳步增长。2016 年，公司营业收入约为10.9 亿元，比上年增长 28.2%，实现归属于上市公司股东的净利润 1.88 亿元，同比增长33.35%。2013 年，公司实现营业收入约为 4.2 亿元；2014 年约为 4.9 亿元，比上年增长16.7%；2015 年约为 8.5 亿元，比上年增长73.5%，具体如图 4-1 所示。目前，思创医惠拥有总资产 29 亿元，员工1500 余人，在中国香港、瑞典、意大利、西班牙、美国多个国家和地区建立了子公司。

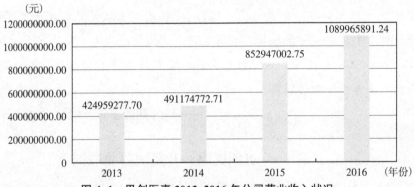

图 4-1　思创医惠 2013~2016 年公司营业收入状况

资料来源：根据思创医惠 2013~2016 年年报整理而成。

二、智能医疗

2015 年，思创以 10.87 亿元现金收购医惠科技，增加了智慧医疗领域的业务。2015 年 6 月末，思创医惠完成医惠科技第一期 69% 的股份收购，2016 年 2 月底，思创医惠再度公告，如约完成第二步交易。医惠科技的产品从医疗对象、数据信息、医疗流程入手，覆盖整个医疗信息化应用领域，形成了"智能开放平台+流程闭环管理系统+业务应用系统"的智慧医疗解决方案，为公司介入智慧医疗提供战略入口和方向，实现医惠科技相关软件产品与公司各类 RFID 硬件设备的良好对接，为智能开放平台建设及大数据应用打下坚实基础，抢占"移动医疗"布局先机。

在医惠科技并入后，思创医惠的对外扩张步伐更加迅速。2015 年 11 月，医惠科技出资 2000 万元，以单方面增资的方式参股泽信软件。交易完成后，医惠科技持有泽信软件 20%的股权。泽信软件是优质的医疗信息服务公司，具有自主知识产权的电子病历（EMR）、医院感染管理软件、医院集成平台、医院智能分析平台、HIS 共五个创新型产品，其 2016/2017 年业绩指标分别为 300 万元/500万元。2015 年 12 月，医惠科技使用自有资金 1000 万元，以单方面增资的方式参股杭州创辉医疗电子设备有限公司，持股占比 10%。创辉医疗是医疗电子领域的高科技创新公司，专注于应用先进的定制化传感器芯片、无线通信芯片等技术。

一方面是对外扩张，收购医惠科技，另一方面是思创医惠通过合作方式拓展智能医疗。2016 年 1 月 11 日，由国家卫生计生委医院管理研究所牵头发起，医惠科技领衔并联合国内 14 家主流大型医院和数家研究机构及院校共同成立的"智慧医疗联盟"正式启动具体工作，该联盟获得 IBM 携沃森机器人鼎力支持。智慧医疗联盟的成立，旨在利用美国沃森机器人技术及国际医疗智能诊疗模型，对医疗大数据进行学术研究和挖掘，为医院研究医疗大数据智能诊断提供技术支撑，形成数据共享、资源共用的研究平台。联盟将获得 IBM 沃森认知智能技术及国际医疗智能诊疗模型的全力支持（思创医惠拓展智能医疗模式如图 4-2 所示）。

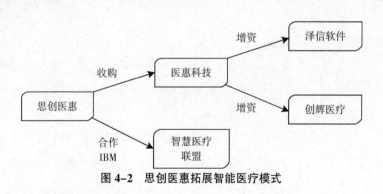

图 4-2 思创医惠拓展智能医疗模式

三、医疗健康服务模式

医疗物联网是智慧医疗的蓝海。医惠科技致力于利用大数据、云计算、物联网等信息技术构建"无处不在"和"简约智慧"的医疗健康服务新模式，主要体现在三个方面：

第一，在家庭，医惠推出"智慧健康家庭平台"，可实现血压、血糖等指标的自助采集，为慢性病人提供服药提醒、用药监测等居家的健康管理。其智能床垫能自动采集心率、呼吸等生命体征，感知睡眠状况，能有效服务于独居老人看护问题。

第二，在社区，医惠打造了"智慧家庭医生"和"标准化社区"，通过信息化手段，积极整合基层医疗资源，大大增强基层医生的服务能力。通过智慧家庭医生，居民可就近享受到连贯、便捷的医疗服务。采用移动物联网技术，推行新型的双向转诊、远程会诊模式，缓解医疗资源紧缺，实现社区首诊，分级诊疗的医改方针。

第三，在医院，医惠以将病人作为角色融入医院信息系统，提出了医院业务闭环管理理念，打造了医院智能开放信息平台，提供了包括掌上医院、智慧分诊、第三方药物平台、全过程预约等多种医院闭环管理系统，使患者就医流程更为简化、便捷。医惠药品物流闭环管理平台，打通了药品采购、药品配送、医生医嘱、用药安全的所有环节，实现了药品全程追溯，有效地贯彻了医药分家的医改政策。医院智能开放信息平台，实现了国内外卫生信息标准的深度融合，解决了各个医疗系统之间信息互通的难题，使医院的个性化需求通过软件微小化便捷的部署得以实现，真正实现了医疗信息的可及连贯和医疗服务的智能化。

四、智能医疗新生态

思创医惠覆盖了家庭、社区、医院、养老等整个医疗健康服务领域。目前，思创医惠智能医疗新生态主要包括智能开放平台、医疗生态云架构平台、医疗信息健康耗材三大板块，具体如下：

第一，智能开放平台。思创医惠解决了"接口式"部署在接口集成方面的短板，采用"万能插座"（SDK）技术，实现业务系统的"插拔式"互联互通，新增的子系统只需接入平台的标准化接口即可实现与其他系统之间的信息交互，极大地降低了系统部署的工作量，是医疗数据的集大成者，是医惠征战医疗信息化的拳头产品。目前，公司将智能开放平台推广至超过200家医院，预估二甲以上约8000家医院的市场空间约300亿元。

第二，医疗生态云架构平台。思创医惠对医疗 IT 云化趋势进行了前瞻布局，建设了广州妇女儿童医疗中心标杆项目，实现全国五大首创：首家去 HIS 化医院、首家全预约挂号医院（网上预约挂号 1.5 万预约量）、首家支持支付宝芝麻信用结算医院、首家 100% 实现一体化平台智慧医院、首家公有云医院，基于已有的智能开放平台，引入小微应用合作伙伴，满足个性化医疗服务需求。该系统架构极大地推动了阿里健康的芝麻信用在医院支付结算的部署进程。

第三，医疗信息健康耗材。RFID 可在智能医疗行业多场景广泛应用，后续思创医惠将形成扬州、杭州两大 RFID 硬件产品设备生产基地，为智慧医疗提供丰富的优质高效的 RFID 硬件产品。目前，思创医惠的智能床检测产品在医院病房、养老院快速推广，月销售额突破千万元。其他产品诸如物联网体温标签、第三方药流平台、内镜消毒质量监控、患者生命体征动态监测、消毒供应中心质量追溯、医疗废弃物管理、科室物资管理、病房管理、移动门诊输液、静配中心信息管理、营养点配餐管理、手术器械清点、婴儿防盗等系统部署中，对 RFID 标签具有量产需求。医疗信息健康耗材是医疗大数据的入口，思创医惠与华三合作打造了全球领先的四网合一的物联网基础架构共性平台，可以在复杂的数据通信环境中，实现多维的细粒度数据的智能收集和传输，为医疗大数据采集和开发利用奠定基础。

五、启示

第一，致力于利用大数据、云计算、物联网等信息技术构建"无处不在"和"简约智慧"医疗健康服务新模式，不断提升医疗健康服务水平，满足人民日益增长的医疗保健需求。

第二，构建智能医疗新生态，主要通过智能开放平台、医疗生态云架构平台、医疗信息健康耗材三方面实现，从产业链的技术研发、产品创新、市场拓展、产业布局等方面着力。

在宏观环境对智能医疗的大力推动下，思创医惠只有抓好内部管理和布局，才能一直沐着春风成长得更好更快。

资料来源：笔者根据多方资料整理而成。

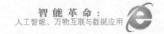

如今，与互联网连接的终端已多于全球人口总量。在不久的将来，你能想象的一切事物也都将与互联网相连。新的技术如人工智能、虚拟现实正引领互联网进入下一次革新，并改变人们工作、生活、娱乐和学习的方式，万物互联智能时代即将到来。

第一节　万物互联时代

2015 年，谷歌董事长埃里克·施密特在达沃斯经济论坛上提出未来互联网将会消失，我们将会迎接一个高度个性化、互动化的有趣世界——物联网。前面的时代是互联网时代，现在的时代是移动互联网时代，而下一个时代则被普遍认为是万物互联的智能时代。世界上主要的制造强国，都围绕着物联网做了政策布局。比如说美国提出了工业物联网的概念，德国提出了工业 4.0，中国提出来的"中国制造 2025"或者说"互联网+"都是围绕着物联网的布局。那么什么是万物互联，什么是物联网，万物互联和物联网是什么关系，物联网和智能社会是什么关系，什么才是万物互联智能时代呢？

一、万物互联核心：物联网

清晨，小张睁开蒙眬的睡眼。瞬间，窗口的窗帘自动拉开了，光线射进来，告诉小张时间不早了；天气预报自动播报天气，并为他建议今天的着装；走到洗漱台边上，牙膏牙刷已经就位；走到厨房，咖啡机正煮好了一杯热腾腾的咖啡；开车去上班，手机已自动规划出最佳路线，并帮他找到了最合适的停车位；朋友打电话来说忘了重要的东西在家里，等着急用，小张让朋友直接到家门口，通过手机远程直接帮他把门打开，并可通过远程视频直接观察状况；工作比较忙，又要加班，担心妻子一个人回家无聊，小张用手机一键设置，热水器自己定时定位工作；预约的妻子最喜欢的美容院的按摩师，也在她到家后及时出现。

这并不是科幻电影，更不是黄粱美梦，其中暗含的技术就是物联网技术。这是一种借助硬件设备，按约定把物品与互联网连接起来，并实现智能的网络技术。万物互联试图将工作生活中的各种设备都通过网络连接起来，实现互联互通。汽车不仅是交通工具，还可以为你提供一些你想要的其他服务；摄像头并不只有记录功能，还能在发生意外时自动报警；冰箱并不仅用来储存食物，还能告诉你如何搭配以及周边超市的折扣信息。作为万物互联的核心，物联网让这些成为现实。随着 3G、4G 等移动宽带，以及大数据、云计算等技术的快速发展，物联网产业逐渐由硬件向软件、平台化发展，由过去单一的技术应用逐渐向物联网生态系统的路径演进。

万物互联是物联网生态系统实现的必要条件，物联网是万物互联的核心。除了物物联网之外，还必须支持这些物理对象所产生和传输的数据，由人、物、平台、网络、数据等一并构成物联网生态的要素。

二、物联网与智能社会

城市化和信息化的日益进步，使人们对生活质量的要求越来越高，围绕如何改善民生，促进城市可持续发展的话题越来越受到追捧。随着互联网技术、移动互联网技术、4G 技术等的推进，物联网和云计算使城市的信息化基础和运营服务理念得到更多的普及，也开启了人们对智能生活的追求之旅。如何通过大数据、云计算和物联网实现智能社会成为很多企业在发展道路上深刻思考的问题。利用物联网技术改善城市交通；利用物联网技术改善家庭生活；利用物联网技术改进人们的娱乐方式，这些都让人类朝智能社会迈开了步伐。

物联网要实现的万物互联智能时代，包括人与物、物与物之间的互联，这两种智能化形态可以表述为：人机交互的智能化和产品自身的智能化。物联网的人机交互主体包括人和智能设备，人在接收刺激信息后通过感知系统、认知系统和反应系统进行信息处理并做出行动，智能设备也可以"主动感知、智能处理、准确反应"，实现从人—机单向信息传达的单一自动化，转化成为人与物之间和谐自然且自发的交互关系。智能设备这一功能的实现主要包括通过自动识别技术、传感器、执行器或网状网络获取物理世界信息，并将其与虚拟世界的信息和事件结合起来，基于新的人工智能思想进行处理，使环境中的交互性质过渡到智能化。产品自身的智能化一方面是单个产品的智能化，另一方面是产品间的智能化，如何让各个产品互联起来实现智能，是产品自身智能化的发展目标。

尽管物联网生态尚未完全建立，但在传感器层面的大数据爆发已经来临，伴随万物互联，大数据、云技术、超级计算等技术的发展，互联网的智能化进程也正在加速。人类将从"万物互联"，走向"智能社会"。所谓的智能，就意味着不

会局限于硬件终端这一物联网入口，它将比如今的智能手机更碎片化地嵌入生活，让人无法离开。物联网正是开启智能社会这一产业革命之门的钥匙。

三、认识物联网

物联网的英文名称为"The Internet of Things"（IOT）。从英文字面理解，物联网就是"物物相连的互联网"。这里包含两层意思：①互联网是物联网的核心和基础，物联网是在互联网基础之上延伸和扩展的一种网络；②物联网的用户端延伸和扩展到了任何物品与物品之间，进行信息交换和通信。因此，物联网就是通过射频识别（RFID）、红外感应器、全球定位系统、激光扫描器等信息传感设备，按约定的协议，把任何物品与互联网相连接，进行信息交换和通信，以实现智能化识别、定位、跟踪、监控和管理的一种网络。

物联网的发展历史并不久。1991年，美国麻省理工学院的凯文·阿什顿教授首次提出了物联网的概念。1995年，比尔·盖茨在《未来之路》一书中提及了物联网。1999年，美国麻省理工学院建立"自动识别中心"，提出"万物皆可通过网络互联"，指出物联网主要依托射频识别技术。2005年，《国际ITU互联网报告2005：物联网》指出物联网通过一些关键技术，用互联网将世界上的物体都连接在一起，使世界万物都可以上网。2009年是世界各国政府开始重视物联网的元年。在美国，在奥巴马与美国工商业的"圆桌会议"上，IBM首席执行官彭明盛首次提出"智慧地球"概念，建议新政府投资新一代智慧型基础设施。同年，美国政府将物联网列为振兴经济的两大重点之一。在欧盟，欧盟执委会提出"E-Europe"物联网行动计划，欧洲物联网研究项目工作组在欧盟资助下制定了《物联网战略研究路线图》《RFID与物联网模型》等意见书，提出加快物联网产业发展的战略性举措。在日本，日本IT战略本部发布了日本新一代的信息化"i-Japan战略"。在韩国，通信委员会通过了《物联网基础设施构建基本规划》，树立了到2012年"通过构建世界最先进的物联网基础实施，打造未来广播通信融合领域超一流ICT强国"的目标，并为实现这一目标，确定了构建物联网基础设施、发展物联网服务、研发物联网技术、营造物联网扩散环境四大领域、12项详细课题。在中国，中国科学院发布2050技术发展路线图，提出传感网未来发展趋势预测。2009年8月，温家宝同志在视察中科院无锡物联网产业研究所时，提出建设"感知中国"中心，物联网被正式列为国家五大新兴战略性产业之一。2011

年，我国工信部发布《物联网"十二五"发展规划》。在 2013 年的国际消费类电子产品展览会展上，美国电信企业将物联网推向了高潮。美国高通在当年 1 月就推出了物联网开发平台，全面支持开发者在 AT&T 的无线网络上进行相关应用的开发。2014 年是物联网从无线射频设备进化到智能可穿戴和智能家居设备阶段的一年。2015 年，中国政府发布《中国制造 2025》行动纲领，推进"互联网+"、大数据、云计算、物联网应用、智能制造等产业发展，物联网的基础作用再次凸显。2016 年是物联网生态元年，物联网迈进物联网 2.0 阶段：小范围局部性应用向较大范围的规模化应用转变，垂直应用和闭环应用向跨界融合应用和开环应用转变。

通过近三十年的发展，物联网把新一代 IT 技术充分运用在各行各业之中，即把感应器嵌入和装备到电网、铁路、桥梁、隧道、公路、建筑、供水系统、大坝、油气管道等各种物体中，然后将"物联网"与现有的互联网整合起来，实现人类社会与物理系统的整合，在这个整合的网络当中，存在能力超级强大的中心计算机群，能够对整合网络内的人员、机器、设备和基础设施实施实时的管理和控制，在此基础上，人类以更加精细和动态的方式管理生产和生活，使其达到"智慧"状态，提高资源利用率和生产力水平。物联网的用途遍及智能交通、智能家居、环境监控、维护服务、销售支付、电子医疗、远程测量、车辆管理等各个领域。智能交通领域，包括交通管理、超速检测、电子收费、交通信息传递等，典型企业包括四维图新、皖通科技等。智能家居包括电器监控和家庭防盗等，典型企业包括美的、海尔等。物联网环境监控包括环境监控、天气监控等，典型企业包括卓振智能、天安联合等。维护服务包括电梯服务、工业设备维护等，典型企业包括上海三菱、湖南中菱等。销售支付包括 RFID-SIM、POS 机、自动售卖机等，典型企业有蚂蚁金服、万物支付等。电子医疗包括远程诊断、远程监护，典型企业有湃睿科技、安家医健等。远程测量包括电、水、气抄表、停车收费抄表、遥感勘测等，典型企业有三川智慧、新天科技等。车辆管理包括车辆导航、车辆监控、物流管理等，典型企业有易华录、因为科技等（见图 4-3）。

四、传感器用处

正如眼睛、鼻子、耳朵和皮肤在人体中的作用一样，传感器在硬件中充当了一个从外界接收信息的角色。自发明以来，传感器就一直被应用在工控和其他领

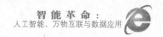

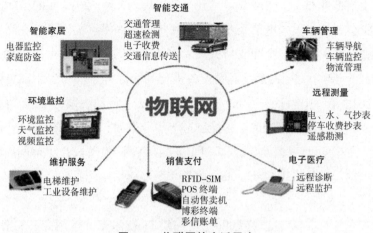

图 4-3　物联网的广泛用途

资料来源：http://news.sohu.com/20151218/n431742524.shtml.

域，作为一个重要的设备前端，传感器的功能几近不可替代。物联网时代，传感器变得尤为重要。

那么传感器究竟是什么呢？简单来说，传感器就是一种检测装置。它能感受到被测量的信息，并能将这些信息按一定规律变换成为电信号或其他所需形式的信息输出，以满足信息的传输、处理、存储、显示、记录和控制等要求。它是实现自动检测和自动控制的首要环节。根据传感器的基本感知功能可以分为热敏元件、光敏元件、气敏元件、力敏元件、磁敏元件、湿敏元件、声敏元件、放射线敏感元件、色敏元件和味敏元件十大类。与人体五官相对应的传感器如表 4-1 所示。

表 4-1　与人体五官相对应的传感器

感觉	传感器	效应
视觉	光敏传感器	物理效应
听觉	声敏传感器	物理效应
触觉	热敏传感器	物理效应
嗅觉	气敏传感器	化学效应、生物效应

那么物联网中的传感器究竟有什么用呢？传感器是整个物联网系统工作的基础，正是因为有了传感器，物联网系统才有内容传递给"大脑"。物联网时代，成万上亿计的传感器被嵌入到现实世界的各种设备中，如移动终端、智能电表、

大楼和各工业机器等，无处不在的传感器在收集地球上的各种数据。虽然传感器采集的数据是基础的、简单的，但这些数据一旦被应用起来，产生的作用却是巨大的，也就是我们常说的大数据。当电器可能损坏之前，安装在电器里面的传感器已检测到了异常并主动报修，同时给你安装好备用的。等你回家后，你会得到电器返修的通知。同时你也完全不必担心个人数据遗失或泄露，因为数据基本储存在云端服务器里。

以传感器网络为基础建立起来的数据世界，将基本上和现实世界的物体与虚拟世界的数据一一对应，现实世界里面看不到、摸不着的许多量也会被一一抽出来进行分析和应用，再通过网络反过来操控现实世界的设备和仪器。最后达到的结果就是，每个人、每台机器都被构建成精准的数据模型，万物都变得可处理、可操控，现实世界和网络世界完全合为一体。

万物互联专栏1　　汉威电子——专业传感器解决方案供应商

传感器是物联网技术发展的重要组成部分，河南汉威电子以传感器发展为基础，将感知传感器、智能终端、通信技术、云计算和地理信息等物联网技术紧密结合，打造汉威云，建立完整的物联网产业链，并结合环保治理、节能技术，以客户价值为导向，为智慧城市、安全生产、环境保护、民生健康提供完善的解决方案。

一、公司介绍

河南汉威电子股份有限公司（简称"汉威电子"）成立于1998年，2009年在深圳创业板上市，是国内最大的气体传感器及仪表制造商。公司以成为"领先的物联网解决方案提供商"为产业愿景，通过多年的内生外延发展，构建了相对完整的物联网生态圈，主要是以传感器为核心，将传感技术、智能终端、通信技术、云计算和地理信息等物联网技术紧密结合，形成了"传感器+监测终端+数据采集+GIS+云应用"的系统解决方案，业务应用覆盖智慧城市、智慧安全、智慧环保、居家健康等行业领域，在所涉及的产业领域里形成了领先的优势。近年来，汉威电子的营业收入逐年上升。2014年，公司实现营业收入4亿元；2015年，公司实现营业收入7.5亿元，比上年增长87.5%；2016年，公司实现营业收入11.1亿元，比上年增长48%。

二、提供专业传感器解决方案

随着物联网时代各行业智慧化的纵深发展，汉威传感事业群提供的产品和服务在智慧城市、智能制造、智能家居、智慧环保、智慧农业、机器人、无人驾驶等细分市场持续获得新的突破。传感器是汉威电子旗下最具成长性和价值的核心业务板块之一，公司集传感器的研发、生产、销售为一体，产品覆盖气体、湿度、流量、压力、加速度等门类，该业务板块目前得益于工业、环境、安全、健康等领域旺盛需求的推动，保持着良好发展势头。汉威电子传感事业群由郑州炜盛电子科技有限公司、苏州能斯达电子科技有限公司、哈尔滨盈江科技有限公司、郑州易度传感技术有限公司组成。汉威电子传感事业群面向全球提供气体传感器、流量传感器、压力传感器、热释电传感器、湿度传感器、加速度传感器、柔性传感器及MEMS芯片、应用方案等产品和服务，平均每24小时就有超过3万支传感器产出，气体传感器中国市场占有率达70%。

郑州炜盛电子科技有限公司是汉威电子传感器产业的重要发展主体。目前公司的主要传感器产品包括PM 2.5传感器、甲醛传感器、VOC传感器、CO_2传感器、氧气传感器、臭氧传感器和酒精传感器。PM 2.5传感器包括激光粉尘传染器和红外粉尘传染器。激光粉尘传染器利用激光散射原理，对空气中存在的粉尘颗粒物进行探测，具有良好的选择性、稳定性。粉尘传感器中PM 2.5检测单元采用粒子计数原理，可灵敏检测直径$1\mu m$以上灰尘颗粒物。甲醛传感器利用电学原理对空气中存在的CH_2O进行探测，具有良好的选择性稳定，内置温度传感器，可进行温度补偿；同时具有数字输出与模拟电压，方便使用。VOC传感器利用MEMS工艺在Si衬底上制作微热板，所使用的气敏材料是在清洁空气中电导率较低的金属氧化物半导体材料。当传感器处在气体环境中时，传感器的电导率随空气中被检测气体的浓度而发生改变。该气体的浓度越高，传感器的电导率就越高。CO_2传感器利用非色散红外（NDIR）原理对空气中存在的CO_2进行探测，具有很好的选择性，无氧气依赖性，寿命长。氧气传感器采用电化学气体传感器和高性能微处理器，搭载不同的气体传感器就可以测量对应的气体。臭氧传感器所使用的气敏材料是在清洁空气中电导率较高的半导体金属氧化物。当传感器所处环境中存在臭氧时，传感器的电导率随空气中臭氧气体浓度的增加而减小。使用简单的电路即可将电导率的变化转换为与该气体浓度相对应的输出信号。酒精传感器所使用的气敏材料是在清洁空气中电导率较低的半导体材料。当传感器所处环境中存在酒精蒸气时，传感器的电导率随空气中酒精气体浓度的增加而增大。使用简单的电路即可将电导率的变化转换为与该气体浓度相对应的输出信号。

资料来源：笔者根据多方资料整理而成。

五、物联网的"五脏六腑"

传感器是物联网感知层的核心硬件组成。但事实上感知层只是物联网三个层次的一部分。物联网三层次主要包括感知层、传输层和应用层，它们一起构成了物联网的五脏六腑（见图4-4）。

应用层	信息处理	应用集成	云计算	解析服务	网络管理	Web 服务

专用网络

传输层	电信网/互联网			
	延伸网络	物联网网关		

感知层	传感器	执行器	RFID	二维码	智能装置

图 4-4 物联网的三层架构

第一，感知层。感知层是物联网的皮肤和五官，位于物联网三层结构中的最底层，用于识别物体，采集信息。感知层由基本的感应器件（RFID标签和读写器、各类传感器、摄像头、GPS、二维码标签和识读器等）以及感应器网络（RFID网络、传感器网络等）两大部分组成，解决的是人类世界和物理世界的数据获取问题。它首先通过传感器、数码相机等设备，采集外部物理世界的数据，然后通过RFID、条码、工业现场总线、蓝牙、红外等短距离传输技术传递数据。对于其上层来说，感知层主要负责感知和检测两项工作，对于其下层来说主要是监控其下层的感知。RFID标签是一种RFID处理器，既可以是被动式的，也可以是主动式的（具有读写功能，通信范围比较宽，具有独立的供电单元）。主动式（有源）RFID芯片能够进行双向通信，而被动式（无源）标签是只读的。RFID

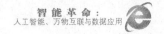

读写器能够感知并读取存储在标签上的信息，并对其进行传输，以实现数据分析的目标。

第二，传输层。传输层也叫网络层，是物联网的大脑和神经中枢，由各种私有网络、互联网、有线和无线通信网、网络管理系统等组成，负责传递和处理感知层获取的信息。传输网由公网与专网组成，典型传输网络包括电信网（固网、移动网）、广电网、互联网、电力通信网、专用网。传输层的实现方式包括光纤通信、WiFi、蓝牙、ZigBee、WLAN、2G/3G/4G、LPWAN、LTE-M 等。它是实现物联网的基础设施，是物联网三层中标准化程度最高、产业化能力最强、最成熟的部分。

第三，应用层。采集到的数据不能直接应用于各个行业，在被应用之前还需有支撑平台对数据进行加工和整理成有效数据才能被使用，比如对数据进行编码解码、信息整合、信息接入、信息目录等，被广泛应用于支撑平台的技术有数据库技术、云计算、云存储。应用层提供丰富的基于物联网的应用，将物联网技术与行业信息化需求相结合，实现广泛智能化应用的解决方案，如智能工业、智能农业、智能医疗、智能家居等。应用层发展的关键在于行业融合、信息资源的开发利用、低成本高质量的解决方案、信息安全的保障以及有效的商业模式的开发。应用层由业务支撑平台（中间件平台）、网络管理平台（如 M2M 管理平台）、信息处理平台、信息安全平台、服务支撑平台等组成，完成协同、管理、计算、存储、分析、挖掘，以及提供面向行业和大众用户的服务等功能，典型技术包括中间件技术、虚拟技术、云计算、SOA（面向服务的体系结构）等。

万物互联专栏 2　　　　　**新大陆的商户物联网战略**

超市逐渐流行的一种智能 POS 机，兼具扫码结算功能，顾客可选择使用各种支付端口进行扫码支付。此外，商家还能利用其进行经营管理，如记录销售额、及时追踪货物的存量及调度情况等。这类智能 POS 机大部分都出自新大陆集团。

一、公司介绍

新大陆科技集团（简称"新大陆"）成立于 1994 年，2000 年在深圳证券交易所上市。新大陆产业横跨物联网、数字电视和环保科技三大领域，是国内领先的集物联网核心技术、核心产品、行业应用和商业模式创新于一身的综合性物联网企业，数字电视综合业务供应商和无线通信设备供应商，和中国唯一掌握"紫外 C 消毒技术"与"大功率臭氧发生器技术"自主核心技术的环境设备及综合服务提供商。近年来，新大陆的营业收入稳步增长。2014 年，公司实现营业收入 22.4 亿元；2015 年，公司实现营业收入 30.5 亿元，比上年增长 36.2%；2016 年，公司实现营业收入 35.4 亿元，比上年增长 16.1%。

二、商户物联网战略

近年来，新大陆主要以商户物联网为核心为发展战略，聚焦信息识别和电子支付两个领域，着力打造支付运营与消费金融的战略布局，通过内部整合资源和外部并购扩张两条路径，逐步实现从硬件设备提供商到系统方案提供商，从业务运营合作方到数据运营合作方的角色转换。

第一，信息识别。新大陆信息识别技术主要包括条码识别、射频识别（RFID）、生物识别、卡类识别和图像识别等。我国经济增长、电子商务和 O2O 的快速发展，以及商品和货物的快速流通为信息识别技术的应用提供了广阔的市场基础。目前，我国信息识别设备被广泛应用于物流、仓储、产品溯源、电子支付、O2O 等诸多领域。随着我国信息化建设的进一步推进，信息识别设备未来的市场空间巨大。新大陆条码识别设备主要分为手持式条码扫描器、固定式 POS 扫描器和固定式工业类扫描器等。从全球市场来看，斑马技术公司、霍尼韦尔、得利捷等国际一线品牌依然占据领先优势，公司凭借技术研发与产品创新，成为条码识别领域唯一进入全球前十的中国企业。2017 年 4 月，公司使用自有资金 3677 万元增资深圳市民德电子科技股份有限公司，至此，公司持有深圳市民德电子科技股份有限公司 445.5 万股股份，占该公司发行前股份总数的 9.9%。民德电子科技主营业务包括：条码扫描识别及打印设备的生产。与深圳民德合作，有望在技术研发、产品生产以及市场销售等方面形成较强的互补关系，可以促进公司自动识别业务的发展。

第二，电子支付。新大陆是亚太第一和全球第三大 POS 机供应商，具有较强的行业影响力。金融 POS 设备具备较高的技术门槛和认证门槛，国内能够与公司相竞争的 POS 品牌主要有联迪、百富等品牌。海外市场上，公司的 POS 销售主要通过与 Spire 公司合作进行，目前主要竞争对手有安智、惠尔丰等 POS 品牌。新大陆支付公司（新大陆控股子公司）主要从事金融 POS 终端设备的设计、研发、销售和运维服务，为商业银行与第三方支付等收单服务机构提供电子支付技术综合解决方案。电子支付终端产品包括标准 POS 机、MPOS 机、IPOS 机及智能 POS 机等，应用场景丰富，能够满足餐饮、商超、物流等诸多行业的需求，公司 POS 机销售覆盖国内外市场。2016 年，新大陆支付技术公司高端智能 POS N900 成为国内首款通过 PCI 安全认证的全触屏智能 POS，推出 4G 智能核心板平台方案，在被业内称为智能 POS 元年的 2016 年，抢占了市场的领先地位。2017 年，新大陆支付技术 N910 通过了 PCI 5.x 国际支付卡行业最高级别的安全标准认证，成为全球首款通过 PCI 5.x 安全认证的全触屏智能 POS。N910 搭载我国拥有自主知识产权的国密芯片，支持国密硬加密算法，此外还植入新大陆自主条码解码算法，为支付安全建起一道道防护墙。

资料来源：笔者根据多方资料整理而成。

六、万物互联时代

现阶段，推动万物互联智能时代发展的因素比较多，主要因素包括：第一，强大的技术趋势使通过互联实现更大价值成为可能。在技术不发达的过去，人们甚至不敢想象人机互联，但是技术发展趋势让这些已经逐步成为现实，这些趋势包括：处理能力、存储和带宽的迅猛提高；云计算、社交媒体和移动计算快速增长；大数据分析能力等。第二，连接障碍持续降低。例如，IPv6（互联网协议）协议克服了 IPv4 协议的限制，可以让更多的人、流程、数据和事物联入互联网。4G 网络的普及，让移动互联的质量大大提升。第三，物理尺寸在不断减小。硬件设备的尺寸在不断缩小，盐粒大小的计算机包含了太阳能电池、薄膜蓄电池、存储器、压力传感器、无线射频和天线。盐粒大小的相机具有 250×250 的像素分辨率。尘埃大小的传感器能够检测并传送温度、压力和移动信息。第四，商业价值的创造转向连接能力。万物互联反映出的现实是，公司不再只依靠内部的核心能力和员工的知识，而是需要从更多的外部信息源获取智能（见图 4-5）。

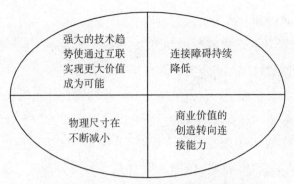

图 4-5　推动万物互联智能时代发展的因素

这些都是推动万物互联智能时代的重要因素。我们已经步入万物互联的智能时代。2000 年时，全球仅有 2 亿个事物联入互联网。受移动技术进步和自带设备趋势等因素驱动，在 2014 年这一数字就突破 100 亿，将我们直接置入物联网时代。市场研究机构 Gartner 也给出预测，到 2020 年，全球物联网设备接入量将会达到 260 亿，物联网产品和服务提供商们的收益预计会达到 3000 亿美元量级。还是让我们先来看看国内 BAT 巨头们是怎么接入万物互联的。

第一，百度物加入 IoT Hub。百度物接入 IoT Hub 是一项全托管的云服务，能够帮助建立设备与云端之间的双向通信，同时支撑海量设备的数据收集、监控、故障预测等五种物联网场景（见图 4-6）。

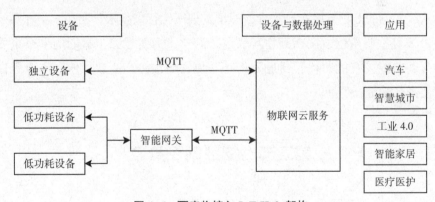

图 4-6　百度物接入 IoT Hub 架构

注：MQTT 是基于二进制消息的发布/订阅模式的协议。

第二，阿里云物联网套件。阿里云物联网套件是阿里云专门为物联网领域的开发人员推出的，其目的是帮助开发者搭建安全且性能强大的数据通道，方便终端（如传感器、执行器、嵌入式设备或智能家电等）和云端的双向通信。全球多节点部署让海量设备在全球范围内都可以安全、低延时地接入阿里云 IoT Hub。在安全上，物联网套件提供多重防护，保障设备云端安全。在性能上，物联网套件能够支撑亿级设备长连接，百万消息并发。物联网套件还提供了"一站式"托管服务，从数据采集到计算再到存储，用户无须购买服务器部署分布式架构，通过规则引擎只需在 Web 上配置规则即可实现"采集＋计算＋存储"等全栈服务。

第三，QQ 物联。QQ 物联将 QQ 账号体系、好友关系链、QQ 消息通道及音视频服务等核心能力提供给可穿戴设备、智能家居、智能车载、传统硬件等领域的合作伙伴，实现用户与设备、设备与设备、设备与服务之间的联动。其主要能力如图 4-7 所示。

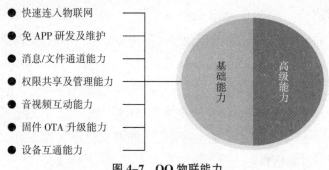

图 4-7 QQ 物联能力

从巨头们的万物互联布局来看，不难发现人工智能技术其实在万物互联的过程中扮演着重要角色，实现万物互联也是我们大力发展人工智能的一个重要原因。万物互联的智能时代，通过万物互联使人更加多产高效，使人作出更佳决策，使人享受更好生活。

第二节　物联网在身边

如上所述，物联网有三个层次结构，即感知层、传输层和应用层，与之相对应的则衍生出了物联网的三个特征，第一，全面感知，即利用 RFID、传感器、二维码等随时随地获取物体的信息；第二，可靠传递，通过各种电信网络与互联网的融合，将物体的信息实时准确地传递出去；第三，智能处理，利用云计算、模糊识别等各种智能计算技术，对海量的数据和信息进行分析和处理，对物体实施智能化的控制。

一、全面感知

全面感知由物联网的感知层实现。在物联网中，如果物和物、物和人简单地互联，那么其实这个意义是不大的，就比如把一杯水同某个人连在一起，并没有多大意义。然而，如果通过感知告诉这个人关于这杯水的水温、所含物质、来自哪里等，就产生了意义。

一杯新鲜咖啡摆在眼前，眼睛看到的是黑色液体，鼻子闻到的是涩涩的咖啡豆味，嘴巴尝到的是苦中带甜的咖啡味，用手摸一下，还能感觉到热度……当这些感官的感知综合在一起时，人便得出了这是一杯咖啡的判定。如果把咖啡的感知信息上传到互联网上，那么坐在办公室的人就可以通过网络随时了解家中咖啡的情况。甚至像我们的朋友圈一样，只要经过本人授权，任何一个也在这个环境中的人都可以看到这杯咖啡的情况。除了可以知道家里咖啡的状况，假如家中设置的传感器节点与互联网进行了连接，则经过授权的人还能通过网络了解家里的安全状况、老人的健康问题等信息，并利用传感器技术及时处理解决，这些都是"物联网"的感知功能。同时，物联网强调的感知是全面的感知，也即将各个传感器采集到的信息进行综合分析和科学判定。每一个物体都被植入了一个传感器，通过这个传感器，本来"无声无息"的物体瞬间就变得"有感觉、有知觉"了。冰箱通过物联网感应器可以告诉你还有哪些库存，它们之间可以进行怎样的搭配；洗衣机通过物联网感应器可以知晓衣服对水温和洗涤方式的要求；家长可以了解到小孩一天中去过什么地方、接触过什么人、吃过什么东西等。当物联网足够发达时，甚至是沙滩上的每一粒沙子都可以被精准感知。

在物联网的全面感知过程中，传感器发挥着类似人类社会中语言的作用，借助这种特殊的语言，人和物体、物体和物体之间可以相互感知对方的存在、特点和变化，从而进行"对话"与"交流"。射频识别、红外感应器、全球定位系统、激光扫描器等信息传感设备，则像视觉、听觉和嗅觉器官对于人的重要性一样，是物联网不可或缺的关键元器件。正是因为有了它们，才能实现各种距离、无接触的自动化感应和数据读出、数据发送等。

二、可靠传递

物联网，其实可以说是仿生学的一种产物，它模仿的是人类这种具有思维能力和执行能力的高级动物。在人的器官中，手是执行动作的器官，大脑是用来思考的器官，而耳朵和眼睛是可以用来接收信息的器官。各个器官只有实现彼此之间的交流，才能各施所长，有机结合在一起。如果用脑来执行操作，用手来思考问题，那么得出来的结果肯定不是我们想要看到的。物联网工作与人类相似，传感器是耳目、执行器是手、互联网是大脑，要想更好地运转，就要实现各个"器官"之间的互动与沟通，而要实现互动与沟通，就必须要有一种可供各"器官"进行沟通的通用语言，通过这种语言，各种信息可以在各器官间相互交流，为人们提供更好的服务。

可靠传递，就是通过各种电信网络和互联网融合，对接收到的感知信息进行实时的远程传送，以实现信息的交互和共享，并进行各种有效处理。在这一过程中，通常需要用到现有的电信运行网络，包括无线和有线网络。由于传感器网络是一个局部的无线网，因而无线移动通信网、3G、4G包括正在研发的5G网络都是作为承载物联网的一个有力支撑。

物联网通过与各种网络结合，大大改变了人们的生活方式，使其更加便捷安全。3G、4G、WiFi、专网等无线、有线宽带技术的成熟和应用，使大流量数据的远程传送更加方便，扫除了高清网络摄像机在大范围应用中的传输障碍。因此，远在异地他乡旅游的人能通过物联网的可靠传递知道自己家里是否被盗，是否有不安分分子在门口徘徊伺机，也即物联网的可靠传递打破了空间的局限。

三、智能处理

物联网是一个智能的网络，传感器采集的海量数据，只有通过智能分析和处理才能实现智能化。智能处理利用云计算、模糊识别等各种智能计算技术，对随时接收到的跨地域、跨行业、跨部门的海量数据和信息进行分析处理，提升对物理世界、经济社会各种活动和变化的洞察力，实现智能化的决策和控制。物联网通过感应芯片和RFID时时刻刻地获取人和物体的最新特征、位置、状态等信息，使网络变得更加的"无所不知"。更为重要的是，人们可以利用这些信息，开发出更高级的软件系统，使网络变得和人一样"聪明睿智"，具备和人相似的听觉、视觉甚至思维。

交通事故一直是导致人口意外死亡的罪魁祸首。当下，我们可以通过电子警察、摄像头、雷达测速装置、搁在地面上的地感线圈等监测车流量、抓拍超速等，但是如何做到安全预警呢？运用物联网，就可以实现这一功能。司机开车上桥时，是无法看到桥另一端情况的。如果这时候另一端有一个人正在过马路，那么事故发生的可能性就会很高，而如果我们在马路下面安装了传感器节点，并与司机车上的传感网终端或手机相连接，那么一旦有人过马路，传感网便会通知你下方有路况，行人正在过马路。有人曾经测算过，提前几秒钟刹车就可避免90%以上的交通事故。

夏天的办公室，有人怕热有人怕冷，物联网通过智能处理可以满足不同人群的不同需求。意大利建筑师、麻省理工学院感应城市实验室的主任卡洛·拉蒂所在的CRA团队设计了一款3.0办公系统。3.0办公系统运用物联网技术，以及一系列通过WiFi连接的传感器来监测环境和收集数据。传感器会将指令发送给建筑物内的产品，从而使产品按照人们的指示，调控加热、照明和冷却系统，为用户提供相应服务。用户通过智能手机应用程序设定适宜个人的室内温度。当室内有人时，位于天花板的风机盘管将被激活，为不同区域的人提供不同的温度。并且，使用者在哪里，哪里的环境状况就会根据其预设调节，像一个泡沫一样，将每个用户单独包围起来。当用户离开，房间会自动返回"待机模式"，从而节省能源。

综上，对物联网的三大特征——全面感知、可靠传输、智能处理进行分析描绘后，我们发现它们正如人的感官、人的神经和人的大脑协同工作类似，为物联网提供服务。全面感知对应的是门磁、防漏器、温度器等，可靠传输依赖网络、智能处理主要通过手机（见图4-8）。

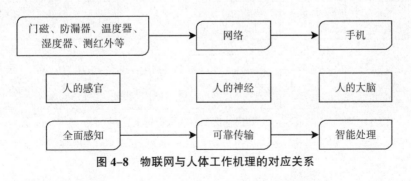

图4-8　物联网与人体工作机理的对应关系

万物互联专栏 3　　　　**厦门信达：一站式服装行业解决方案**

物联网技术的全面感知和可靠传递最终落实于智能处理，为智能社会做贡献，厦门信达就是一家物联网应用整体解决方案供应商。其中尤以服装行业解决方案为特色。

一、公司简介

厦门信达物联科技有限公司（简称"厦门信达"）成立于 2005 年。公司专注于物联网 RFID 领域系列产品的研发、制造，拥有丰富的行业应用经验和各类专业人才。公司产品涵盖各类电子标签、读写器、应用软件等种类，广泛应用于食品溯源、智能交通、服装产销、危险品管理、票证管理、供应链物流、仓储管理、防伪识别、图书馆管理、人员和资产管理、航空行李管理、工业制造等领域，可为企业提供个性化的物联网应用整体解决方案，"一站式"解决客户问题。2014~2016 年，公司分别实现营收 263.6 亿元、293.1 亿元、402.9 亿元。总资产达到 159.9 亿元。

二、行业解决方案

厦门信达物联网解决方案有服装行业解决方案、4S 店智能透明车间解决方案、电子工票解决方案、网站版订货会解决方案、燕窝食品安全解决方案和智能交通解决方案。其中，服装行业解决方案是其一大亮点，解决方案是将 RFID 技术应用于服装生产企业的管理，以帮助企业实现智能仓库、智能营销、订货会商品/人员管理以及防窜货管理等功能（见图 4-9）。

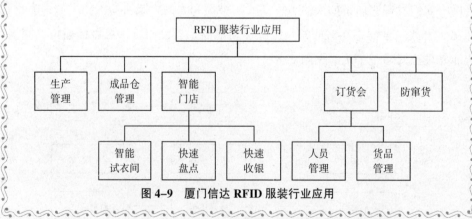

图 4-9　厦门信达 RFID 服装行业应用

　　第一，在生产管理上，RFID 生产管理的优势主要体现在生产控制、工序控制、控制中心和即时监控四点上。生产控制上按照不同的生产需要，限定生产数量、物料、过程、工序及完成时间；每一道工序都可以和控制中心及物料清单（BOM）互相协调，保障产品的生产过程、物料的使用和作业的人物、地点皆准确无误；控制中心可以实时采集每一道工序的时间，并提供有效的数据，以增加整个生产的可追踪性及可视化；任何时间和地点都可以存取即时的生产资料，管理层可以监控进度和流程，以确保生产效率及产品合格率，发挥更大的生产能力。

　　第二，在成品仓管理上，当货物抵达仓库时，通过 RFID 快速检验通道可以进行服装的全检操作，仓库管理系统可以指示用户快速而准确地运送到货物指定位置，并且 RFID 快速检验通道可以快速地完成包装验证，从出库的源头保障包装商品的准确性。在库时，RFID 技术可以为库存管理确保可视性、准确性及可追溯性。出库时 RFID 快速检验通道也可以快速完成出货检验操作，防止商品错发漏发，提升拣货速度及准确度，避免人为失误。

　　第三，在智能门店上，首先是智能试衣间，每件服装或纺织产品均采用 RFID 电子标签。通过零售店安装的智能系统，系统可以自动识别顾客所选择的商品，并在旁边的显示屏上展示相应的价格、折扣、衣饰搭配等信息，丰富的信息让顾客在试衣间就可以享受专业的购物指导。其次是快速盘点，通过手持式阅读器可以实时对在架商品和门店后台库存商品进行盘点，可按区域、按架位生成报表，根据实际要求生成指定格式数据，通过实时或脱机方式上传到门店的管理系统。最后是快速收银，通过固定式或手持式 RFID 收银设备，系统可以快速采集客户所选商品信息，生成销售清单，大大节省结账时间，销售人员也可以将更多的时间专注于顾客服务上。

　　第四，在订货会管理上，其主要特点有：现场选中款号，RFID 手持机进行快速扫描，省时省力不费脑；客户可以实时查看订货情况，减少订单修改频率；多种方式实时快速将订单传输至服务器，减少出错率，节省人力录入成本；手持机可做实施分析、统计、修改，帮助客户提高订货效率；厂商实时了解订货数据，更好地指导客户订货。

　　第五，在防窜货管理上，RFID 防窜货解决方案将指定的电子标签植入

到服装的指定裁片上（服装吊牌无法解决），在服装生产下线后，每件衣服内部就植入了一个全球唯一ID号的电子标签，通过在服装装箱发货前将每件服装的唯一ID号与客户信息进行绑定，从而确定了产品的流向，品牌商通过读取每件衣服上的电子标签信息，即可确定服装的归属地，确定衣服的来源。

资料来源：笔者根据多方资料整理而成。

第三节　智能连接：万物互联世界

互联网的本质就在于连通性。未来智能连接发展的方向就是万物互联。那么，真正要建立起万物互联，智能设备固然必不可少，智能技术也至关重要。智能连接下的社会我们可以期待什么呢？

一、建立万物互联

作为信息处理成本最低的基础设施，互联网的开放、平等、透明等特性使信息和数据动起来并转化成巨大生产力，成为社会财富增长的新源泉。如果说传统产业可以分为"原子层"和"比特层"，那么"互联网化转型"就是通过某种更有效率的方式对传统产业的"比特层"进行改造升级，甚至是从根源上进行颠覆式创新。但是随着技术的发展，互联网也出现了很多的弊端，信息化尚停留在一个相对落后的阶段。虽然信息、数据在PC、智能终端以及部分可穿戴设备上能够进行流通，但大多数的物品仍处于离线状态，即使已经建立连接的，往往也是浅层次的。如此，万物互联便呼之欲出，建立万物互联成为社会发展趋势，也就是我们追求的物联网。

物联网追求的不再仅仅是人与人、人与物之间的联网，而是物与物之间的联网，如何让物体本身变得智能，如何让物体之间相互关联，如何实现智能连接，成为物联网的主要问题。当前物联网已经做出了一定的成就，但随着接入物联网的设备越来越多，我们的物联发展也变得越困难，这主要是因为物联网的碎片化特征。与传统互联网、移动互联网不同的是，物联网需要与具体行业需求相结合才有意义，如在制造、交通、电力、环保、家居等行业的应用，各垂直领域的应用在很大程度上是分散的。这一特征使传感器、控制器等相关设备以及面向特定行业的解决方案在很大程度上缺乏通用性，难以规模化复制，因此物联网产业往往面临的是多个行业不同的需求、小规模的细分市场。这种碎片化分布的特点使连接方案供应商无法采用统一标准化的连接方案实现互联互通。对这一问题的解决可能需要弹性化解决方案，即一方面提供多样的解决方案来满足不同的场景需求；另一方面采用开放合作的态度实现共赢。

万物互联专栏4　　华为：打造万物互联的智能物联网生态

在 HUAWEI CONNECT 2016 全连接大会上，华为副董事长兼轮值 CEO 胡厚崑表示，ICT 是智能社会的基石，云正在颠覆并重塑我们身边的一切。下一个十年将进入云 2.0 时代，终端是万物感知的触角，网络连接着万物，而云则是万物智能的源泉，与此对应的是全面协同的"端、管、云"架构。

一、公司介绍

华为是全球领先的信息与通信技术解决方案供应商，专注于 ICT 领域，坚持稳健经营、持续创新、开放合作，在电信运营商、企业、终端和云计算等领域构筑了端到端的解决方案优势，为运营商客户、企业客户和消费者提供有竞争力的 ICT 解决方案、产品和服务，并致力于建设未来信息社会、构建更美好的全连接世界。目前，华为约有 18 万名员工，业务遍及全球 170 多个国家和地区，服务全世界 1/3 以上的人口。根据华为 2016 年年报显示，华为运营商、企业、终端三大业务在 2015 年的基础上稳健增长，实现全球销售收入 5216 亿元人民币，同比增长 32%，净利润 371 亿元人民币，同比增长 0.4%。

二、万物感知、万物互联和万物智能

对于未来生活的遐想，华为认为"万物感知、万物互联和万物智能"将构成社会的基本特征。简言之，全场景的智能服务将带动人们走入智能物联网的时代，将大大丰富人们的生活、改进人们工作和生活效率。华为将自己定位为智能社会的使能者和推动者，希望通过自身的努力与业界一起推动人类社会走向智能社会。

华为轮值 CEO 胡厚崑认为，智能社会正在到来。信息通信技术，是智

能社会背后最重要的基石。未来 5~10 年内，将出现各式各样的多场景、自适应的智能终端，人和物都能感知环境，成为智能世界的入口；光缆和无线网络可以提供无处不在的超宽带连接；分布全球而又相互连接的计算机汇聚了海量信息，在云端生成了"数字大脑"，实时进化，永不衰老，人和机器可以通过连接和终端随时调用其智慧。

如何实现万物之间互联、万物智能？华为从基于人、家、办公、车的四个场景入手，综合运用 4G/5G、AI、大数据、先进传感器和算法等技术来构建物联网全场景服务。目前，个人智能应用、智能家居应用、互联办公应用、智能车联网具备很旺盛的需求消费，预计到 2020 年，具备连接能力的设备规模将达到 500 亿台，AI 的市场空间到 2020 年将增长至 480 亿美元。

华为始终围绕用户体验和用户价值来思考智能互联的生态构建，解决用户的困扰。首先，华为通过在云端布局包含服务、内容、商业的生态系统；其次，通过华为开放在 OTT 盒子、智能终端、家庭网关、HiLink 协议、LiteOS 系统、IoT 芯片、终端云服务的技术能力，实现用户与智能物联网生态的连接和沟通，给用户以良好的全场景智能体验。

三、打造智能物联网生态

在智能物联网领域，华为将自己定位为产品、部件和能力的提供商，专注于打造物联网生态，而不会涉及面向具体行业的物联网应用、物联网终端以及转售终端。华为通过强大的连接实力来组建未来的智能物联网生态，包含智能终端、家庭网关、HiLink 协议、LiteOS 系统、IoT 芯片五大核心能力。

华为在万物互联方面的探索起步较早，截至目前已经在智能家居和可穿戴设备上面实现了一定的积累。自 2015 年起，华为第一次发布了 HiLink 智能家居的生态构想，意在从智能家居技术架构的底层连接协议做起，让智能设备之间的互联互通变得更加简单和便捷。目前，华为 HiLink 智慧家居生态已经是初具规模的智能家居生态平台，HiLink 生态平台已拥有超过 100 多个生态合作伙伴，预计 2017 年将突破 200 个；支持 HiLink 协议的设备在 2016 年发货超过 1000 万套，预计 2017 年将突破 3000 万套。

华为在通信领域服务于全球 170 多个国家与地区，在如何保障网络信息安全方面有深入的研究和经验积累。对于智能家居的安全问题，华为提出了配套解决方案和思考方向：加强对存储以及数据交换等各个环节的保护；加强认证与授权的管理；将人工智能引入基于场景的状态和操作再确认；以及尽可能本地化集中化完成数据操作和安全管控等。

　　经过在可穿戴设备领域的探索和研发投入，华为近年来取得了重大突破，围绕健康打造的一系列可穿戴设备已在全球占据相当的市场份额。根据华为这几年的探索，可穿戴产品应该重点关注以下几个要素：设计美观、佩戴舒适、面向特定场景的设计、在移动运动和健康方面独特的功能，只有满足这些才可能让用户感受到可穿戴产品的必不可少。以睡眠为例，华为与哈佛医学院 CDB 合作，通过智能腕表实现了对人的睡眠状态的精确检测，基于此不仅得出有效的睡眠评估，更在多个维度上提出了可靠的解决建议以及睡眠管理服务。更进一步，以睡眠这个特殊而重要的场景为起点，华为将探索多个智能家居设备的联动和协同，为用户创造真正有价值的和谐舒适的智能生活。

　　资料来源：笔者根据多方资料整理而成。

二、智能设备

　　在 2017 年国际消费者类电子产品展览会上，物联网智能设备成为关注焦点。思科推出了 Velop 路由器，旨在为多路由器家庭提供新的解决方案。LG 公布了一款悬浮音箱 PJ9，其底座中装有电磁铁，可以使扬声器悬浮于空中，带来更为立体的声音效果，此外 PJ9 还能够同时连接两个蓝牙设备。诺顿杀毒软件推出了自身的首款硬件产品——Norton Core 安全防护路由器。这款路由器具备主动防御、数据加密、DNS 安全防护等功能，能自动隔离被恶意软件感染的设备。展会上发布的新款智能设备代表着未来一年的科技走向。我们看到，物联网智能设备正成为新一代"风口"。

　　虽然国际消费类电子产品展览会上的智能设备很炫目，但其实，物联网智能设备已经无处不在。比如云遥控器，可以实现远程控制，无论身在何处，都可以通过手机 APP 对家里的空调进行操控；比如智能手表、手环，精准记录穿戴者的运动状况、心速心率；比如智能摄像头，让安防作业更高效；比如智能 T 恤，能将人体的生理量测数据传送到智能手机，再上传至云端；比如智能灯，不仅高

度省电，还可以在感知周围环境和温度后自行调节亮度，也可以通过物联网在其他设备上进行控制。

智能设备解决了整个物联网的第一步。从头发到足底，从皮表温度到心跳速率，从居家环境到交通出行，智能设备几乎涵括人类生活和工作所有方面。作为感知层最智能的信息获取手段，每一台设备内都装有传感器，这些传感器记录着多种不同类型的数据。只要联网，设备收集的数据就可以通过手机，或者直接上传到云端。而这也就为我们的万物互联奠定了数据基础，并因此实现万物间的联系。

智能设备按照竞争力来看，可分为四个阶段：第一，监测阶段：监测是智能设备最基本的功能，它将感测组件所收到的数据，送回控制台。第二，控制阶段：也即智能设备可以接收控制台的命令，启动开关、调整设定。第三，优化阶段：在监测数据与控制之间，加入算法来优化，让监测数据可以依算法回馈给控制命令。第四，自主管理阶段：在优化的算法后，再加入一点机器学习的能力以及外部数据参考的能力，让智能设备更聪明。可以说，这四个阶段是逐步提升的，其智能水平也在不断升级。

智能设备每一阶段的提升，都是物联网技术的进步。以四轴飞行器为例，最早人们在遥控直升机上装上摄影机，希望做成便宜的无人飞行器，这是监测与控制；后来有人将直升机扩张到四个旋翼，再加入平衡传感器，以及维持平衡的算法，这是优化；然后再加上 GPS 定位，结合控制台的指令，可以做到定点之间的移动，这是进一步的优化。在自主管理阶段，则会考验智能设备的学习能力。例如，根据不同的载重、不同的风，可自动调整飞行。

三、物联家庭

先在脑海中想象一串片段吧：你站在家门口，眼睛注视瞳孔扫描器，然后把手指放在指纹识别机上，只是几秒的时间，门打开了。走进舒适熟悉的家中，灯光亮了，空调自动开启了，还是你最喜欢的温度，而且也不干燥。躺在沙发上，竟然听到了自己最常听的那支曲子。休息完毕，走到冰箱门口，从冰箱拿出鸡肉准备料理晚餐，看到冰箱显示屏上告诉你鸡肉有哪些做法，每种做法的口感。冰箱还顺便提醒你牛奶快喝完了，给你显示了一张附近超市的牛奶折价券。边吃晚饭边看综艺，是你的习惯，一打开电视机，你发现正好是你上次看的那个节目的下一期。

这些居家场景体验是不是超级棒。事实上，这些科技已经存在，而且你也可能早已开始使用其中的某些。物联网时代，微型传感器的普及，可以让你的房间完全自动化，像电灯开关、门、窗、恒温器和健身设备等物件上都可配备。只需拿起一个智能控制设备或智能手机你就可以遥控家里的所有智能外设，如打开窗帘采光，查看无线摄像头的实拍画面，开关电灯、电视等。

21 世纪初，比尔·盖茨在《未来之路》一书中写道："我要建造一栋适应复杂科技变化的房子，但技术不能喧宾夺主，它需要像'仆人'一样为服务主人而存在"。虽然比尔·盖茨后来盖出了自己想要的房子，但于普通人来讲还是比较遥远。但随着时间的推移和技术的进步，智能家居、物联家庭的概念已获得长足进步。智能家居相关产品的数量正快速增长，从灯光、温控器、冰箱到电锅等，无所不有。

在未来的联网家庭，大部分的日常用品都将具备独特的数位足迹，而且可以自动产生、传送和接收数据资料，并且所有的资料都必须被储存起来，以便能够进行人为或机器的分析和使用。因此，当越来越多的"联网物"进入家庭，资料储存的需求将会持续增长。云端储存也就成为资料储存的一个常用储存终端。

从门户进出、安全监控、消防侦测、环境和能源消耗等的感应器，一直到各式各样的联网监控应用，"联网物"持续增长的趋势已显而易见，市场对更进阶的智能联网家庭系统，以及可储存其生成之 M2M 数据资料的解决方案的需求，未来也将同步成长。

万物互联专栏 5　　　海尔：物联家庭之路

2017 年 3 月上海的 AWE（中国家电及消费电子博览会）展会上，海尔直接将一个建立在物联网之上的未来世界，装入到一个 8000 平方米的展厅里。从客厅到浴室，从厨房到卧室，甚至从用户端到生产流水线，一幅生动的智慧生活画面展现在人们面前。在这个智慧的物联家庭场景中，人们只需要对智能机器人说出要求，机器人就可以让灯光、音乐、洗衣机、电视机等，房间里的各种设备都按照人的要求有序工作。即使是第二天的出行，也可以提前进行规划。这就是海尔的物联家庭。

一、公司介绍

海尔集团创立于 1984 年，自公司创立以来，始终坚持以用户需求为中心的创新体系驱动公司持续健康发展，通过在发展战略与运营模式、品牌、技术研发、智能制造、国内外市场建设等方面持续创新、构筑不断适应时代变化的竞争力、穿越周期实现可持续发展，海尔从一家资不抵债、濒临倒闭的集体小厂发展成为全球最大的家用电器制造商之一，成为全球领先的美好生活解决方案提供商。上市公司青岛海尔是海尔物联家庭的主要执行部，其主要经营业务包括冰箱/冷柜、洗衣机、空调、热水器、U-home 智能家居产品等的研发、生产和销售。面对物联网时代的机遇和挑战，青岛海尔向物联网平台转型，通过"U+"智慧生活平台与智能制造平台的建设，实现物联网时代服务于消费者的智慧家庭引领，服务于生产者及产销者的智能制造引领。2016 年，青岛海尔实现营收1190.7 亿元，比上年增长 32.59%，总资产达 1312.6 亿元，比上年增长 72.79%。

二、海尔的物联家庭

2010 年，第九届中国国际消费电子博览会（SINOCES）在青岛举行，海尔推出了"海尔物联之家"，将家电变成了可以通话的智慧物品，旨在为消费者提供现代美好居住生活的智慧解决方案。家电产品与互联网相结合，消费者可以通过互联网管理、控制家中的电器产品；也可以通过各类家电与互联网连接，观看网络电视、了解超市中的食品信息、制定合理的膳食方案等。海尔物联之家引起了广泛关注。如今海尔的物联家庭发展已比较成熟，其在发展的过程中主要经历了三个阶段。

第一，围绕用户端阶段。2014 年 3 月 6 日，海尔发布了智慧生活平台"U+"。海尔"U+"智慧生活平台凭借其开放的接口协议，不仅可以让任何品类的家电、不同的服务接入到系统中，并且可以在系统中实现互联互通。在海尔"U+"智慧生活平台上，依托互联工厂、U+APP 2.0 系统为用户与相关方提供了互联互通的新体验。这一时期，海尔并没有推出具体的网器，而是仅推出智慧平台。这正体现了海尔希望将自己作为一张"网"，作为互联网中的一个节点，实现互联网转型的思路。2015 年，海尔发布了"U+"开放平台构建下的多个网器，以及空气、美食、洗护、用水、安全、娱乐、健康等多个智慧生态圈。在"U+"平台之上，有了具体落地的成果。通过智能手机，将软件、硬件、社群、服务进行连接。2016 年，全新升级的海尔

"U+" APP 2.0，为用户带来了前所未有的智慧体验。使用者不仅可以随心所欲地控制家电，与智能家电进行交互，也从生硬的遥控模式，升级为更亲切的语音交互；摇一摇，即可对话"U+" APP 客服。同时，"U+"将家电定制、生产、配送、安装升级为全流程可视化服务，实现了"一站式"智能家居生活 O2O 服务。

第二，围绕制造端阶段。2016 年，海尔打通了用户和工厂，通过"U+"平台和互联网工厂 COSMO Plat，实现从用户到工厂的个性化定制。海尔的互联工厂，并非简单的"机器换人"，而是体现着海尔的工业 4.0。"互联工厂"借助前期交互平台实现与终端用户需求的无缝对接，并通过开放平台整合全球资源，迅速响应用户的个性化需求。从原来为库存生产转变成为用户个性化而创造，让他们从"消费者"变成生产和消费合一的"产消者"。

第三，全场景阶段。2017 年 3 月，海尔在以"物联网新平台场景新生态"为主题的海尔"U+"智慧生活 3.0 战略暨物联网场景生态体验会在上海举行，会上海尔发布了涉及 161 个场景的全球首个智慧家庭。网器之间已经实现全面互联互通，比如在冰箱上输入菜谱，可以直接控制烤箱。人机之间可以通过"对话"下达指令，完成交互。

资料来源：笔者根据多方资料整理而成。

四、智能技术

物联网的顺利运行与工作，离不开智能技术的发展。物联网智能技术主要包括射频识别、通信技术、无线传感器网络、智能嵌入式和纳米技术。

第一，射频识别。射频识别是一种非接触式的自动识别技术，它通过射频信号自动识别目标对象并获取相关数据，识别工作无须人工干预，可工作于各种恶劣环境。RFID 技术可识别高速运动物体并可同时识别多个电子标签，操作也很快捷方便。一套完整的 RFID 系统，由读写器、电子标签和应用系统三个部分组成。其工作原理为：标签进入磁场后，接收解读器发出的射频信号，凭借感应电流所获得的能量发送出存储在芯片中的产品信息（无源标签或被动标签），或者主动发送某一频率的信号（有源标签或主动标签）；解读器读取信息并解码后，送至中央信息系统进行有关数据处理。RFID 的性能特点主要有扫描速度快、体积小而形状多样、抗污染和耐久性、可重复使用、极具穿透性、容量大、安全，RFID 工作原理如图 4–10 所示。

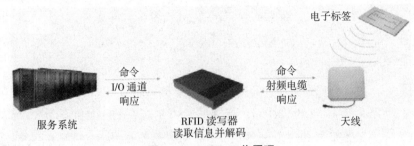

图 4–10　RFID 工作原理

资料来源：http://www.lxway.com/551516216.htm.

物联网利用 RFID 技术，通过计算机互联网实现物品（商品）的自动识别和信息的互联与共享。这其中，RFID 扮演着让物品（商品）"开口说话"的角色。在物联网的构想中，RFID 标签存储着规范而具有互用性的信息，通过无线数据通信网络，把它们自动采集到中央信息系统，实现物品或者持有者的识别，进而通过开放性的计算机网络实现信息交换和共享，实现对物品或者持有者的"透明"管理。RFID 如同物联网的触角，使自动识别物联网中的每一个物体成为可能。

第二，通信技术。物联网通信技术包括有线传输、近距离无线传输、传统互联网和移动空中网。有线传输即设备之间用物理线直接相连，主要有电线载波或载频、同轴线、开关量信号线、RS232 串口、RS485、USB 等。近距离无线传输即设备之间用无线信号传输信息。主要有无线 RF433/315M、蓝牙、Zigbee、Z-ware、IPv6/6Lowpan 等。传统互联网主要指的是 WiFi 和以太网。随着通信资费下降以及 3G/4G 无线模块成本下降，移动终端可以直接接入到互联网世界。由于 3G/4G 可以很方便直接与互联网通信，越来越多的设备采用移动网技术。4G 是集 3G 与 WLAN 于一体，能够快速高质量地传输数据、图像、音频、视频等。4G 可以在有线网没有覆盖的地方部署，能够以 100Mbps 以上的速度下载，能够满足几乎所有用户对于无线服务的要求，具有不可比拟的优越性。即将到来的 5G 势必又会对物联网产生巨大影响。

在大量的信息收集的过程当中，把各终端进行有机的相连再把相关信息传回数据中心，必不可少的是通信技术。近距离无线传输和传统互联网已经逐渐不能满足要求，无线网络成为最佳选择。2G、3G 的通信效率制约了物联网发展，4G 网络凭借高速率、低时延、大容量的技术优势打破了发展"瓶颈"，为市场化的普及起到强有力的推动作用。5G 则能够满足人们在人员密集、流量需求大的区域依然可以享受到极高网络速度的要求，可以在智慧城市、环境监测、智能农业、森林防火等以传感和数据采集为目标的应用场景中发挥作用，也能够应对车联网、无人驾驶、工业控制等对时延和可靠性具有极高要求的领域。

第三，无线传感器网络。无线传感器网络（WSN）是一种新型的信息获取系统，由部署在监测区域内的大量的廉价微型传感器节点组成，是通过无线通信方式形成的一个多跳的自组织的网络系统。无线传感器网络的目的在于协作地监测、感知和采集网络覆盖区域内各种感知对象的信息，并对这些信息进行处理，最终发送给观察者。作为一种低功耗、自组织网络，无线传感器网络一般由一个或多个基站（Sink 节点）和大量部署于监测区域、配有各类传感器的无线网络节点构成。每个节点成本低、功耗小，具有一定计算处理能力、通信能力。虽然单个节点采集数据并不精确，也不可靠，但是大量节点相互协作形成高度统一的网络结构，却提高了数据采集的准确度和运行的可靠性，具有其他网络无法比拟的特性。

作为物联网底层网络的重要感知技术之一，WSN 是物联网发展的重要条件。如果将互联网比作人体，那么 RFID 就好比是眼睛，而 WSN 则是皮肤，RFID 利用应答器识别功能，解决"Who"的问题，WSN 则利用传感器掌握物体状态，解决"How"的问题，通过探测不同对象物理状态的改变能力，并记录其在特定环境中的动态特征，WSN 可以有效缩小物理和虚拟世界之间的差距。

第四，智能嵌入式。智能嵌入式系统技术是综合了计算机软硬件、传感器技术、集成电路技术、电子应用技术为一体的复杂技术。智能嵌入式系统具有鲜明的特征：要有数据传输通路；要有一定的存储功能；要有 CPU；要有操作系统；要有专门的应用程序；遵循物联网的通信协议；在世界网络中有可被识别的唯一编号。如果说其他技术涉及的是物联网的某个特定方面，如感知、计算、通信等，嵌入式技术则是物联网中各种物品的表现形式，在这些嵌入式设备中综合运用了其他各项技术。

无论是智能传感器、无线网络还是计算机技术中信息显示和处理都包含了大量嵌入式系统技术和应用，因此我们说物联网的物联源头就是嵌入式系统，通过将物联网中各个独立节点植入嵌入式芯片，嵌入式技术使节点的数据处理与传输能力增强，增加了网络弹性。智能嵌入式可以提供多种物联方式，以传感器网为例，传感器不具有网络接入功能，只有通过嵌入式处理器，或嵌入式应用系统，将传统的传感器转化成智能传感器，才有可能通过相互通道的通信接口互联，或接入互联网，形成局域传感器网或广域传感器网。智能嵌入式应用系统还能实现物理对象的时空定位，保证物联网中物理对象具备完整的物理信息。在实现物联时，不仅可以提供物理对象的物理参数、物理状态信息，还可提供物理对象的时空定位信息。

第五，纳米技术。纳米传感器已经能够进入人体循环系统，或被植入到建筑材料中。纳米技术在物联网领域的应用，使得之前太多难以想象的事成为可能甚至成为现实。2020年，物联网预计将拥有三百亿个连接设备。一旦连接，纳米级别物联网将会对未来的医药、建筑、农业和药物制造产生巨大的影响。

虽然这一设想非常美好，但这其中也面临着一些挑战，其中一大技术障碍就是要将自供电纳米设备所需的所有组件集成，该设备用于检测变化和向网络发送信号。其他障碍包括一些关于隐私和安全的棘手问题。主要是因为纳米材料本身存在毒性，因此导入体内的任何纳米器件，都对人体有一定的毒性或可能会引发一系列的免疫反应。因此纳米物联网的发展一方面非常诱人，另一方面也对技术提出了很高的要求。

这些智能技术的应用发展保障了物联网三层面工作的顺利进行，也使其全面感知、可靠传递、智能处理的特征得到了充分的发挥。智能技术是物联网工作得以推行的有力保障，也是推动物联网发展成熟的不竭动力。

万物互联专栏6　　利尔达——物联网嵌入式解决方案领导者

嵌入式技术贯穿物联网技术的整个过程，在物联网中发挥着重要作用。浙江省利尔达科技有限公司既是物联网嵌入式解决方案领导者，同时也为客户提供全面的物联网系统技术解决方案。

一、公司介绍

利尔达科技集团股份有限公司（简称"利尔达"）是一家提供物联网系统、智能产品解决方案的高科技企业。2015年3月在新三板挂牌。利尔达员工30%以上为技术研发人员，拥有嵌入式微控技术、射频硬件研发、通信、组网技术的深厚背景与丰富的实践经验。在物联网无线通信领域，公司拥有 NB-IoT、LoRa、WiFi、BLE、ZigBee、RF 等成熟通信方案；其推出的地下停车场节能照明、无线四表集抄、分室能耗监测分析、智慧冷链、智能电动车、智能零售终端、智慧广告投放、智能空气监测与净化、智能鞋等系统方案，被广泛应用于智能家居、智能楼宇、智慧酒店、智慧园区、智慧健康、智慧安防、智慧出行等领域；公司拥有一套完整的物联网云平台，可提供软硬件一体化解决方案。公司目前与 ARM、京东、阿里、IBM、腾讯、中兴、华为、海尔、海信等众多龙头企业建立了合作关系。2015 年公司实现营收 11.4 亿元；2016 年实现营收 14.6 亿元，比上年增长 28.1%。截至 2016 年底，公司总资产达到 11.8 亿元。

二、嵌入式应用产品

利尔达嵌入式应用产品主要体现在三个方面，包括智能家电显示方案、嵌入式 ARM 系统、智能面板解决方案。

第一，智能家电显示方案。智能家电显示方案包括智能 HMI 显示终端和基本型串口屏模组。智能 HMI 显示终端的目的在于满足物联网时代智能家电追求高用户体验，高可扩展性的人机交互界面的要求。使用 AM335X A8 处理器，搭载 Android 2.3.4 操作系统，配置 10 点超灵敏电容触摸屏，通过谷歌免费提供的SDK可以方便地设计出功能强大且体验上佳的人机界面，同时预留 WiFi、以太网等接口，可轻松实现联网等扩展应用。关于串口屏，用户单片机（MCU）只需要一个串口就能轻松实现文本、GUI、图片、gif 动画显示和触摸控制等功能。操作时，用户首先利用配套的上位机 VisualTFT 软件，将预先设计好的美工图片进行界面排版和控件配置，然后使用内置的"虚拟串口屏"进行模拟仿真，最后通过 USB 或 UART 方式将整个工程图片和配置信息下载到串口屏内部存储器中。

第二，嵌入式 ARM 系统。ARM 系统主要包括 ARM 核心板系列和智能控制解决方案。利尔达已经拥有超过 40 个 ARM 核心系统模组，包括 LSD5RM-5334SXLC5334S 系统模组、LSD5RM-7680DKKI7680D 系统模组等，能实现各种需求。智能控制解决方案包括广告机、智能静脉锁、医疗多参数监护仪等。广告机针对幼儿园设计，可以开启孩子们的好奇心与想象力，同时也可以用于大型商场、便利店、机场候车厅等适宜广告宣传的场所。智能静脉锁运用新一代静脉识别技术，可以杜绝代打卡、假指纹现象。医疗多参数监护仪从重症监护室走进家庭，可以随时监测人们的血压、血氧、呼吸、心率、脉率、心电等关键指标，实现远程医疗。

第三，智能面板解决方案。智能面板解决方案包括物联网 5 寸智能面板和物联网 3.5 寸智能面板。物联网 5 寸智能面板满足物联网时代各个应用领域，为用户提供易用性、高可扩展性的人机交互产品。使用高性能工业级处理器，搭载 Android 或者 Linux 操作系统，配置多点超灵敏电容触摸屏。物联网 3.5 寸智能面板是一款 3.5 寸分辨率为 320×240 的 86 串口屏，能适应恶劣环境、强磁干扰和户外等工作场合，用户 MCU 只需要一个串口就能轻松实现文本、GUI、图片、gif 动画显示和触摸控制等功能。支持多种常用组态控件：触摸控件、文本控件、进度条、滑动条和仪表控件，为用户节省 99% 的程序开发量，真正的"所见即所得，零代码编程"，是新产品开发或替换单色屏的最佳选择。

通过智能家电显示方案、嵌入式 ARM 系统、智能面板解决方案三种途径，利尔达实现了物联网嵌入式应用产品的领导者地位。

资料来源：笔者根据多方资料整理而成。

五、体验物联网

从人机互动到万物互联，随着互联网技术逐渐代替 PC 硬件技术成为 IT 行业技术进步的主要推动力，科学技术的进步方向就开始朝着智能化、类人化的方向发展——云计算解决了对数据的计算、存储和传输的问题；大数据和机器学习成为判断和决策的触发开关；最终，在物联网所强调的万物互联环境下，设备仪器甚至无须人为控制，就能够自动履行职能……

大家可能发现了，近些年街头的 24 小时自助图书馆逐渐多起来了，如阜阳、张家港、蓬江、上海等，很多城市都有了这些设备。拿上海的 24 小时自助图书馆来说，每个人都可以通过电话的方式去预约借书。如果碰巧这本书已经被借阅，那么在它回到图书馆以后，被放回书架，则图书自身所带的设备就会自动发送一条信息给预约的借阅者。

24 小时自助图书馆正是多媒体渠道的外呼场景，并且外呼的发起者也由传统的人变成了物——书。早期时，呼叫中心的呼入，能够把物和人的信息结合在一起，提升客户体验；在物联网时代，人的中间作用被取消，服务模式变得更为主动，物品本身就可以直接发起一个请求，从而使得物品与人联系在一起，这不仅降低了人的工作量，而且也提高了工作效率，用户体验得到进一步提升。

当然物联网体验涉及各个层面，关于这个我们在下一节有更详细的分析。但是我们要知道的是，在物联网时代，客户和市场都是通过全渠道交互和跨渠道交互，将来自设备的数据与来自语音、邮箱、网站、智能终端的数据在全渠道联络中心汇总，共同为提高客户忠诚度和创造业务机会而服务。

第四节　智能应用

物联网智能运用范围极其广泛，为人类生活和工作的各个领域提供了不同的解决方案。这里我们主要从智能制造、智能医疗、智能家居、智能交通、智能穿戴五个方面来分析。

一、智能制造

工信部专家指出，智能制造是基于新一代信息技术，贯穿设计、生产、管理、服务等制造活动各个环节，具有信息深度自感知、智慧优化自决策、精准控制自执行等功能的先进制造过程、系统与模式的总称。具有以智能工厂为载体，以关键制造环节智能化为核心，以端到端数据流为基础、以网络互联为支撑等特征。

智能制造的首要任务是信息的处理与优化，工厂/车间内各种网络的互联互通则是基础与前提。没有互联互通和数据采集与交互，工业云、工业大数据都将成为无源之水。要想实现各种网络的互联互通，即必须依靠智能工厂这一载体。智能工厂主要通过生产管理系统、计算机辅助工具和智能装备的集成与互操作来实现智能化、网络化分布式管理，进而实现企业业务流程、工艺流程及资金流程的协同，以及生产资源（材料、能源等）在企业内部及企业之间的动态配置。智能工厂/数字化车间中的生产管理系统（IT 系统）和智能装备（自动化系统）互联互通形成了企业的综合网络。按照所执行功能的不同，企业综合网络又可划分为不同的层次，自下而上包括现场层、控制层、执行层和计划层。

2016年由江苏海宝软件股份有限公司负责实施的国机重工数字化车间项目就是一个典型例子，项目首先建设了生产信息维护中心，实现生产人员、生产设备、生产任务、生产计划、生产监控、在制产品、生产工艺的数字化管理。其次，建设生产车间信息化平台，通过触摸式工位机、LED看板、条码扫描枪、读卡器、无线网络、手持条码打印机等信息化手段，实现产品全生命周期和生产全过程的数字化管理。应用人机对话、无线网络应用、条形码、过程跟踪与反馈、设备数据采集等信息化与工业化深度融合最前端技术。最后，建立质量检验信息化平台，通过移动Pad、无线网络，实时了解当前质检任务，根据系统展示的质检信息对产品进行质量检验，实现质检工作的移动性。

物联网环境下的智能制造是状态自感知、实时分析、自主决策、自我配置、精准执行的自组织生产。这就要求实现生产数据的透明化管理，各个制造环节产生的数据能够被实时监测和分析，从而做出智能决策，并且智能化系统要能接受企业最高领导层的决策，有突发情况要能接受人工干预；其次要求生产线具有高度的柔性，能够进行模块化组合，以满足生产不同产品的需求。同时产品本身也具有智能化，比如提供友好的人机交互、语言识别、数据分析等智能功能，并且生产过程中的每个产品和零部件是可标识、可跟踪的，甚至产品了解自己被制造的细节以及将被如何使用。

二、智能医疗

物联网技术的出现，推动了医疗信息化产业的发展。物联网技术能够帮助医院实现对人的智能化医疗和对物的智能化管理工作，支持医院内部医疗信息、设备信息、药品信息、人员信息、管理信息的数字化采集、处理、存储、传输、共享等，实现物资管理可视化、医疗信息数字化等。满足医疗健康信息、医疗设备与用品的智能化管理与监控等方面的需求。

谷歌试图开发能在血管中游动的纳米微粒，可以早期发现癌症和其他疾病。在发现疾病后，微粒会吸附到腕带设备，"显示"发现的疾病。虽然该技术还未上市，但是还有不少公司也在做同样的事。Proteus Digital Health开发了一款能被吸收的传感器，由胃液提供电能，能把数据传输给佩戴在用户身上的一款小型可穿戴设备。传感器大小与沙粒相当，能准确地追踪服药时间，可穿戴设备能记录用户心率和活动情况，然后把信息发送给一款智能手机应用，或给家人发送通知。

国内上市公司京东方与北京航空航天大学携手打造"中国医工硅谷"项目，旨在打造具有全球影响力的医教研产、产城融合的国际医工创新硅谷，共同推动中国物联网和健康医疗的发展。项目包括数字医学中心、医学院、健康科技创新中心、医工产业园、健康科技示范小镇、医工交叉创新研究院，同时与国际顶尖战略合作伙伴共同打造，充分发挥各方优势，构建以人为中心的家庭式健康服务体系，重点围绕移动医学、再生医学、人工智能、生物材料、基因工程等产业，搭建国际一流的医工交叉科教创新平台，打造物联网健康医疗创新产业生态。项目与建设健康中国"共建共享，全民健康"的战略主题高度契合，将为打造健康的居民生活方式、生态环境及经济发展模式做出重要贡献。

三、智能家居

智能家居是以住宅为平台，基于物联网技术，由硬件（智能家电、安防控制设备、智能家具等）、软件系统、云计算平台构成的家居生态圈，通过收集、分析用户行为数据为用户提供个性化生活服务。如果对智能家居产业链进行梳理，可以发现智能家居是一个整合性的行业，参与方比较多，有提供软硬件技术支持的厂家，比如谷歌、百度、阿里等；有智能家居产品厂商，如家电企业、照明安防企业等；有平台企业，比如苹果、华为、阿里、京东等。此外还有提供整体智能家居解决方案的集成商等。

以荣事达为例，目前荣事达智能家居解决方案包括环境监测与智能控制、家居电器控制、家居场景随意设定、远程控制四个方面。环境监测与智能控制表现为风暴来临、关门闭窗；温度变化，启动空调、加湿器；PM2.5超标，打开换风机；双向智能报警等。家居电器控制表现为灯、窗、电器定时等。家居场景随意设定表现为防区定时，系统可以对任一防区进行每周7天每天8个定时时段，让防区按照需求自行撤防或布防等。远程控制则是通过用户端可以实现全球远程控制灯光、窗帘、电器等系统中所有受控设备的运行与否及查看家中的实施情况。

智能家电是智能家居领域的大块头。无论是传统家电企业，还是IT企业，都把抢占客厅作为营销的主战场。然而，从智慧家庭的消费需求来看，不管是哪个品牌和怎样的产品，家居设备之间必须是互联互控互通的，这样才能组成真正的智慧家庭。中国家用电器协会针对各个家电企业间智能体系的孤岛状态而无法互联互通的问题，以各企业云为依托，制定"云云互联"团体标准，通过统一的转换协议，各企业开放云端接口，实现不同品牌间的互联互通。首批进驻的企业有海尔、美的、博西家电、海信、长虹、创维和TCL。也就是说，如果用户家中购买的是不同品牌的家电，只要属于上述七大品牌，都可以在任一品牌的云平台中，对其他品牌电器进行操控。在未来，也必定会有更多的品牌加入这个平台，或是一定会建立起更多的类似平台，充分实现家电的智能，也实现家居的智能。

万物互联专栏7　　司南物联——智能家电方案解决商

智能家电的生产制造已经成为传统家电巨头激烈竞争的重要市场。广东司南物联股份有限公司独辟蹊径，进军物联网云服务平台系统，夺得了一块天地。

一、公司简介

广东司南物联股份有限公司（简称"司南物联"）是专业从事物联网产品与解决方案研究、开发、销售和技术服务为一体的高新技术企业。司南物联一直致力于通过为行业及企业厂家提供"一揽子"的物联网整体解决方案，从而达到为中国乃至全球用户提供稳定安全、质优价廉的物联网智能产品的目标。司南物联拥有自主知识产权的云计算平台，平台已经实现了百万级节点的实时连接支持，支持全球范围内连接及多IDC容错备份等。司南物联提供SNIOT全系列的WIFI /BLE/GPRS/Ethernet/3G/RFID等多种物联网模块，可实现完整的物联网集成、百万级设备连接、数据挖掘与呈现及免费的专属APP开发，并提供与京东、腾讯、阿里巴巴、360等物联网云平台的免费无缝对接服务，完成传统产品和行业的快速物联网智能化改造。

二、司南物联智能家电解决方案

司南物联涉及的领域较多，包括智能家电、智能农业、智能安防等。其智能家电几乎囊括所有类型家电。这里介绍其比较典型的两个智能家电解决方案。

第一，智能电饭煲方案。司南物联智能电饭煲方案通过内置无线连接模块，通过智能手机的客户端来进行操作，可实现对电饭煲的远程一键烹饪，如精煮、煲汤、营养蒸等，同时电饭煲的云菜谱可分享至司南物联云平台，与其他用户进行互动。其具体功能为：通过手机对智能电饭煲进行远程启动，启动多种功能模式，包括煮粥、煲汤、焖炖、煮面、热饭等多项功能；支持远程预约、定时启动，可远程随时进行时间调整；支持 Web 管理平台菜谱的下载以及启动管理平台菜谱的功能，随时分享、交流煮饭心得；管理平台提供智能电饭煲以及用户大数据统计，为客户二次销售提供参考；多用户、多设备、多语言、多标准、支持全球接入，随地可控。

　　第二，智能净水器方案。司南物联智能净水器方案通过内置无线模块，通过智能手机的客户端或者微信端来进行功能操作，实现对净水器的状态变化、水质监测、滤芯监测，当滤芯少于10%时用户可以通知商家免费更换滤芯、消费情况、线上充值等，还有红包领取，分享等功能。其主要使用过程为：提供手机号或第三方应用登录以及微信绑定；手机 APP 或者微信端远程查看设备的状态、监测时数据值、滤芯使用情况、消费情况和在线充值等多项功能；滤芯百分比，能实时监测滤芯的使用情况，当滤芯低于10%时，会用警示的颜色提示，让用户知道可以换滤芯了；可以根据年、月、周、日来呈现不同的柱状图，同时显示这个时间段的总使用时长，生产纯水和消耗自来水量；产品社交化、网络化、亲民化，支持随时随地分享、充值。如净水器水质监测截图可分享至 QQ、微信、微博；目前支持支付宝支付和微信支付。可以查看充值历史记录，充值后会换算水量。充值历史记录显示时间、金额、支付方式、状态（成功/失败）；有一个消息入口，后台推送的消息，在消息里显示，点击消息后显示消息的详细内容，可能包括文字，图片或链接；Web 管理平台提供消息推送、商城的产品维护，以及产品销售分布，为客户二次销售提供参考；多用户、多设备、多语言、多标准、支持全球接入，随地可控。司南物联的"一站式"解决方案如图 4–11 所示。

　　资料来源：笔者根据多方资料整理而成。

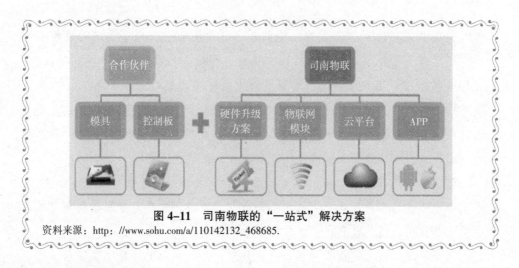

图 4-11　司南物联的"一站式"解决方案
资料来源：http://www.sohu.com/a/110142132_468685.

四、智能交通

当各种交通工具迅速发展时，朝发夕至成为时代的最低标准。人们开始寻求工具的提升，借助技术的进步，智能出行、智能交通概念随之而起。人类大概有70亿人口生活在地球上，而交通拥堵每年为全球经济带来5000亿欧元的损失，据预测，2025年这项损失将会翻倍，由此智能交通出行解决方案的采用势在必行。共享单车、共享巴士以及各类拼车软件的出现，显示着人们正在由拥有运输工具转向使用运输工具和多种模式组合出行方式。自动驾驶或辅助驾驶越来越热门则进一步推动了智能交通的发展。

摩拜也好，滴滴也罢，或是自动驾驶，它们都是在解放我们的时间和精力，那么如何在出行过程中更好地提供智能化的车载服务和进行人车互联呢？早在2014年4月，百度就发布了智能互联车载产品"CarNet"，CarNet可以通过APP方式支持Android、iOS等多种移动设备，也整合了一些本土的优秀应用，比如百度导航、豆瓣FM、凤凰新闻（FM）等。车联网的本质就是让汽车不再仅仅是一个代步工具，而是将已经融入我们日常生活的很多数据化功能整合到汽车产品当中。用户在乘车时只是把汽车当成一种工具，他们看中的是在这个过程中能够享受到什么样的娱乐和服务，比如说导航、听音乐和听新闻，或者为到达目的地时所需要的服务做准备。时下热门的共享单车也加入了物联网因素，物联网技术使单车具备了联网的功能，手机扫描二维码获取车辆信息，并通过移动网络（2G、3G、4G）将解锁请求上报云端服务器，云端服务器通过GPRS接收车辆状态和位置等信息，下发解锁指令到单车，并进行计费等处理。这种比较常见的物联网应用架构被称之为云—管—端。物联网技术的应用方便了共享单车的管理和运维。

交通运输是一个 10 万亿欧元的市场，是世界上第二大经济系统，仅次于零售业。目前的交通运输市场主要被私家车占据，而私家车是有史以来使用率最低的资产，使用率低于 4%。也就是说人们付很多钱在他们其实很少使用的东西上。尽管人们热爱自己的汽车和私人空间，但要想解决交通拥堵，解决人们的合理消费，解决人们的身体负担，重要的方案就是让交通更智能。也就是说在繁忙城市路段，私家车要交由智能车辆管理系统统一管理，而在城市外的开阔地带可以自由驾驶，车途不再无聊和疲惫。

五、智能穿戴

智能穿戴是对日常穿戴进行智能化设计，探索人和科技全新的交互方式，为每个人提供专属的、个性化的服务。智能穿戴设备是人类历史上第一次可以使用计算设备将人类的双眼和双手都解放出来的颠覆性技术。智能穿戴产品具有体积小、重量轻、形态各异、个性化等特点。

随着全球智能穿戴设备市场的逐渐兴起，中国智能穿戴设备市场也迎来高速增长，中国市场将逐渐成为全球智能穿戴设备市场的核心。2014 年，中国智能穿戴设备市场为 22 亿元人民币。2015 年，中国智能穿戴设备市场规模大约为 136 亿元，增速高达 518%，大大超过 2014 年 144% 的增长率，市场活跃度呈现整体提升的趋势。2016 年，中国智能穿戴设备市场大约为 228 亿元，同比上涨 68%（见图 4-12）。

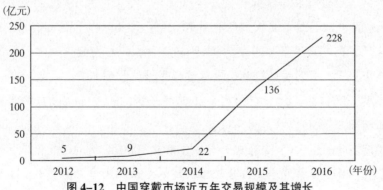

图 4-12　中国穿戴市场近五年交易规模及其增长

资料来源：前瞻产业研究院。

华米科技是国内智能穿戴第一家，是小米生态链企业。其主要产品有小米手环、小米体重秤、小米体脂称等。2017年4月，华米科技还推出了AMAZFIT米动健康手环，将人工智能应用到了产品之中，把AMAZFIT米动健康手环打造成为国内首款通过心脏电信号来进行生物特征识别的智能可穿戴产品。它不仅能随时随地监测用户的心血管健康状况、测量HRV疲劳度、进行心电ID身份识别，还拥有24小时心率、运动和睡眠监测功能。通过连接米动健康APP，还能提供针对性的锻炼计划。

智能穿戴将极大地改变现代人的生活方式，拥有巨大的产业成长空间，发展前景光明。EnfoDesk易观智库分析认为，从整体上来看，高度集成的全能型产品是主流趋势，如智能手表、智能手环、智能服装、智能配饰等较为大众化的产品，同时也会集成越来越多的医疗健康、运动、环境等多项指标检测功能以及消息推送、娱乐、通信，甚至办公等由智能手机转移的功能，用户佩戴一件产品即可解决大部分智能化需求。此外在部分细分市场，专用产品因其专业性和针对性也还仍有发展空间，比如专项运动、特定疾病监控、针对老人和儿童的安全定位等细分领域。

万物互联专栏8　　　乐心医疗智能穿戴

2017年1月12日，乐心医疗与就医160签署战略合作协议，乐心医疗成为移动医疗第一股就医160战略同盟名单中的新干将。就医160牵手乐心医疗，看重的正是乐心医疗的移动医疗、智能穿戴设备，均是国内翘楚。

一、公司介绍

广东乐心医疗电子股份有限公司（简称"乐心医疗"）成立于2002年，专注于智能健康，目前主攻"智能穿戴"与"移动医疗"两大方向。旗下产品包括可穿戴运动手环（手表）、电子健康秤、脂肪测量仪、电子血压计等硬件设备，同时针对运动瘦身、慢病管理等领域提供软件和智能硬件一体化解决方案。2011年，乐心在国内创立自有品牌，正式进入国内智能健康领域。2014年，乐心医疗与微信战略合作，成为首批接入微信的智能硬件品牌。2015年，乐心医疗健康电子产品总销量1080万台，其中智能硬件销量383万台。2015年第四季度，乐心首次超越苹果，成为中国仅次于小米的可穿戴设备第二大品牌。2016年11月16日，乐心医疗在深圳证券交易所创业板挂牌上市，可穿戴设备业务发展迈上新台阶。2016 年公司实现营业收入 7.71 亿元，比上年增加 22.52%。资产总额达到 6.6 亿元。

二、智能穿戴

第一，智能手表。智能手表以运动手表 Mambo watch 为代表。人体在运动时，由于体温、皮肤水分等动态因素产生大量的杂讯，致使使用静态心率技术的产品无法准确监测运动时的心率。Manbo watch 搭载自主的 Power-Pulse $^{\circledR}$ 动态心率监测技术，可记录整个运动过程完整的心率动态曲线，供专业用户查看自身运动强度数据。同时，Manbo watch 具备 IP67 防水防尘能力，穿戴者可以放心在各种恶劣天气中进行运动。由超声波熔接工艺制造的外壳，配备 IMD 模内覆膜技术，经过日系标准的真空防水测试，即便在 1.5 米水深下使用 30 分钟也没有问题。在晚上，Mambo watch 能自动追踪睡眠时间，通过绘制睡眠趋势图表，分析睡眠质量。早晨，则通过震动唤醒穿戴者。Manbo watch 还搭载多项实用功能，针对提升运动爱好者的工作效率，内置了来电显示、信息提醒、微信提醒、闹钟及久坐提醒等实用功能，同时穿戴者也不用担心电量问题，它可以保障 5 天左右的续航时间，即便是电量过低，也不用担心数据线的问题，Mambo watch 采用加厚式镀金 USB 直插接口，使用嵌入式一体成型加工技术，即使充电接口在完全暴露的情况下同样保证优秀的防水效果。

第二，智能手环。智能手环主要有 ziva、MAMBO2、bonbon 和 manbo/manbo HR，都是基于公司健康医疗战略开发的产品。以 manbo/manbo HR 为例，它利用光电容积脉搏描记法，每 5 分钟自动测量一次心率，抬腕也会测量，精确记录心率的波动状况。同时，该手环采用无按键设计理念，搭载 0.91 英寸 OLED 高清高亮大屏，抬起手腕单手便能操作，时间、步数、心率、卡路里、运动里程等数据都能自动显示。当手机收到来电时，手环会通过震动提醒，甚至还能显示来电名字或电话号码。此外，还有其他一些微信互联、睡眠监测、防水防尘等功能。

三、智能健康云平台

乐心医疗的智能穿戴设备还非常注重与移动互联网应用软件和健康云平台的连接。穿戴者可通过具备无线数据传输功能的产品，在每一次使用后，自动上传相关测量数据至公司的乐心智能健康云平台进行数据的分析与整理，并形成实时的健康图表及分析报告，便于穿戴者随时随地了解个人及其家庭成员的健康数据，掌控健康趋势，实现了人与物，人与人之间的联结。公司搭建的"乐心云"智能健康云平台，推出了"乐心运动""乐心健康"移动互联网产品，帮助数百万用户完成运动、健康数据的采集、存储和全面分析，并为其提供运动计划、健康管理等定制化服务；"乐心健康"更涵盖医生端健康管理，利用智能硬件实时监测用户的血压、血糖、睡眠、运动等数据，协助医生高效地进行在线慢病患者管理和诊疗；携手深圳罗湖医院集团等知名医疗机构，成立智慧社区慢病管理创新基地，让移动医疗走进千家万户。

资料来源：笔者根据多方资料整理而成。

【章末案例】　　　远望谷：RFID 行业应用领军者

RFID 技术近几年一直是关注的热门话题，从国际巨头、政府组织，到许多中小企业都对这项技术的应用前景普遍看好，国内外也有越来越多的企业开始进入这个朝气蓬勃的行业。RFID 最具特色的应用是在物联网中的应用，物联网是个新兴产业，融合了信息采集、IT 和网络等领域里的大部分重要技术，如传感器技术、纳米技术、智能嵌入技术、云计算技术等。远望谷是国内 RFID 行业应用的领军者。

一、公司介绍

深圳市远望谷信息技术有限公司（简称"远望谷"）成立于 1999 年 12 月，是一家专业从事微波射频识别技术产品研究开发的高新技术企业。2002 年 6 月，深圳市政府批准依托深圳市远望谷信息技术有限公司建设"深圳市射频识别技术工程研究开发中心"。2003 年公司以注册资本 4180 万元成功进行股份制改造，并于 2007 年 8 月 21 日在深圳证券交易所上市。2012 年 3 月，远望谷荣获中国物联网领先企业奖。2013 年 3 月，远望谷又荣获"2012 中国 RFID（射频识别）行业年度最有影响力电子标签企业""2012 中国 RFID 行业年度最有影响力读写设备企业"和"2012 中国 RFID 行业年度最有影响力系统集成企业"三项大奖。2014 年，远望谷先后设立欧洲子公司和新加坡子公司。2016年1月，远望谷正式启动全球渠道伙伴项目，10月，收购韩国知名的移动数据采集终端供应商ATID。如今，远望谷已成为我国物联网产业的代表企业，全球领先的RFID产品和解决方案供应商。

近年来，远望谷的营业收入总体处于稳健但略有下降。2013年，公司实现营业收入约为5.4亿元；2014年，公司实现营业收入约为6.4亿元；比上年增长18.52%；2015年，公司实现营业收入约为5.1亿元，比上年下降20.3%；2016年，公司实现营业收入约为4.9亿元，比上年又下降3.9%。同时，截至2016年，公司总资产合计21.39亿元，较期初增长13.19%。归属于上市公司股东的每股净资产达到了2.21亿元，较期初增长了1.84%（见图4-13）。

图4-13　远望谷2013~2016年公司营业收入状况
资料来源：根据远望谷2013~2016年年报整理而成。

二、行业应用

远望谷创业团队自1993年起就致力于RFID技术和产品研发，借助中国铁路号自动识别系统，开创了国内RFID技术和产品规模化应用的先河。远望谷聚焦铁路、图书与零售三大战略性行业，为其提供高性能的RFID产品和解决方案。

第一，铁路行业。在铁路领域，远望谷的RFID产品主要运用于铁路运输管理、企业铁路运输管理、轨道衡配车号管理、红外线轴温探测配车号管理和汽车智能称重系统。铁路运输管理主要依靠铁路车号自动识别系统

（ATIS）将分布在全国铁路沿线的车号自动识别设备（AEI）及铁道部、铁路局、站段的相关设备连成一个整体，为铁路运输管理信息系统（TMIS）和车辆等管理系统提供列车、机车、车辆标识等实时的动态信息。企业铁路运输管理系统基本涵盖了企业铁路运输的所有业务，提高了运输管理系统的自动化和信息化。轨道衡配车号管理由轨道衡配置 XC 型自动设备识别系统运行，系统可实现自动抄录车辆车号和计量报表的全自动生成，免除了人工抄录车号的烦琐劳动，消除了计量过程中的人为因素，使计量器具无人值守成为可能。同时，也缩短了车辆计量辅助停留时间。红外线轴温探测系统里配置车号智能跟踪装置可高质量地实现列车运行的全程跟踪、热轴的准确预报，避免"停错车""拔错牙"的事故发生，同时也充分地利用了铁路系统的基础信息资源。汽车智能称重系统结合了微波射频识别技术、电子汽车衡技术、通信技术、自动控制技术、数据库技术以及计算机网络技术，自动记录进出装有电子标签的车辆车牌号、重量信息、时间信息等，并写入主机数据库，能有效杜绝人为误差，防止过衡堵塞、作弊等情况的发生。

第二，图书行业。在图书馆应用领域，远望谷能给图书馆提供具有完全自主知识产权的全套方案，包括标签转换、自助借书、自助还书、智能查找、图书分拣、安全门检测等。针对我国高校图书馆发展水平，远望谷率先推行超高频RFID技术进行图书管理。远望谷图书馆管理系统中图书自动分拣线可按照图书馆设置的类别将图书自动分类并运送到指定位置。大幅度降低馆员的工作强度，缩短图书上架时间，加快图书流通速度，提供图书馆现代化水平。通用书车则是24小时自助借还书机的选配书车，设计独特性能优异，有效防止图书跌落损伤。自升降书车采用弹力平衡设计，书车内承板可根据放置书籍重量的增减而相应升降，降低使用人员的劳动强度及疲劳性。

第三，零售行业。远望谷针对零售行业的物流供应链问题开发了智能零售管理系统，应用 RFID 技术建立安全可靠的管理模式，在收发货、盘点、库内管理、门店管理、门店防盗等环节实现产品的快速扫描与读取进而实现产品从原料到半成品、成品、运输、仓储、配送、上架、销售，甚至退货处理等环节的实时监控。

远望谷服饰零售业供应链和门店管理解决方案，是目前及未来市场上最强大的单品级（Item Level）RFID 应用解决方案。该方案针对服饰品牌商与零售商的业务流程而开发，采用尖端的物联网技术和大数据架构，是一个端到端（E2E）的单品级供应链与门店管理解决方案，具有出色的可扩容性、整合性和可升级性，简化 RFID 零售应用部署，并实现最大化的投资回报（ROI）；同时可以根据用户需求发展不断迭代，保持产品的先进性与适用性（见图 4-14）。

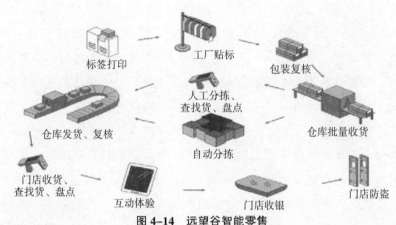

图 4-14　远望谷智能零售

资料来源：http://www.sohu.com/a/111981417_364208.

三、未来布局

近几年，为了紧跟市场信息变化，挖掘客户需求，远望谷在继续发展原有业务的基础上，向人工智能领域布局，着重培育及实现智能洗涤、智能旅游、智能交通、食品安全溯源、资产追踪等行业的深入拓展应用，通过现有集成项目，不断提升系统集成能力和系统集成解决方案能力，努力成为全方位的 RFID 技术解决商。

第一，智慧洗涤。远望谷积极布局纺织洗涤行业应用，企业纺织洗涤行业管理系统为纺织品供应商、洗涤行业及其客户提供智能纺织洗涤平台 ACUITY，通过对纺织品的生命周期进行可靠的跟踪与监测，从而实现纺织资产的实时库存管理。其创新与成熟的技术平台、集成软件、RFID 硬件与服务，可适应客户不断变化的需求，有助于有效监测纺织品、降低运营成本、增加财务收益、优化库存与采购、提升客户满意度。2016 年 6 月，远望谷收购法国塔格希（TAGSYS）纺织品洗涤解决方案业务和 RFID 标签设计与产品业务，该应用之下的 RFID 芯片要求耐高温、耐腐蚀。2017 年 2 月 15 日，远望谷推出新一代 LinTRAK 纺织品标签——LinTRAK-Slim，这是纺织洗涤服务业中最薄的超高频 RFID 标签，并且采用了市面上最新款的芯片。

第二，智慧旅游。2015 年 8 月，远望谷与某跨国公司中国合资公司签署产品供应协议和保密协议，开拓公司在智慧旅游领域的业务。智慧旅游的行业应用，典型项目为"上海迪士尼 RFID 梦想护照项目"。远望谷开创的 RFID 护照系统，承载文化 IP 和优质服务，集防伪、互动体验、游览探秘、数据交互等功能于一体，具备极高的收藏、纪念价值。同时，其智慧景区票务系统，实现了景区整体智慧升级，从门禁系统到财务结算，从景区的运营管理到周边资源的平台电子化。采用的 RFID 饮料分发系统，促进了游客自助消费，帮助商家进行忠诚度管理。此外，还实现了护照图案、园区地面或墙面图像以及园内设施等的 AR 效果，支持游客与虚拟环境互动。

第三，智能交通。远望谷智能交通解决方案主要有路桥电子收费管理、汽车智能电子车牌管理、机动车自动识别管理、智能停车场管理、海关自动核放管理、智能电子闸口管理。路桥电子收费管理系统采用 RFID 技术实现路桥过车无须停车、不用现金、不用人工干预、自动收费且准确可靠，从而减少了汽车的机械磨损、油耗和废气的排放，加快了汽车通过速度，提高了路桥的使用效率，同时将错收漏收的可能性降低到最低限度。智能电子车牌结合了普通车牌和 RFID 技术特点，可实现无线、远距离和高速识别，并具有防套牌、防盗用等功能。机动车自动识别管理系统以车辆上安装的 RFID 电子标签和传统牌照为信息源，以系统管理平台和数据服务器为运行中枢，通过执法人员随身携带的手持稽查系统或固定稽查系统两种稽查手段，发现异常情况立刻提供报警，并及时将稽查信息上传至系统管理平台，形成一个动态的、立体的、严密的、准确的智能自动化交通监管稽查网，实现有针对性的、人性化的文明交通监管，是建设"和谐交通"的有力武器。智能停车场管理系统集计算机技术、短程微波通信技术、图像数字处理技术、自动控制技术为一体，以实现车辆自动识别和信息化管理。海关车辆自动核放系统利用射频识别技术对通行车辆进行自动识别，有效地提高了闸口通行效率并对各种过关车辆进行追踪管理。智能电子闸口系统和物流管理系统，能大大提高港口码头的管理效率与服务水平，在 RFID 无线射频识别技术的帮助下，使货运车辆进出码头的自动化成为现实。

第四，食品安全溯源。远望谷食品安全溯源主要有烟草数字化仓储管理、烟草物流周转托盘管理、烟草追踪管理和酒类防伪管理。烟草数字化仓储管理系统采用先进的 RFID 技术和无线网络技术，可提升现有仓库管理水平，提高工作效率，保证仓库管理的准确性以及信息更新的及时性。烟草物流周转托盘管理系统采用 RFID 技术，对成垛卷烟进行标识、存储成垛卷烟中的卷烟条码信息，并利用 RFID 的可读写功能，将条码与 RFID 电子标签相结合，实现烟厂以垛为单位进行出厂扫描、卷烟流通企业以垛为单位进行商业到货扫描。烟叶追踪管理系统通过采用 RFID 技术可实现烟叶出入库的实时跟踪控制管理，同时也可对烟叶的配方纠错、配方跟踪进行控制管理，及时纠正，确保烟叶在配方过程中的均匀性。酒类防伪系统中，每个标签具有唯一的 ID，无法修改和仿造；标签数据存储量大、内容可多次擦写；标签无机械磨损，防污损。其系统具有密码保护功能，可实现安全管理。同时，系统可记录每瓶酒的生产、仓储、销售出厂的全过程，自动统计产量、销量等信息，有效监测每箱酒的周转速度、流通去向，实现防伪及信息化管理。2013 年 7 月 18 日，远望谷联手深粮深化"数字粮库"应用。公司与深圳市粮食集团共同投资 1000 万元（远望谷出资 490 万元），成立深圳市远粮信息技术有限公司，主要从事 FRID 在粮食行业、农产品溯源以及大数据交易平台等方面的应用。合作有利于增强粮食可视物流系统的功能，创建更完善的网络监控体系。

第五，资产追踪。资产追踪主要有资产追踪管理和电力资产巡检、电表管理。资产管理包括资产的新增、调拨、闲置、报废、维修和盘点等操作，它包含了设备从出厂、投入使用到报废的全过程。设备出厂时加装电子标签，标签内写入资产的信息，每次进行资产管理操作时，读写器都会读到资产上的电子标签并将信息发送到服务器进行处理，从而实现资产的跟踪管理。资产追踪管理实现了"资产全生命周期管理"和"资产自动管理"；实现了资产管理中"人、地、时、物同步管理"；实现了资产管理工作无纸化。

电力资产巡检、电表管理应用RFID技术通过发卡器将设备（物资）的管理数据信息和实物信息写入标签，然后将标签贴于设备（物资）上，当对设备进行巡检记录时，获取的巡检信息可同时反映在管理系统和实物标签中，那么在巡检时便可以自动采集到历史的巡检记录，解决设备（物资）信息的数据分散采集和输入、系统数据与实物无记录难以核实等难题。

四、结论与启示

自物联网概念提出以来，物联网的发展迎来了一次又一次的市场浪潮。远望谷很好地抓住了机遇，利用自身十几年发展积淀的RFID技术及稳固的市场占有率，远望谷在物联网不断扩张的环境下也得到了极大的飞跃。

第一，作为国内RFID行业的领跑者，远望谷利用自身技术优势，以"力争建设一个基业长青的公众型公司"为目标，围绕"创新引领进步"的核心主题，发扬"团结、务实、创新、高效"的远望谷精神，深入挖掘市场潜力，积极应对市场变化，抓住产业发展机遇，继续保持稳健的发展态势，并在物联网战争中获得一席之地。

第二，远望谷积极布局人工智能领域，发展智能交通、智能洗涤、智能旅游，进行资产追踪、食品安全溯源，紧跟市场信息变化，挖掘客户需求，努力成为全方面的RFID技术解决商。

第三，在"射频识别、精益求精、客户至上、优质争赢"的方针指导下，远望谷立足于社会、股东、企业和全体员工利益的共同发展，充分利用自身的技术优势、市场优势和政策支持，着力于不断的技术创新，提高产品规模效应、降低成本，从而保证利润来源的连续性、稳定性和不断增长性，力争成为全球闻名的RFID服务专业供应商，将远望谷建设成为一个基业长青的公众型公司。

资料来源：笔者根据多方资料整理而成。

第五章

数据应用

在大数据时代，特别是万物互联的时代，人类获得数据的能力远远超过大家的想象，人类取得对数据进行重新处理以及处理的速度能力也远远超过大家，不管是 AI（人工智能）也好，MI（机器智能）也好，我们对世界的认识将会提升到一个新的高度。由于大数据让市场变得更加聪明，所以大数据，让计划和预判成为可能。

——阿里巴巴集团董事局主席　马　云

【章首案例】　　　**天玑科技：大数据应用者**

大数据是一场人人都想抓住的变革机遇。不管是 IT 巨头还是创业小团队，都想在这个极具变化的变革初期占领一席之地，立名、掘金、抢占话语权。2017 年 4 月，天玑数据在上海发布新一代数据库云平台 PBData V2 和两款新产品——海量分布式存储 PhegData X 系列和超融合私有云平台 PriData。作为天玑科技 2.0 战略的重要尝试，其子公司天玑数据产品 PBData 数据库云平台有望在 2017 年实现量产，企业全年订单额目标剑指亿元。

一、公司介绍

上海天玑科技股份有限公司成立于 2001 年 10 月，并于 2011 年成功上市（股票代码：300245），是一家以服务中国客户为己任，致力于提供高端 IT 服务和解决方案的整体运营专家。经营范围包括计算机软硬件开发、销售、维修，系统集成，通信设备的销售及维修，提供相关的技术咨询、服务，自有设备租赁，从事货物及技术进出口业务等。目前天玑科技固定客户已超过 500 家，近三年来客户年增长量约 20%，天玑科技及其旗下子公司现有正式员工 1000 多人，其中工程师团队近 600 人，均为计算机及相关专业的技术人才。

近年来，天玑科技销售收入稳步增长。2013 年，公司实现营业收入约为 3.45 亿元；2014 年，公司实现营业收入约为 4.09 亿元，比上年同期增长 18.58%；2015 年，天玑科技实现营业收入约为 3.95 亿元，比上年下降 3.43%；2016 年，公司实现营业总收入约为 4.17 亿元，比上年增长 5.63%，具体如图 5-1 所示。

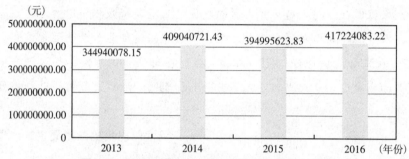

图 5-1 天玑科技 2013~2016 年公司营业收入状况
资料来源：根据天玑科技 2013~2016 年年报整理。

二、业务模式

天玑科技作为国内领先的 IT 服务企业，在 IT 基础设施服务发展多年，已经累积了丰富的 IT 服务经验，形成了国内先进的 IT 服务管理和交付流程，然而随着大数据时代的到来，IT 服务供应商面临着前所未有的挑战。为应对大数据时代带来的挑战，天玑科技决定优化企业的运营模式来提升企业运营交付的质量和效率，以此为客户带来灵活、高效、专业和优质的服务体验，同时确保市场领先者的地位。

天玑科技以流程标准化管控和信息支撑平台为基础，建立了两个以技术专家和备件策略为主的核心团队——OMC 统一运营交付体系和 OMC 统一运营交付体系支撑系统，全面提升交付标准化和量化管控水平，这两个系统使天玑科技在提升产能的同时也保障了服务交付质量，以更灵活、高效的服务交付体系，满足市场竞争和持续成熟的客户需求，在企业业务快速扩张的基础上，形成高效、快速、灵活交付的核心竞争力。

第一，OMC 统一运营交付体系。该体系是基于 SLA 的内部 OLA 量化管控机制（见图 5-2），以实现服务交付工序全过程量化管控，在监管服务质量的同时也能更好地达成合约 SLA 承诺，在第三方服务市场中赢得先机。

统一运营交付体系——OLA 机制

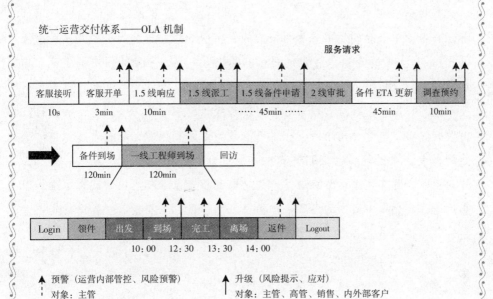

图 5-2　统一运营交付体系
资料来源：天玑科技公司内部资料。

统一运营交付体系——OMC 交付在服务交付组织和流程方面，服务交付组织的职责更清晰，各岗位能够各司其职、高效协同，更有利于服务资源的全面共享，该体系通过标准化、量化、可灵活剪裁的流程和数据，确保了服务需求快速响应，实现业务模式的移植和投放，在抢占市场先机方面占得优势。

第二，OMC 统一运营交付体系支撑系统。OMC 统一运营交付体系支撑系统包括两个方面，首先是 ECC（Enterprise Command Center）信息化业务支撑系统，该系统是通过智能手机终端触角结合企业业务支撑系统来达任务目标实时跟踪，确保业务高效运转，工单支撑系统为提升服务交付效能竞争力，确保公司在 IT 服务行业中处于领先地位奠定了坚实的基础；其次，知识库和技术梯队培训体系、系统化的知识库管理体系能够更好地进行知识积累及经验分享。

三、数据应用平台

在大数据中心，业务平台部署于云平台上，资源池得到统一的规划部署，对各业务平台的运维转变为横向的、集中的维护模式（资源共享、团队维护），当大量的生产和经营数据集中在数据中心，一旦数据中心故障而导致关联中断、数据丢失等问题，或许所造成的损失会达到天文数字。天玑科技研发了数据中心运维管理平台来成就超级数据中心的平安运营，天玑科技将数据中心运维分为两个阶段：第一阶段为运维初始化，目标是建立整体工作的基线，通过策略定义 IT 资源的初始化状态，明确各物理资源、虚拟资源、业务资源在整个运维系统体中的功能和位置；第二阶段为动态运维，即实时地收集数据中心中的各种资源信息，然后区分出有效的信息进行集中存储，并按照事先约定的规则进行过滤和关联加以分析，最后根据结果对 IT 资源进行动态自动化的调整，使其对应在第一阶段中所约定的状态，如图 5-3 所示。

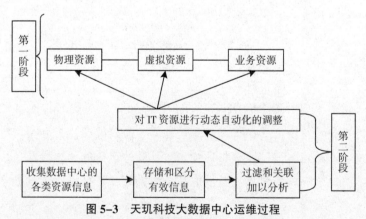

图 5-3　天玑科技大数据中心运维过程

资料来源：http://www.chinavalue.net/Biz/Blog/2015-1-7/1146394.aspx.

在数据中心运营管理平台这个体系中，天玑科技同时实现了"人员、工具、流程、平台"十大要素的一体化。例如，天玑科技研发出包括"监控管理平台"和"技术工具集"在内的运维工具。前者用于有效地发现和预警问题，可支持万台以上的 IT 设备监控，支持多操作系统和多硬件平台。后者用于处理日常运维的特定需要，将常见的技术活动进行归纳总结并工具化，包括数据库自动重建工具、容灾快速切换工具、存储配置自动收集工具等，可在简单有效地解决问题的同时，最大限度地减少人为操作的风险。

四、启示

在大数据时代下，天玑科技能够继续抓住机遇、跟上潮流、迅速扩张，能够取得新的成就，这为我国众多科技型企业提供了很多启示：

第一，正确的行业选择和战略定位。正确的行业选择和战略定位是企业发展路上的一面旗帜，对企业而言，战略是指导或决定企业发展全局的策略，正是因为天玑科技确立整体运营专家和软件外包专家的发展战略，企业的管理层和员工才知道下一步往哪里走，该做什么，企业应该根据自身所处的经济环境、社会人文环境、法律环境和政治环境来确立适合自己企业的战略定位。

第二，技术创新。高水平的技术创新是企业发展道路上的有力武器。IT 行业的特征决定了这个行业需要更高水平的技术创新，千变万化是 IT 行业的一大特征，这个特征意味着企业需要不断进行科学技术创新，推出改进型和创新型产品来满足越来越细化的市场需求，因此技术创新是企业创造财富的关键，同时也是企业获得竞争优势的主要源泉，近年来，天玑科技持续加大对研究开发的支出来提高企业的核心竞争力。

第三，资源整合能力。资源在未整合之前大多是零散的，只有将其整合起来才能发挥其最大的效益，进而转化为竞争优势，为企业创造价值，企业应该根据自身所拥有的企业资源状况运用科学的方法将不同来源、不同效用的资源进行配置和优化，使企业有价值的资源结合起来，发挥"1+1>2"的放大效应。

资料来源：笔者根据多方资料整理而成。

大数据时代下数据处理技术与利用方式的转变，使隐藏在数据背后的信息、知识不断显现，数据驱动的管理决策机制开始成为越来越多的组织理想的运行态势。当前，一些国内外知名公司已在运用大数据提升竞争优势，科学有效的大数据管理成为组织科学决策的重要基础。

第一节　认识大数据

随着网络通信技术的飞速发展，大量流式数据的应用呈现在我们面前，并且数据流处理已经在很多领域得到应用，例如，网络流量的监测、通信记录的获取、银行自动取款业务、股票行情信息的传递等。现如今大数据已成为一个炙手可热的词汇，成了各行各业的人们热烈谈论的话题。种种迹象表明，大数据正向我们扑面而来，世界正急速地被推入大数据时代。那么"大数据"到底是什么？这绝非三言两语就能解释清楚，下面我们来认识大数据。

一、大数据：互联网生产资料

互联网经济的发展，从 PC 互联网到移动互联网是一小步，从消费互联网到产业互联网则是一大步。如今，终端、云计算和宽带网络三项关键技术加速了产业互联网时代的到来，而产业互联网时代的生产资料是"大数据"，产业和企业物质资产逐渐被大数据资产所取代。以数据资产为核心的大数据产业金融技术创新与应用成为关键。大数据不是一种新技术，而是一种自古就有的思维方式和观察角度。大数据分析一是面向过去，发现潜藏在数据表面之下的历史规律或模式；二是面向未来，对未来趋势进行预测，把大数据分析的范围从"已知"拓展到了"未知"，从"过去"走向"将来"，这是大数据真正的生命力和"灵魂"所在。大数据的核心不只是在于掌握庞大的数据信息，而在于对这些含有意义的数据进行专业化处理，即强调对数据的加工能力。

人们日常的工作和生活，在数据、信息、智慧上可以有不同的体现。例如，商品销售这个普通的活动，在数据、信息和智慧上分别有以下不同的含义：商品销售的种类价格；商品销售的需求走向；商品销售的利益追求。可以看出，与数据相比信息更重要，与信息相比智慧更重要。数据、信息和智慧的关系也可以是一个三层宝塔结构，智慧在顶层，而数据在底层。数据仿佛是苍茫的大地，信息好比是被开采的矿石，智慧则是经过加工的产品。

人们通过原始观察及量度可获得数据，数据也是外部环境的事实，是对客观事物的抽象表示，数据可以共享；信息可以直接或间接描述客观世界，是人们在活动中进行交换的内容，信息可以交流；智慧是知识的外在表现，源于又超越信息和知识的创新性思维，是一种个体独创的谋略或行动，智慧可以垄断。

人们掌握数据的方法，采用机械式记忆就可完成；对于信息的掌握，除了采用机械记忆法之外，还需要有适当的理解；智慧无法通过学习直接获取和掌握，只能自我生成。

数据主要以数据库形式存放在各种不同介质的存储设备中，还有一些存放在纸张上和网络中；数据经过处理后形成的信息，主要存储在计算机网络中，还有大量的信息表现在报刊、广播、电视里；信息经过提炼形成的知识，主要存在于各类书本中，还存在于杂志、广播、电视和网络中；知识经过吸收与运用形成的智慧，主要存在于人们的大脑里，表现在人们的活动中。

所以说，从数据到信息，再到智慧的过程，是一次又一次飞跃的过程。对数据的加工，其本质就是将数据加工为有用的信息，进而上升为有价值的商业智慧。比如，"九派新闻"是按以新闻信息资产为核心，集大数据云计算、云数据、云服务、云资产、云交易为一体的综合解决方案规划，构建全国最大的新媒体大数据产业综合运用平台。其"原料"的获得为大数据采集挖掘平台提供基础数据，还有智慧城市贡献的数据等，然后通过领先的采集、挖掘、分析、统计技术，对上述信息进行分类、筛选、挖掘，形成情报监测、舆论监测、舆论分析、舆论引导、热点追踪等，实现各种应用，形成产品最后通过新闻信息数据资产管理服务、新闻信息数据资产应用服务、新闻信息数据资产创新服务与产业融合，实现盈利，并通过大数据的驱动效应，实现对社会的贡献。

数据应用专栏 1　　　　**浪潮集团：打造数据丝绸之路**

2017 年 5 月 14 日，习近平主席在国际合作高峰论坛上指出要将"一带一路"建成创新之路，要坚持创新驱动发展，加强在数字经济、人工智能、纳米技术、量子计算机等前沿领域合作，推动大数据、云计算、智慧城市建设，连接成21 世纪的数字丝绸之路。

一、公司介绍

浪潮集团有限公司，成立于 1989 年 2 月 3 日，是中国最早的 IT 品牌之一。浪潮是中国领先的云计算、大数据服务商，已经形成涵盖 IaaS、PaaS、SaaS 三个层面的整体解决方案服务能力，凭借浪潮高端服务器、海量存储、云操作系统、信息安全技术为客户打造领先的云计算基础架构平台，基于浪潮政务、企业、行业信息化软件、终端产品和解决方案，全面支撑智慧政府、企业云、垂直行业云建设。浪潮集团拥有浪潮信息、浪潮软件、浪潮国际三家上市公司，业务涵盖系统与技术、软件与服务、半导体三大产业群组，为全球 80 多个国家和地区提供 IT 产品和服务，全方位满足政府与企业信息化需求。其中，浪潮信息 2016 年的营业收入达到了 126.78 亿元，同比上涨 25.14%；浪潮软件 2016 年的营业收入约为 13.68 亿元人民币，同比上涨 11.26%；浪潮国际 2016 年营业额约为116 万港元，同比上涨 19.7%。

二、大数据布局

当前，数据的爆炸性增长带动了大数据技术的快速发展，而大数据技术的广泛应用又推动数据成为一种战略资源。在已经到来的大数据时代，如何安全掌控数据、高效利用数据，已经成为上至政府下至企业重点考虑的问题。对于众多的国产 IT 厂商来说，大数据既是实现二次腾飞的机遇，也成为亟待解决的问题。

浪潮早在 2014 年便抓住了大数据这一发展机遇，并与国内领先的金融信息化解决方案供应商南天信息联合推出面向金融行业的大数据挖掘、分析平台——浪潮云海金融大数据一体机，这是浪潮大数据战略布局行业市场的开端。浪潮云海金融大数据一体机，基于分布式开放架构的浪潮云谷 Cloud Canyon。Cloud Canyon 是浪潮自主研发的面向行业海量数据整合、分析、挖掘的大数据平台，具备电信级可靠性、数据驱动的弹性扩展能力，可以与金融业现有系统无缝集成，具有自适应的智能管理等特性。基于以上，浪潮云海金融大数据一体机具有弹性扩展、即付即用、性能强劲、安全可靠四大特点（见图 5-4）。

在 2016 年 5 月，浪潮又发布了云海大数据一体机、云海 Insight 大数据平台与云海 IOP 云支撑平台三款新产品，这表明浪潮提供涵盖云计算硬件基

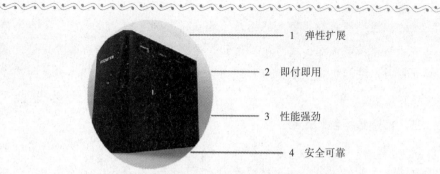

图 5-4 浪潮云海金融大数据一体机的特点

础设施、软件定义环境、大数据以及云应用开发的平台解决方案和产品进一步完善,实现从 IaaS 到 PaaS 的业务能力扩展。在传统 IT 时代,浪潮主要在服务器和行业解决方案这两方面发力。到了大数据时代,浪潮则在研发上亮出了十年磨一剑的精神,其产品布局就是这一精神的具体表现。

先来一个"软硬结合"——两款软件产品:一个是云海 Insight 大数据平台,另一个是面向应用创新的云海 IOP 云支撑平台;一款硬件产品:云海大数据一体机,构成一套产品的组合,既能满足企业用户多样化的需求,又可以与其他公司的产品形成差异化竞争,同时发挥自身硬件融合能力的优势。再来一个对标竞争对手的新品——数据库 K-DB。K-DB 支持即插即用的分布式架构,与关键主机配合起来,推动关键业务的整体战略,为用户提供大数据管理和分析方面的便利,具体如图 5-5 所示。

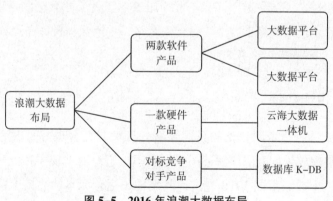

图 5-5 2016 年浪潮大数据布局

此外，浪潮还将为想要入门但是"还在门外面"的企业搭建一个生态体系，该体系将围绕浪潮云战略中应用云、数据整合、业务创新的方法论，从一个开箱即用产品级生态慢慢发展成为合作伙伴提供一整套解决方案的产业级生态环境。

三、打造数据丝绸之路

由我国提出的"一带一路"是国家重大战略，旨在主动地发展与沿线国家的经济合作伙伴关系，共同打造政治互信、经济融合、文化包容的利益共同体、命运共同体和责任共同体。"一带一路"首先就要构建起我国与沿线国家之间的互联互通。一方面，互联互通需要港口、铁路、公路、机场等基础设施的建设，构建一个四通八达的物理环境，以实现物流的互联互通；另一方面，互联互通还需要网络通信、数据中心、云计算等 IT 基础设施的建设，构建一个高效互联的数字环境，以实现信息流的互联互通。为了适应这一发展国情，浪潮认为在发展"经济一带一路"的同时，同步，甚至提前构建"信息一带一路"，将对于沿线国家和地区弥合数据鸿沟，推进经济的同步发展，起到重要的推动作用。

浪潮集团认为以云计算技术和云计算服务能力构成的"计算+"体系，将成为构建"一带一路"的最主要动力。以目前最先进的云计算、大数据技术来建设沿线国家的信息化系统，能够以较小的成本加快信息化相对滞后国家信息化进程，使沿线国家能够在统一的先进信息平台上，更好地实现信息流的互联互通。"一带一路"不仅会推动沿线各国的业务融合，还会产生更多的数据资源。浪潮致力于打造数据丝绸之路，扩大数据间的交流与合作。

资料来源：笔者根据多方资料整理而成。

二、认识大数据

大数据或称巨量资料，指的是需要新处理模式在合理时间内达到汲取、管理、处理并整理成为人类所能解读的数据资讯。它对数据规模和传输速度要求都很高，一般单个数据集在 10TB 左右，其结构不适合原本的数据库系统。大数据同过去的海量数据有所区别，其基本特征可以用 4 个 V 来总结：Volume、Variety、Value、Velocity，即数据规模大、种类繁多、价值密度低、处理速度快。

第一，数据规模大。数据从 TB 级别跃升到 PB 级别，这究竟是一个什么样的概念呢？如一本《红楼梦》共有 87 万字（含标点），每个汉字占 2 个字节，即 1 个汉字＝2B，由此计算 1EB 约等于 6626 亿部红楼梦。美国国会图书馆是美国 4 个官方图书馆之一，也是全球最重要的图书馆之一，该馆藏书约为 1.5 亿册，收录数据 235TB，1EB 约等于 4462 个美国国会图书馆的数据存储量。

第二，数据类型繁多。数据种类的多样性也让数据被分为结构化数据和非结构化数据。相对于以往便于存储的以文本为主的结构化数据，非结构化数据越来越多，如网络日志、音频、视频、图片、地理位置信息等，这些多类型的数据对数据的处理能力提出了更高的要求。

第三，价值密度低。价值密度高低与数据总量成反比。以网络视频为例，1 小时的视频，其中可能只有 1 分钟甚至几秒钟的数据有价值。所以如何通过强大的机器算法更迅速地完成数据的价值"提纯"，成为目前大数据背景下亟待解决的难题。

第四，处理速度快。数据处理需要遵循"1 秒定律"，可以从各类型数据中快速获得高价值信息，这是大数据区分于传统数据挖掘最显著的特征。根据 IDC 的"数字宇宙"的报告，预计到 2020 年，全球数据使用量将达到 35.2ZB。在如此海量的数据面前，处理数据的效率就是企业的生命。速度快就能赢得商机，实现企业的盈利。

三、大数据变革思维

随着大数据时代的来临，我们的生产、生活、工作和思维方式诸多方面都将进行大变革，我们将一改往日的小数据思维和眼光，迅速以大数据思维和视角来看待世界，看待社会和生活。谷歌、百度、腾讯、淘宝等网络公司的迅速崛起以及它们的迅速致富，可见数据致富成了新的致富神话。这些网络数据商则在短短的几年时间就迅速超越了这些实体公司的财富，并且所费人力、物力和财力甚少。人们现在才如梦方醒，知道了数据在我们这个时代成了最重要的资源之一。"数据就是资源，数据就是财富"成了迅速深入人心的理念。

曾几何时，数据只是刻画世界的一种方便符号，而如今却成了财富，甚至有人提出世界的本质就是数据。因此，随着大数据时代的来临，人类的思维方式必然会产生革命性的变革。这些变革主要表现在如下几个方面。

第一，整体性。即用整体的眼光看待一切，由原来时时处处强调部分到如今强调"一个都不能少"，不能只有精英，而其他只能"被代表"。在大数据研究中，我们不再进行随机抽样，而是对全体数据进行研究。

第二，多样性。即承认世界的多样性和差异性，由原来的典型性和标准化到如今的"怎样都行"，一切都有存在的理由，真正做到了"存在的就是合理的"。大数据时代真正体现了百花齐放的多样性，而不再是小数据时代的单调乏味的统一性。

第三，平等性。即各种数据具有同等的重要性，由原来的金字塔式结构变成了平起平坐的平等结构，强调了民主和平等。在大数据时代，群众成了真正的英雄，而不再过分强调精英和英雄的突出地位。

第四，开放性。即一切数据都对外开放，没有数据特权，从原来的单位利益、个人利益变为全民共享。大数据时代是一个开放的时代，一切都被置于"第三只眼"中，太阳底下无隐私，分享、共享成了共识，传统的小集团利益被打破，社会成了一个透明、公开的社会。这也符合大众的期望，因为大众就希望通过公开透明来消除因封闭、封锁而导致的腐败，因开放、共享带来社会经济的勃勃生机。

第五，相关性。即关注数据间的关联关系，从原来凡事皆要追问"为什么"到现在只关注"是什么"，相关比因果更重要，因果性不再被摆在首位。大数据时代打破了小数据时代的因果思维模式，带来了新的关联思维模式。

第六，生长性。即数据随时间不断动态变化，从原来的固化在某一时间点的静态数据到现在的随时随地采集的动态数据，在线反映当下的动态和行为，随着时间的演进，系统也走向动态、适应。在大数据时代，由于基本上可以做到在线采集数据，并能够迅速处理和反映当下的状态，因此能够反映出实际的状态。大数据时代的最大特点就是采用各种智能数据采集设备，随时随地采集到各种即时数据，并通过网络及时传输，通过云存储或云计算进行即时处理，基本上不会滞后。

在呼啸而来的大数据时代，一切坚固的东西正在烟消云散。大数据正在不断重塑我们的社会以及我们看待世界的方式。因此，不管愿意与否，我们都必将被大数据时代的滚滚洪流席卷，要么成为一个弄潮儿，要么彻底被时代淘汰。

数据应用专栏2　　**房天下：打造全生态链开放平台**

2016年6月2日，房天下董事长莫天全给房天下全体员工发了一封"独立宣言"内部邮件，宣言要求全体员工站在房地产经纪行业的角度，把房天下打造成一个"公平、公正、公开"的开放平台，并与自营业务全面分开。"独立宣言"发布后受到了房地产经纪行业的欢迎，数千家经纪公司加入"一帮中介"这一新团体、新生态，纷纷表示欢迎房天下自营平台回归，更欢迎开放平台的经营定位。

一、公司介绍

房天下（Fang.com）是房地产家居行业专业网络平台，一直专注新房、二手房、租房、家居、房地产研究等领域的互联网创新，在房地产互联网移动及PC均处于行业前列。数据显示，房天下日均独立访客达600万。截至目前，房天下累计注册用户数8000万，累计经纪人、家装设计师等B端用户数450万。房天下在移动技术、产品、推广方面全面布局，奠定了在房地产移动互联网领域的地位。截至目前，房天下APP累计装机量1.8亿，是中国专业的房地产移动应用平台。

二、开放大平台战略

房天下作为全球最大的房地产家居网络平台，自纽交所登陆上市以来，一直引领新房、二手房、租房、家居、房地产研究等领域的互联网创新。2017年，房天下覆盖全球城市站点652个，拥有7500万注册会员、1.20亿月均独立访客、40万个小区楼盘数、6577万套涵盖房源总量……这些庞大的数据背后代表了房产交易市场的活跃度。2017年房天下创新开放大平台（见图5-6），旨在全面支持合作伙伴。实现潜客深度挖掘，实现项目数据可视化。完善全流程交易动线，技术创造生产力，平台提前锁定客源。

对于开放大平台战略，房天下董事长莫天全表示：第一，房天下整个业务生态链全面升级大平台战略（新房、二手房、租房、家居）全部以支持合作伙伴为宗旨，为合作伙伴提供全方位的服务，与合作伙伴共同发展。第二，房天下所有资源（大数据、工作台、网站三端等）全面开放给合作伙伴，支持合作伙伴做大做强，共享大数据、人工智能、移动科技的红利。第三，房天下大平台战略，以大数据技术、人工智能技术、移动技术等现在和

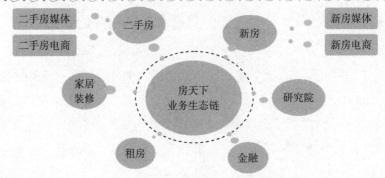

图 5-6　房天下的开放大平台战略

资料来源：http://nb.ifeng.com/a/20170626/5772391_0.shtml.

未来的创新应用为基础，来一场房地产和家居领域的"技术革命"，推动行业市场的进步。

三、推出大数据产品

房天下作为领先的房地产家居网络平台，专注于房产经纪新产品的探索和研发，通过大数据搜索、人工智能技术与房地产进行深度融合，深化人工智能在房地产行业的创新应用，运用先进的技术手段帮助用户快速找到有效房源信息，致力于为经纪人和经纪公司提供独特的大数据分析的端口产品，提供更高效而全面的服务。为此，房天下不仅为经纪人打造了人工智能大数据产品，而且还推出了可视化的大数据产品 MDSS。

第一，为经纪人打造的人工智能大数据产品——房源顾问。"房源顾问"是一款专为经纪人打造的人工智能大数据产品，承载着"追踪真房源，提供好服务"的智慧平台。"房源顾问的人工智能是建立在亿计房产交互数据上，数据就是人工智能的引爆点。" 房天下开放平台总裁李秀英介绍道，这一点从房源顾问 24 层数据比对、验真及过滤，经纪人评级系统智能推荐可窥见一斑。房源顾问从模式、技术、服务维度构建房产经纪开放式新生态。通过房源评级系统优选全网房源，与搜房帮经纪人进行智能匹配，只需简单设置，系统自动进行房源认领。产品汇集三端大数据，对购房用户进行大数据分类，利用人工智能机器人为购房者进行画像，千人千面个性化定制服务，并推荐给匹配度且评级度最高的经纪人。大数据实时监控全网业主房源动态，及时动态智能匹配。减少人工处理、精准定制数据，以人为核心、创新分享刷新。技术领航、个性管理、优质服务、智能开放平台不仅帮助经纪人解决了房源发布问题,还帮经纪人解决了业主和购房客户的问题,让经纪业务更轻松,赚更多钱,拓宽更大的市场。

第二,推出"可视化"的大数据产品MDSS。作为全球最大的房地产垂直网络平台,房天下日均访客量已达600万,而购房者每天在房天下平台系统中留下14.2亿条用户行为、560万搜索量以及2232万条搜索关键词,这些数据背后都隐藏着庞大的购房行为轨迹。2017年5月,房天下推出"可视化"的大数据产品MDSS,该产品通过定位,基于大数据对目标客户群体进行描摹画像,为房地产开发商提供数据分析的基础方案。MDSS是人工智能驱使下的房地产营销新技术,基于房天下平台大数据,精准定位,深挖分析,根据用户行为轨迹,描摹目标客户画像,从而为地产营销人提供精准、有效的营销建议。例如,从武汉购房者行为数据监控来看,70%的人都是通过房天下APP、WAP来了解购房信息,同时,异地用户来自北京、上海、深圳的较多。通过追踪用户的行为轨迹,MDSS除了可以分析用户的购房心态需求,还可以发现某个楼盘的潜在用户,这就可以帮助地产营销人针对这些潜在用户做有针对性的广告投放和信息推送。

资料来源:笔者根据多方资料整理而成。

第二节 大数据与人工智能

人工智能之所以能取得突飞猛进的进展,不能不说是因为这些年来大数据长足发展的结果。大数据的本质是海量的、多维度的、多形式的数据。正是由于各类感应器和数据采集技术的发展,我们开始拥有以往难以想象的海量数据,同时,也开始在某一领域拥有深度的、细致的数据。这些都是训练某一领域"智能"的前提。如果我们把人工智能看成一个嗷嗷待哺拥有无限潜力的婴儿,某一领域专业的、海量的、深度的数据就是喂养这个天才的奶粉。奶粉的数量决定了婴儿是否能长大,而奶粉的质量则决定了婴儿后续的智力发育水平。可以说,这是大数据与人工智能之间关系的最为形象的描述。

一、数据驱动智能革命

随着现代信息技术的不断发展，世界已跨入了"互联网+"大数据时代。大数据正深刻改变着人们的思维、生产和生活方式，即将掀起新一轮产业和技术革命。大数据与各个行业的深度融合，将产生出前所未有的社会和商业价值。再加上国家级大数据产业全面迸发，对形成完整的大数据产业创新链条，促进大数据产业快速稳定增长起到至关重要的推动作用。同时，随着"互联网+"技术的飞速发展使大数据云计算技术得到更为长足的发展，必将更为广泛地应用于各个领域，为人类的生产生活带来全新的面貌。下面将用一个例子来说明数据是如何驱动智能革命的。

大数据是智能化的来源，未来制造企业的运营过程，或者说产品的全生命周期，都将由大数据串联起来。以知名工程机械三一重工股份有限公司为例，目前，三一重工已经建成了 5000 多个维度、每天 2 亿条、超过 40TB 的大数据，可以及时监测每台机器的运转情况、受损等，提前做好主动服务。单单依靠其国内 20 万台设备，甚至可以成为我国宏观经济研判的重要依据。

对于工业企业来说，初级的大数据能让企业进行基础统计分析，这样对降本增效、新建业务模型有很大的好处，企业既可以做减法，依靠数据对标，减掉制造环节不必要的成本消耗；也可以做加法，例如拓宽业务渠道。高级的工业大数据应用，则可以让企业先知先觉，开始做乘法、除法，比如预先判断企业的生产运行，以及整合供应链等，甚至驱动智能革命。

二、从大数据中找规律

大数据不是抽象的，而是有一整套方法让人们能够通过数据寻找相关性，即找到一定的规律，最后解决各种各样的难题。每一个人、每一个企业在接受大数据的规律，改变做事情的方式之后，就有可能实现一些在过去想都不敢想的梦想。在这些梦想的基础上，我们能够构建一个完美的商业环境和一个更加现代化的社会。当人们改变思维方式后，很多过去难以解决的问题在大数据时代可以迎刃而解。

以餐饮业为例，就餐人数、时间、所点菜品的品种和数量及台号、服务员号——餐饮经营中总会产生大量数据。餐饮经营者如能充分利用这些数据，将有助于他们开启餐饮经营之道的奥秘。与时代发展相适应，现在有一定规模的餐饮店铺普遍采用餐饮管理软件，或使用 POS 机。无论是收银机、POS 机或点菜单，都从不同角度收集了大量的经营数据，如就餐人数、日期、时间、所点的热菜、凉菜、主食、酒水的品种和数量及台号、服务员号等。有些原材料监控系统甚至能将原材料领用量、使用量、库存量，以及店铺与采购、店铺与加工等后台作业部门的表格单据显示出来。餐饮经营者如能充分利用这些数据，进行科学量化的认真分析，并有针对性地改变营销策略，就能及时地反映餐厅的营业现状，有效地把握未来的营业走势，还能为开新店积累丰富的经验。众所周知，餐饮通常的旺季是春节、国庆、五一、中秋节、圣诞节等节假日，平时周六、周日要好于往常。这是一般的规律，但对于处于不同地段，周围人群或定位人群较为特殊的餐饮企业来说，通过对经常来店里就餐客人的时间和日期的分析，摸清这一特定消费人群的就餐规律，进而制定相应的营销方案，是赢得回头客的重要方法。如一家地处写字楼区的餐厅，平时中午是就餐的高峰，下午客流量有明显减少，而周六、周日又是最冷清的日子。通过数据统计分析，店老板得出结论：来这里就餐的，绝大多数是周围写字楼的员工，他们的居住地往往离这里很远，一般只在写字楼吃午餐，晚饭则回家里吃，逢周六、周日休息。因此形成了以上与别处不同的就餐时间规律。根据这些特点，老板对餐厅的经营进行一些改造，就使得餐厅的营业额和客流量有了明显增加，并形成了稳定的回头客。此外，就餐人数与餐台的数据、就餐人群与菜品点击率的数据等都隐含着一定的秘密。及时收集销售数据，由此发现问题，并能依照餐饮规律、顾客心理习惯及时到位地解决问题，提高餐厅的经营力将指日可待。

在有大数据之前，我们寻找一个规律常常是很困难的，经常要经历"假设—求证—再假设—再求证"这样一个漫长的过程，而在找到规律后，应用到个案上的成本可能也是很高的。但是有了大数据之后，这一类问题就变得简单了。通过对大量数据的统计直接找到正常的纳税模式，然后圈定那些有嫌疑的偷税漏税者。由于这种方法采用的是机器学习，依靠的是机器智能，大大降低了人工成本，因此执行的成本非常低。

从数据挖掘中寻找规律最经典的案例就是沃尔玛的啤酒和尿布的故事。沃尔玛拥有世界上最大的数据仓库系统，为了能够准确了解顾客在其门店的购买习惯，沃尔玛对其顾客的购物行为进行购物篮分析，想知道顾客经常一起购买的商品有哪些。沃尔玛数据仓库里集中了其各门店的详细原始交易数据。在这些原始交易数据的基础上，沃尔玛利用数据挖掘方法对这些数据进行分析和挖掘。一个意外的发现是："跟尿布一起购买最多的商品竟是啤酒！"经过大量实际调查和分析，揭示了一个隐藏在"尿布与啤酒"背后的美国人的一种行为模式：在美国，一些年轻的父亲下班后经常要到超市去买婴儿尿布，而他们中有 30%~40% 的人同时也为自己买一些啤酒。产生这一现象的原因是：美国的太太们常叮嘱她们的丈夫下班后为小孩买尿布，而丈夫们在买尿布后又随手带回了他们喜欢的啤酒。

在国内也不乏数据挖掘的例子。根据淘宝数据平台显示，购买最多的文胸尺码为 B 罩杯。B 罩杯占比达 41.45%，其中又以 75B 的销量最好。其次是 A 罩杯，购买占比达 25.26%，C 罩杯只有 8.96%。在文胸颜色中，黑色最为畅销。可以说，这些都是通过数据挖掘发现的意料之外的例子。

三、大数据的本质：数据化

尽管在过去的半个世纪，计算机的运算速度一直呈指数级提升，可以做的事情越来越多，可是给人的印象依然是"快却不够聪明"，比如它不能回答人的提问，不会下棋，不认识人，不能开车，不善于主动做出判断等。然而当数据量足够大之后，很多智能问题都可以转化成数据处理的问题，这时，计算机开始变得聪明起来。数据能够消除信息的不确定性，使数据的出现能够解决智能问题，许多智能问题从根本上来讲无非是如何数据化的问题，这就是大数据的本质——数据化。

大数据进入了应用领域，很多公司都在拥抱它带来的数字或信息变革。在数学、物理、生物以及工程等领域，大数据扮演的角色越发重要。在我们日常生活中，也会产生大量的数据，例如通过手机、智能手环以及其他可穿戴设备，每天都会产生大量的数据。通过对这些数据的分析，未来我们可预测健康或疾病，它将在医疗领域发挥重要作用。

在传统的医生问诊环节中，医生在每一个患者面前的时间可能仅仅只有 10 分钟左右，但传感器以及移动健康 APP 能忠实地监控你过去一个月或一整年的健康信息，通过分析这部分大数据，医生很快就能做出趋向于正确的决策。这种基于综合数据获得的判断，准确率要远高于人类医生。

通过大数据分析，能够帮助我们更早地发现疾病，并通过已有的数据，分析或预测未来疾病的发展状况。麦肯锡的一份报告显示，通过大数据分析，可每年为美国节约 3000 亿美元的医疗支出。

在此，仅仅列举了大数据推动智能医疗发展这一个例子。其实各种人工智能的背后，是数据中心强大的服务器集群。从方法上讲，它们获得智能的方法不是和我们人一样靠推理，而更多的是利用大数据，从数据中学习获得信息和知识。如今，这一场由大数据引发的改变世界的人工智能革命已经悄然发生，可以毫不夸张地讲，决定今后 20 年经济发展的是大数据和由之而来的人工智能革命。

四、推动人工智能发展

从某种意义上讲，2005 年是大数据元年，虽然大部分人可能感受不到数据带来的变化，但是一项科研成果却让全世界从事机器翻译的人感到震惊，那就是之前在机器翻译领域从来没有技术积累、不为人所知的谷歌以巨大的优势打败了全世界所有机器翻译研究团队，一跃成为这个领域的"领头羊"。

为什么谷歌能在机器翻译领域一跃成为领军人物，最重要的原因便是谷歌花重金请到了当时世界上水平最高的机器翻译专家佛朗兹·奥科（Franz Och）博士。奥科在研究如何使机器翻译更加准确时，用了比其他研究团队多几千倍甚至上万倍的数据。其实，在和自然语言处理有关的领域，科学家们都清楚数据的重要性，但是在过去，不同研究团队之间能使用的数据通常只相差两三倍，对结果即使有些影响，也差不了很多。但是，当奥科用了上万倍的数据时，两边的积累就导致了质变的发生，这一过程就是数据化。奥科能训练出一个六元模型，而当时大部分研究团队的数据量只够训练三元模型。简单地讲，一个好的三元模型可以准确地构造英语句子中的短语和简单的句子之间的搭配，而六元模型则可以构造整个从句和复杂的句子成分之间的搭配。

全世界各个领域的数据不断向外扩展，渐渐形成了另外一个特点，那就是很多数据开始出现交叉，各个维度的数据从点和线渐渐连成了网，或者说，其之间的关联性极大地增加，接下来的问题，便是如何数据化了。

人工智能无疑是近年来发展最火热的科技领域之一，人们对于人工智能的探索热情似乎前所未有地高涨。IBM 沃特森中国区总经理郭继军在专访中对腾讯科技表示，人工智能并不是一项新的技术，但大数据时代的到来为其发展注入了强大的动力。目前如火如荼的 AR、VR 技术等也是一样，它们能令人工智能的底层

内容变得更加丰富，而这个丰富的过程会使数据挖掘变得更加有效，推动人工智能与行业的紧密结合，让认知的应用不仅惠及人们的衣食住行，也在改变着商业的未来。

五、一切皆数据化

越来越多的企业为了达到自己的商业目标，开始借助各种手段来开拓市场。对于大型企业，大数据分析已经通过许多成功案例印证了自身的价值。像Google、亚马逊、阿里巴巴这样的公司已经开始依赖大数据，并将其视为首要的市场计划和更好地服务客户的手段，对他们来说，获得成功的方法便是一切皆是数据化。

以阿里巴巴的淘宝为例，阿里巴巴是利用大数据的佼佼者，公司保存下每位客户搜索、购买及其他几乎所有可用的信息，通过应用算法对该客户和其他所有客户的信息进行比对，为其呈现出非常精准的商品购买推荐。

一方面，阿里巴巴已经很好地掌握了从大量数据中分析出有价值的核心技术，可以通过对海量数据进行高效深入的分析来判定数据的重要性。所谓的"数据废气"（data exhaust），是指现实客户和潜在客户在网站访问中产生的所有数据。在核心技术的支撑下，阿里巴巴不仅成功采集了这些"数据废气"，更将其用来创建卓绝的推荐或作为营销的数据基础。

另一方面，推荐的结果不但真是有意义，而且可以测量，使用户从中得到了实际的好处。比如，一个顾客打算购买一件夹克，而该顾客所在地区又会下雪，那么，为何不建议他（她）再买双手套或者雪地靴，甚至雪铲、融雪剂或防滑链进行搭配呢？对于一个店内销售人员来说，这些建议自然会脱口而出。这对于淘宝也并非难事：通过了解客户正在哪里购买哪些商品的信息，再结合历史消费记录，便能够通过他们的消费趋势来诠释本次消费行为。这些数据形成了淘宝独有的服务能力，使得顾客和淘宝自身互惠共赢。

虽然，一些中小企业至今都未使用过大数据解决问题，但是大数据分析同样可以为中小企业中的多个业务部门带来价值。相对于大型企业而言，中小企业虽然相对滞后，但仍取得了一定进展：中小企业可以利用那些主要来自微博或社交网络站点上可用的公开数据进行评分。此外，一些托管服务商在大数据市场上进行创新，打出"即付即用，按需消费"的大旗，为数据分析提供了从计算能力、存储设备到软件服务平台的完备服务。事实证明，允许客户逐步尝试并接受大数据分析之益，这一举措对于中小企业而言既经济又得当。一切皆数据化，何乐而不为。

数据应用专栏3　　久其软件：打造"久其+"生态体系

近年来，久其坚持内生增长与外延发展相结合的思路并深入贯彻，以大数据技术平台为驱动，不仅在报表管理软件、集团管控软件、电子政务软件等传统业务领域稳步发展，在新涉足的移动互联领域、数字营销领域业务也风生水起。

一、公司介绍

北京久其软件股份有限公司（简称"久其"）是一家跨行业、多业态、具有集成能力的平台公司，于2009年8月11日上市。2012年，久其云计算战略启动。2014年，通过CMMI5软件能力成熟度评估。同时，公司还设立久其智通，全资收购亿起联。2015年，全资收购华夏电通。同时还设立久其龙信和久金所。2016年，获"中国大数据企业50强"称号；全资收购瑞意恒动，深耕数字营销；正式发布"久其数字传播"，着力打造以大数据驱动的数字传播品牌。2017年，收购上海移通、上海恒瑞，加速打造"久其+"大数据生态体系；成立久其金建。久其致力于为政府部门和企业客户提供电子政务、集团管控、数字传播及互联网等综合信息服务及行业解决方案，与60余个国家政府部门和100余家央企集团建立了长期合作关系。公司2016年实现营业收入13.21亿元，同比增长84.35%；净利润2.18亿元，同比增长61.85%。

二、打造"久其+"生态体系

久其深耕政企行业信息化领域，在财政、交通、统计、民生等领域客户业务黏性强，未来在夯实电子政务和集团管控原有业务基础上，积极拓展数字传播新业务，构建和完善"久其+"生态体系。

第一，依托久其大数据技术和资源优势，久其积极布局互联网金融、互联网物流、"互联网+"养老、互联网云报表、企业移动办公、B端社交应用等业务，成功研发久金所、久金保、久其格格、哒咔办公、企缘、久呱呱等产品，并孵化小驿科技、蜂语网络、E养天年等平台，构建起具备"互联网+"、云服务、信息增值等特点的"久其+"生态体系。其中，久金所是久其软件旗下专业的互联网金融信息服务平台，致力于为有借款需求的企业和个人、有理财需求的投资人提供信息中介服务，平台上线于2015年8月30日，现已成功运营一年零八个月。久其软件控股、对接银行存管、精选优质债权、第三方担保公司项目担保是久金所的四大优势。久金所的业务模式主要由两方面构成，一方面针对企业直融，为在经营过程中，出现小额、短期周转资金需求的优质企业提供融资服务；另一方面针对员工个人信贷，推出"员工贷"业务，适用于与久金所签约合作企业中，有小额用款需求的员工。

第二，成立软件研究院和大数据研究院。自成立以来，久其软件一直坚持创新发展，尤其重视数据领域的技术研发与应用，先后成立了软件研究院和大数据研究院，目前拥有集数据采集、数据处理、数据挖掘、数据分析与数据应用等系统性的技术体系，亮相贵阳数博会、中关村大数据日、中国大数据产业生态大会等大规模、高规格活动，以其成熟的一体化解决方案和自有核心技术优势受到业界一致认可，先后与60余个国家政府部门和100余家中央企业集团建立了长期合作关系，并加入中关村大数据产业联盟和中国大数据产业生态联盟，牵头成立了民生大数据专委会和财经大数据专委会，2016年成立大数据研究院。

第三，参与大数据产业基金，挖掘优秀企业。2016年7月25日，久其通过了《关于参与认购大数据产业基金暨关联交易的议案》，公司拟出资人民币1亿元参与认购大数据产业基金份额，即投资深圳前海数聚成长投资中心（有限合伙）。基金专注于大数据产业投资机会，涵盖数据生产、数据传输、数据安全、数据存储、数据分析和应用等在内的大数据产业优质标的，投资阶段应主要为标的的扩张期和成熟期。

第四，深度聚焦民生与财税领域的大数据研究与布局。交通大数据方面，公路养护管理、应急灾害防护、交通流量流向预测等应用得到落地；民生大数据在农业、扶贫方面取得了一定成果。产品在国家外汇管理局、中国科普研究所、国家信访总局、天津市地方税务局等政府部门得到了应用。

资料来源：笔者根据多方资料整理而成。

第三节　数据管理

大数据之"大"已不言而喻，然而数据规模绝非唯一要担心的问题。对于大多数企业而言，数据管理才是最大的挑战。那么，如何收集、存储、处理、挖掘数据，以及数据安全、数据管理等，就构成了数据管理的主要内容。

一、数据收集

数据收集就是使用某种技术或手段，将数据收集起来并存储在某种设备上，这种设备可以是磁盘或磁带。在数据收集之前，就必须了解数据的来源，比如微博、微信、Facebook 等，通过这些大众常用的社交平台，可以分析用户平时在这些社交媒体上的行动动向，归纳出用户的喜好或关注点，这些能够为企业挖掘用户需求提供重要依据。在收集阶段，为了获取更多的数据，数据收集的时间频度大一些，有时也叫数据收集的深度。同时，为了获取更准确的数据，数据收集点设置得会更密一些。常用的收集方法主要有三种：

第一，系统日志收集方法。很多互联网企业都有自己的海量数据收集工具，多用于系统日志收集，如 Hadoop 的 Chukwa、Cloudera 的 Flume、Facebook 的 Scribe 等，这些工具均采用分布式架构，能满足每秒数百 MB 的日志数据收集和传输需求。

第二，网络数据收集方法。即对非结构化数据的收集。网络数据收集是指通过网络爬虫或网站公开 API 等方式从网站上获取数据信息。该方法可以将非结构化数据从网页中抽取出来，将其存储为统一的本地数据文件，并以结构化的方式存储。它支持图片、音频、视频等文件或附件的收集，附件与正文可以自动关联。

第三，其他数据收集方法。对于企业生产经营数据或学科研究数据等保密性要求较高的数据，可以通过与企业或研究机构合作，使用特定系统接口等相关方式收集数据。

不仅如此，在收集阶段，大数据分析在时空两个方面都有显著的不同。在时间维度上，为了获取更多的数据，大数据收集的时间频度大一些，有时也叫数据采集的深度。在空间维度上，为了获取更准确的数据，数据采集点设置得会更密一些。下面以收集一个面积为 100 平方米的葡萄园的平均温度为例。小数据时代，由于成本的原因，葡萄园主只能在葡萄园的中央设置一个温度计用来计算温度，而且每一小时观测一次，这样一天就只有 24 个数据。在大数据时代，在空间维度上，可以设置 100 个温度计，即每平方米一个温度计；在时间维度上，每隔 1 分钟就观测一次，这样一天就有 144000 个数据，是原来的 6000 倍。有了大量的数据，我们就可以更准确地知道葡萄园的平均温度，如果加上时间刻度的话，还可以得出一个时间序列的曲线，结果看起来使人很神往。

二、数据存储

信息时代，数据俨然已成为一种重要的生产要素，如同资本、劳动力和原材料等其他要素一样，而且作为一种普遍需求，它也不再局限于某些特殊行业的应用。各行各业的公司都在收集并利用大量的数据分析结果，尽可能降低成本，提高产品质量、提高生产效率以及创造新的产品。同时，大数据应用的爆发性增长，已经衍生出了自己独特的架构，也直接推动了存储、网络以及计算技术的发展。

随着结构化数据和非结构化数据量的持续增长，以及分析数据来源的多样化，此前存储系统的设计已经无法满足大数据应用的需要。目前企业存储面临三个问题：一是存储数据的成本在不断地增加，如何削减开支节约成本以保证高可用性；二是数据存储容量爆炸性增长且难以预估；三是越来越复杂的环境使得存储的数据无法管理。企业信息架构如何适应现状去提供一个较为理想的解决方案，目前主要有以下两种方法。

第一，存储虚拟化。通过聚合多个存储设备的空间，灵活部署存储空间的分配，从而实现现有存储空间高利用率，避免了不必要的设备开支。提高存储空间的利用率，简化系统的管理，保护原有投资等。越来越多的企业正积极投身于存储虚拟化领域，比如数据复制、自动精简配置等技术也用到了虚拟化技术。虚拟化并不是一个单独的产品，而是存储系统的一项基本功能。它对于整合异构存储环境、降低系统整体拥有成本是十分有效的。虚拟化存储技术以有限的存储资源，满足无限的海量数据处理管理需求，打破了千篇一律的数据存储格局，开创了更加灵活的应用空间。例如，克拉玛依新疆油田数据中心早在 2004 年就已经建立起基于 SAN 架构的存储网络系统，从一定意义上说，已经开始了对服务器、存储系统、备份系统、存储的管理的整合，并在较短的建设周期内、以较高的起点建立了相对完善的 IT 系统，并成功地支撑起了克拉玛依新疆油田信息系统工程的运营。随着技术的不断成熟、业务种类的不断丰富、用户需求的不断提高，对后台的数据虚拟化系统提出了更高的要求。

第二，容量扩展。随着存储系统规模的不断扩大，数据如何在存储系统中进行时空分布成为保证数据的存取性能、安全性和经济性的重要问题，不同的企业有不同的解决办法。比如基于重复数据删除技术基础的对象存储方式，能够很好地帮助企业进行存储"瘦身"。存储对象通过扩展属性的方式对于所保护的数据提供更多的描述，存储系统针对相应属性进行合理的优化和管理，极大地提高了数据的存取性能和管理效率。特别是在大规模存储系统中，更加"智能"的数据结合智能存储设备、对于充分发挥各种部件的效率、提升海量数据处理能力、改进存取过程的性能提供更多的安全性、可用性保障。比如，陕西电信作为国内较大规模的运营商，现有系统已经无法满足快速的业务发展需要。有鉴于此，陕西电信对业务支撑系统进行了改造，其中存储设备由于比较陈旧，同时容量也不能满足发展需要。考虑到以后的发展，陕西电信将原有应用系统数据迁移到新系统上（将原有应用系统数据从 EMC 迁移到 USP 上），实现存储容量扩展和整合。

目前，存储现状比较复杂，在应对存储容量增长的问题上，尚存在很大的提升空间。技术是发展的，海量数据的世界也是在不断变化的过程中走向完美。至于企业到底采用哪种技术更合适，则取决于企业自身对海量数据处理的需求。

三、数据处理

由于越来越多的企业开始将数据作为一项重要的企业资产，今时今日，数据处理正在获得日益增长的关注度。优秀的数据处理必须涵盖数据质量、数据管理、数据政策和战略等。随着不断地发展壮大，大数据选择已经不仅限于像 Hadoop 一样的分布式处理技术，还包括更快的处理器，更大的通信宽带，更多也更便宜的存储。所有的大数据处理技术就是为了能让人们更好地使用数据。这反过来又推动了数据可视化和界面技术的进步，使人们也可以更好地利用数据分析结果。

搭建大数据处理平台的第一要务是牢记数据处理的伸缩性。比如，很多企业一开始的处理规模较小，几台计算机运行 Hadoop 平台认为就已够用，但是随着

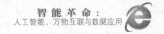

数据量和可用数据源的指数式增加,相对地,处理数据的能力却在以指数速度下降,因此平台的设计一定要从长远打算。IT 专家要考虑哪些技术以后能够拓展所需的处理能力。

提供弹性服务的云计算方案将成为大数据分析平台未来的一项重要支撑技术,因为云服务可以动态地根据实际需要立即扩充各类资源。那么怎样选用现有的技术处理大数据? 这个问题没有一个固定的答案。尽管如此,主要服务提供商仍期望通过提供基于应用模型的全盘解决方案使技术选择变得更加容易,其他服务提供商则在打造基于云的大数据完整的解决方案,以满足那些也希望能够掘金大数据的中小企业的各种需求。

广东奥飞数据科技股份有限公司成立于 2004 年 9 月,通过十年精细化运营和稳步发展,已经成为业内领先的 IDC 运营商和通信综合运营企业。近几年,苏宁持续强化科技创新,转型云服务模式。奥飞数据上线 SAP/ERP 系统,依托信息系统的支撑,建立内部共享服务平台,有效实现企业分散经营、集约管理的目标;与此同时,不断优化供应链,提升管理效率;多年经营积累,苏宁已经构建了面向内部员工的管理云、面向供应商的供应云以及面向消费者的消费云,并逐步推进"云服务"模式的全面市场化运作。奥飞数据相信依托苏宁云的资源,在云的道路上会越走越远。

数据应用专栏4   **拓尔思大数据行业应用**

大数据的浪潮汹涌而来,为各个行业带来了新的机遇、新的变革和新的发展。大数据已上升为国家战略,产业空间巨大:大数据已上升为我国国家战略,2016 年 3 月,"十三五"规划纲要全文发布,全文第二十七章明确提出"实施国家大数据战略",彰显国家对于大数据战略的重视。

一、公司介绍

拓尔思是一家技术驱动型企业,历经 20 余年的深耕和积累,在中文检索、自然语言处理等领域始终处于行业前沿,公司 2011 年在深交所创业板上市 (股票代码: 300229),是第一家在 A 股上市的大数据技术企业。拓尔思以"大数据+人工智能"为发展战略,旨在帮助客户实现从数据洞察到智慧决策的飞跃。拓尔思的核心业务包括软件产品研发、行业应用解决方案和数据分析挖掘云服务三大板块,涉及大数据管理、信息安全、互联网营销和人工智能等应用方向。2016年公司营业总收入约为6.8亿元，比上年同期增长75.31%。

二、大数据产品

一直以来，TRS围绕大数据、云计算、移动互联网和社会化计算四个维度开展新产品的研发，目前，TRS的主要大数据产品有海贝大数据管理系统（TRS Hybase）、水晶分布式数据库系统（TRS Crystal）、水晶球分析师平台、大数据智能分析平台（TRS CKM）、内容管理系统（TRS WCM）、大数据舆情分析平台(TRS SMAS)、大数据智能分析平台（TRS CKM）、水晶球分析师平台、内容管理系统（TRS WCM）、大数据舆情分析平台（TRS SMAS）、机器数据挖掘引擎、思图云平台、身份管理系统（TRS IDS）等，下面主要介绍前三种产品（见图5-7）。

海贝大数据管理系统：基于弹性扩展架构的海量数据存储和检索系统，定位为企业级NoSQL、企业级检索平台和大数据管理集成平台

水晶分布式数据库系统：基于Postgre SQL的关系型数据库集群，由数个独立的数据库服务组合成的逻辑数据库

水晶球分析师平台：面向各业务领域的专业分析师工作平台，用于专项调查或研究工作

图5-7　TRS的大数据产品

资料来源：拓尔思公司官网：http://www.trs.com.cn/。

第一，海贝大数据管理系统（TRS Hybase）。TRS海贝大数据管理系统是一款基于弹性扩展架构的海量数据存储和检索系统，定位为企业级NoSQL、企业级检索平台和大数据管理集成平台。其设计目标是数据库方式的管理便捷性，搜索引擎模式的卓越体验，实现大数据存储、管理和检索的

高度一体化，提供企业级应用的可靠性、安全性和易用性，满足多源异构数据仓库"非结构化数据的结构化处理、结构化数据的非结构化处理"的技术趋势。技术实现上，融合检索引擎（全文检索）、多引擎机制、分布式并行计算、索引分片、多副本机制、对等节点机制（去中心化）、新型列数据库存储机制、自然语言处理、Hadoop/HDFS 等先进技术，设计新型的非结构化大数据管理系统，为各类非结构化大数据分析应用，提供非结构化大数据高效管理和智能检索的平台支撑。

第二，水晶分布式数据库系统（TRS Crystal）。TRS 水晶分布式数据库系统是一种基于 Postgre SQL 的关系型数据库集群，由数个独立的数据库服务组合成的逻辑数据库。与 RAC 不同，这种数据库集群采取的是 MPP 架构，可线性扩展到 5000 个节点，每增加一个节点，查询、加载性能都呈线性增长。主要特性包括 Share-Nothing 无共享存储、按列存储数据、数据库内压缩、MapReduce、永不停机扩容、多级容错等。

第三，水晶球分析师平台。RS 水晶球分析师平台是面向各业务领域的专业分析师工作平台，用于专项调查或研究工作。在一项调查中，分析师可以采集互联网页面，可以将掌握的各种资料导入平台管理起来，文本资料可以结构化为业务领域对象和关系，并提供知识的浏览和编辑。在知识管理的基础上，平台提供对象检索、关系图分析、地图分析、对象统计分析等功能，在关系图和地图分析中，可以结合时间轴、对象浏览、直方图、数据流等方式多角度观察数据。分析过程可以随时保存为快照，汇集形成调查报告。

三、大数据行业应用

TRS 从企业搜索起家，在文本等非结构化数据处理领域有很强的技术积累，先后推出了海贝大数据管理系统以及大数据舆情分析平台。现在 TRS 推行"大数据+行业"的战略，将大数据处理技术与政府、公安、媒体、金融以及营销等具体行业相结合，通过具体的行业应用为用户创造价值，变现公司大数据技术。

TRS 依托大数据分析技术、互联网数据以及八爪鱼数据交易平台上的数据为企业用户提供数据分析 SAAS 服务，当前公司数据分析云服务还有：H5内容创作云服务"思图云"、新闻转载云服务、网站用户行为分析云服务

"网脉"、政府网站健康度监测云服务以及社交媒体热点发现移动终端"焦点快报"等，未来随着云计算普及，企业 SAAS 服务数据打通，公司数据分析云服务将逐渐向企业服务渗透。TRS 的产品已在公安部门应用，未来有望向全国政府部门与更多的多行业客户推广，空间巨大。

资料来源：笔者根据多方资料整理而成。

四、数据挖掘

数据挖掘是指从大量的数据中，通过统计学、人工智能、机器学习等方法，挖掘出未知的，且有价值的信息和知识的过程。数据挖掘理论涉及的面很广，它实际上起源于多个学科。如建模部分主要起源于统计学和机器学习。统计学方法以模型为驱动，常常建立一个能够产生数据的模型；机器学习则以算法为驱动，让计算机通过执行算法来发现知识。数据挖掘的两大基本目标是预测和描述数据。其中前者的计算机建模及实现过程通常被称为监督学习，后者的则通常被称为无监督学习。更细分化一些，数据挖掘的目标可以划分为预测与描述，具体如图 5-8 所示。

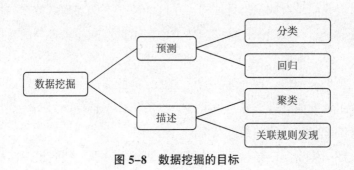

图 5-8 数据挖掘的目标

其中，预测主要包括分类，即将样本划分到几个预定义类之一；回归指将样本映射到一个真实值预测变量上。描述主要包括聚类，将样本划分为不同类（无预定义类）；关联规则发现则指发现数据集中不同特征的相关性。比如，世界杯期间，谷歌、百度、微软和高盛等公司都推出了比赛结果预测平台。百度预测结果最为亮眼，预测全程 64 场比赛，准确率为 67%，进入淘汰赛后准确率为 94%。现在互联网公司取代章鱼保罗试水赛事预测也意味着未来的体育赛事会被大数据

预测所掌控。

从形式上来说，数据挖掘的开发流程是迭代式的。开发人员通过如下几个阶段对数据进行迭代式处理，如图 5-9 所示。

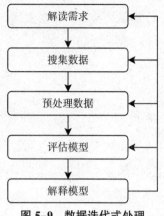

图 5-9　数据迭代式处理

第一，解读需求。绝大多数的数据挖掘工程都是针对具体领域的，因此数据挖掘人员应该多和具体领域的专家交流合作以正确地解读出项目需求。

第二，搜集数据。在大型公司，数据搜集大多是从其他业务系统数据库提取。很多时候我们是对数据进行抽样，在这种情况下必须理解数据的抽样过程是如何影响取样分布，以确保评估模型环节中用于训练和检验模型的数据来自同一个分布。

第三，预处理数据。预处理数据可主要分为数据准备和数据归约两部分。其中前者包含了缺失值处理、异常值处理、归一化、平整化、时间序列加权等；后者主要包含维度归约、值归约以及案例归约。

第四，评估模型。就是在不同的模型之间做出选择，找到最优模型。

第五，解释模型。数据挖掘模型在大多数情况下是用来辅助决策的，如何针对具体环境对模型做出合理解释也是一项非常重要的任务。

以网上书店为例，网上书店现在有了很强的市场和比较固定的大量的客户。为了促进网上书店的销售量的增长，各网上书店采取了各种方式，给客户提供更多更丰富的书籍，提供更优质服务等方式吸引更多的读者。但是这些还不够，给众多网上书店的商家们提供一种非常好的促进销售增长，吸引读者的方法，那就是关联销售分析。这种方法就是在客户购买一种书籍之后，推荐给客户其他相关书籍。这种措施给企业带来了客观的效益。其实关联销售就是充分利用销售数据，为书店带来可观的收益。通过上述关联算法，网上书店很容易算出书籍之间的关联性。这样直接根据销售数据来实现企业效益挖掘。

五、数据安全

正如全球第一家信息技术研究和分析公司 Gartner 所说："大数据安全是一场必要的斗争。"在大数据时代，无处不在的智能终端、互动频繁的社交网络和超大容量的数字化存储，不得不承认大数据已经渗透到各个行业领域，逐渐成为一种生产要素发挥着重要作用，成为未来竞争的制高点。大数据所含信息量较高，虽然相对价值密度较低，但是对它里面所蕴藏的潜在信息，随着快速处理和分析提取技术的发展，可以快速捕捉到有价值的信息以提供参考决策。然而，大数据掀起新一轮生产率提高和消费者盈余浪潮的同时，随之而来的是数据安全的挑战，主要有以下几点：

第一，网络化社会使大数据易成为攻击目标。网络化社会的形成，为大数据在各个行业领域实现资源共享和数据互通搭建平台和通道。基于云计算的网络化社会为大数据提供了一个开放的环境，分布在不同地区的资源可以快速整合，动态配合，实现数据集合的共建共享。而且，网络访问便捷化和数据流的形成，为实现资源的快速弹性推送和个性化服务提供基础。正因为平台的暴露，使蕴含着海量数据和潜在价值的大数据更容易吸引黑客的攻击。近年来在互联网上发生的用户账号的信息失窃等连锁反应可以看出，大数据更容易吸引黑客，而且一旦遭受攻击，失窃的数据量也是巨大的。

第二，非结构化数据对大数据存储提出新要求。当前大数据汹涌而来，数据类型的千姿百态也使我们措手不及。对于将占数据总量 80%以上的非结构化数据对大数据存储提出新要求。

第三，技术发展增加了安全风险。随着计算机网络技术和人工智能的发展，服务器、防火墙、无线路由等网络设备和数据挖掘应用系统等技术越来越广泛，为大数据自动收集效率以及智能动态分析性提供方便。但是，技术发展也增加了大数据的安全风险。一方面，大数据本身的安全防护存在漏洞。虽然云计算对大数据提供了便利，但对大数据的安全控制力度仍然不够；另一方面，攻击的技术提高了。在用数据挖掘和数据分析等大数据技术获取价值信息的同时，攻击者也

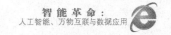

在利用这些大数据技术进行攻击。

当然，大数据也为数据安全的发展提供了新机遇。大数据正在为安全分析提供新的可能性，对海量数据的分析有助于更好地跟踪网络异常行为，对实时安全和应用数据结合在一起的数据进行预防性分析，可防止诈骗和黑客入侵。网络攻击行为总会留下蛛丝马迹，这些痕迹都以数据的形式隐藏在大数据中，从大数据的存储、应用和管理等方面层层把关，可以有针对性地应对数据安全威胁。

六、数据管理

数据管理在 2010 年之前是一件繁缛却又简单的事情：有在线交易处理系统来支撑企业业务流程，有运营数据存储来汇集企业交易数据而生成经营报表，更有数据仓库来支撑企业经营和战略决策的制定。

当前，多数企业的数据每年以 40%~60% 的速度增长，这不仅增加了企业的财务负担，也加剧了数据管理的复杂程度。因此如何管理数据成为一个非常重要的议题，这也是一个涉及面非常广的议题，比如数据的产生、加工、管理等。下面从数据的备份与集中管理两个方面审视数据的管理问题。

第一，刻不容缓的数据备份。能够保证数据在遭受破坏或丢失的时候及时进行恢复和迁移的数据备份，已经成为企业数据的最后一道生命线，其重要程度历来都是不言而喻的。然而对于一些中小企业来说，由于成本和管理上的限制，数据备份的作用并没有得到最大的发挥，这也是为什么目前国内的众多企业对数据备份的重视程度不高的原因。但对一些已经部署了备份服务的企业来说，由于不知道正在备份的数据量的大小、备份是否成功、剩余存储的空间大小等问题，因此迫切需要一个集中化的数据管理平台，这样才可以让数据的保护更加灵活，而且可以根据业务需求，自动保护和恢复必要的数据，减轻 IT 工作人员的任务量。

第二，势在必行集中管理。随着企业的办公设备以及办公场地的多样化特征越来越明显，企业所产生的数据也越发分散，以往单纯的服务器管理已经演变成设备管理、存储管理、传输通道管理以及云端管理等多样化管理。另外，现在每天产生的数据量要比之前的几年时间内产生得还要多，这其中既有可以独立成为一个数据库的结构化数据，更有文档数量达到上亿的非结构化数据，这也极大地增加了数据管理难度。

企业采用多备份这种数据集中管理平台，不但在降低基础设施成本的效应方面相当显著，而且还可巩固并降低 IT 架构环境的复杂性，进而减少数据取用风险，数据恢复及读取速度也得以提升，有利于制定 IT 业务部门的综合经营方针，让数据转换成企业最有价值的资产，成为企业经营策略的重要数据来源，才算是真正做到数据保护及管理的目标。多备份提供的数据集中管理平台不仅在功能上由于传统的数据快照功能，避免了快照可能带来的风险，同时还可以减少近一半的备份、存档和报告合并的时间，减少影响生产环境的因素，提高服务器性能，同时也能减少最高达 90% 的冗余数据，只要善用整合管理能力，就可以最大限度地提高效率，优化数据管理，降低存储空间。

数据应用专栏 5　　亨通光电：推进大数据应用领域

在 2016 年中国国际信息通信展览会期间，亨通光电召开"万物互联，智慧未来"2016 新品发布会，向业界展示了一系列创新成果，其中就有大数据系列解决方案。亨通光电开始在大数据领域进行布局。作为我国光纤光缆领军企业，亨通深知"连接"的重要性，致力于借助大数据，深度挖掘"连接"的价值，迎接万物互联时代的来临。

一、公司介绍

江苏亨通光电股份有限公司于 2003 年 8 月在上海证券交易所挂牌上市（SH.600487）。亨通光电在苏州拥有两个产业园，在沈阳、成都、北京、上海、广东设立五个生产研发基地，并在全国 31 个省份设立营销和技术服务机构。产品全国市场占有率达 18%，排名全国第二位；在 2016 年全球光纤光缆最具竞争力企业排名中跃居第三位，成为跻身全球前五强的中国民营企业。亨通光电进入互联网产业，实现产业链进一步延伸。在通信产业领域，2015 年获得国家工信部颁发的 ISP 增值业务许可，同年获批苏锡常宽带运营试点企业资格，收购国脉、优网两家公司，为客户提供工程建设运营服务并向网络运营（ISP、宽带接入）、网络优化、网络安全、智慧社区和大数据分析应用等领域延伸拓展，形成"产品＋平台＋服务"的全新业务模式；2016 年亨通与中科大（安徽问天量子科技股份有限公司）共同成立亨通问天量子，拥有量子保密通信自主核心技术及知识产权，布局量子通信全产业链，提供针对各行业的量子保密通信整体解决方案。在电力产业领域，向全球能源网络服务延伸，涉足新能源汽车智能充电基础设施建设与运营、能源物联网业务，形成"产品＋工程＋服务"综合服务模式。亨通光电把握机遇，实现转型，从生产研发型向创新创造型企业转变，从产品供应商向全价值链集成服务商转型、从制造型企业向平台服务型企业转型，从国内企业向国际化企业转型，全力推进工厂智能化、制造精益化、管理信息化，打造新时代的智能工厂。

二、大数据生态圈

近年来，亨通光电在深耕光纤通信与电力传输主业的同时，瞄准产业尖端前沿大力发展新兴业务，在智慧社区、量子通信、大数据产业等领域均取得了不小进展，形成"产品＋平台＋服务"综合服务模式。值得一提的是，亨通光电不仅涉足大数据领域，而且开始建立大数据生态圈。主要布局包括以下几方面。

第一，收购深圳优网，进入大数据与网络安全领域。2015年底，亨通光电宣布收购优网科技，借此高起点、快速度进入大数据与网络安全领域。亨通光电出资2.04亿元收购深圳优网科技51%的股权。优网科技成立于2004年，是国内领先的大数据分析与应用、网络安全、网络优化等业务的综合解决方案提供商：大数据领域与分众传媒、江苏广和、搜狐视频等合作创新，也与华为、中兴以及运营商签订多项合作协议；网络安全产品应用于政府、医疗、学校、通信、金融等中大型企业，2014年独家中标中国移动网络安全态势感知平台建设；网络优化业务服务于中国联通以及中国电信。收购优网是亨通光电打造大数据、网络安全、物联网等战略性新兴产业的第一步，未来以此为基础，构建多层次的大数据生态圈。

第二，投资设立大数据创业投资基金。2016年9月，亨通光电公告称，基于公司战略发展需要，亨通光电拟与江苏达泰股权投资基金管理有限公司、悦达资本股份有限公司、张家港保税区旭日投资发展有限公司等企业和个人，共同投资设立江苏达泰悦达大数据创业投资基金（有限合伙）（简称"投资基金"）。该投资基金主要投资目标为对经营大数据、云计算及其运用的企业进行权益性投资为主的投资，从资本收益中为合伙人获取良好回报。合伙企业将选择前述行业中的早期、成长期项目为主要投资标的。合伙企业中不低于70%的可投资资金应投资于经营大数据、云计算及其运用的企业；剩余

30%的可投资资金可投资于其他涉及高科技、信息技术等领域的企业。亨通光电本次通过参股投资基金，投资布局包括大数据、云计算及其运用领域的企业或其他涉及高科技、信息技术等领域，有助于公司产业结构和业务布局的不断优化。同时，投资基金所投企业未来可能与公司控股子公司深圳市优网科技有限公司产生协同效应，为公司布局大数据产业链进一步夯实基础。

第三，投资建设大数据智慧产业基地。2017年3月23日，亨通光电与苏州太湖新城吴江管理委员会签约，拟投资约20亿元在苏州吴江区太湖新城约190亩的工业用地上建设苏州湾大数据智慧产业基地项目。产业基地项目包含移动大数据智慧云服务、量子通信信息和网络安全云、光电产业互联网云、智慧社区互联网云、智慧充电网络云五个大数据产业应用平台。

第四，与世纪互联网开展深度合作。2017年4月18日，亨通光电与世纪互联在2017全球未来网络发展峰会上签署战略合作协议，双方将发挥各自产业优势，在超级数据中心与大数据基础设施建设、量子加密通信IDC技术应用和城市智慧社区等领域展开深度合作。世纪互联是中国最大的第三方独立数据中心运营商，拥有2.6万个机柜和500多个网络节点（POP），未来的5~7年还将进一步建造8万~10万个机柜，拥有在全国骨干网数据中心建设、管理、运营和CND内容方面的优势。亨通光电拥有通信传输研发、智慧社区、量子安全加密等各方面的产业优势和产业布局。本次合作，主要计划推进智慧城市量子安全保密大数据中心、大数据基础设施服务运营平台建设、智慧社区的数据中心节点建设、CDN内容下沉推广应用这四个方面。打造大数据生态闭环。

资料来源：笔者根据多方资料整理而成。

第四节　大数据应用

这是移动互联网时代，是社交网络时代。同时人们的数字化生存，让有关人们生活甚至工作的行为信息都数字化，这些以单个个体为对象的形形色色、包罗

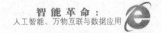

万象、细致入微、支撑个体兴趣需求和喜好的数字化信息构成大数据。当前，大数据在整个社会已成为一种时髦，大数据的应用更是涉及生活和工作的方方面面，具体如图 5-10 所示。

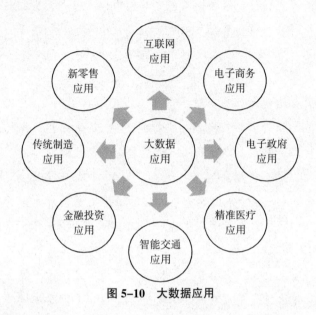

图 5-10　大数据应用

一、互联网应用

近年来，移动通信与移动互联网、传感器、物联网等互联网新技术、新应用、新发展模式的推陈出新，更使互联网变得越来越"无所不在"，由此而产生的数据越来越多、越来越"大"。继数字时代、信息时代、互联网时代后，人类又进入了大数据时代。因互联网的迅猛发展与普遍接入，使"大"量数据的获取、聚集、存储、传输、处理、分析等变得越来越便捷，大数据逐渐发展成为一门新学科、一套新学说以及一种分析与解决问题，尤其是决策与预测问题的新方法、新手段。大数据与互联网的发展相辅相成。一方面，互联网的发展为大数据的发展提供了更多数据、信息与资源；另一方面，大数据的发展为互联网的发展提供了更多支撑、服务与应用。

大数据主要来自互联网渗透入人们日常生产、生活等方面使用网络留下的印迹，如浏览网页、网上购物等。大数据技术旨在从庞大的数据中提取出有价值的数据信息。随着数据挖掘技术的发展，大数据可能会在未来成为最大的商品，数据的大量使用将会使大数据变成一个大产业。大数据产业实现盈利的关键，在于提高大数据的信息含量和价值。例如，红旗连锁推出红旗云大数据平台，将围绕数据管理和数据服务，将数据资源进行有效的整合和运用，实现运营分析、客户营销、风险管控、外部监管等功能，推动数据在信息安全的前提下与合作伙伴实现公开、共享。红旗云大数据平台用数据说话，从商品结构、会员、供应链等方面进行分析，不断优化商品结构，满足消费者需求，与供应商共赢等。红旗云大数据平台将在保证消费者信息安全的前提下，重点对消费者的消费行为习惯（年龄结构、消费能力、消费喜好）、支付方式、生活消费（缴水、电、气费等）、各区域消费能力（各区域销售趋势）、消费时段等进行重点分析，充分满足用户的需求。

不仅如此，人社部将实施人力资源和社会保障大数据战略，融合社保卡应用、服务、管理信息，构筑"用卡轨迹图"。通过汇聚整合人口、就业、社会保险等数据资源，就能准确感知劳动者就业创业和人才服务需求，提供针对性服务。2020年之前，人社部提出要实现"互联网+人社"多元化、规模化发展。依托社保卡及持卡库，构建全国统一的个人身份认证平台，提供线上线下综合身份认证手段，形成实名制验证能力，做到"单点登录、全网通办"。未来市民持第三代社保卡可办理各类政务业务，还可乘坐公交车、地铁，租借公共自行车，借阅图书，在超市进行小额支付。此外，还将推进就医一卡通，结合参保人员持卡就医购药的轨迹信息，实现对门诊、住院、线上线下购药等医疗服务行为的全方位智能监控。完善社会保险基金监管系统，推动社会保险与财政、税务、金融监管等大数据资源的融合应用，筛查社会保险基金欺诈违法违规行为，实现精确查处。同时，将开放社保卡支付结算接口，支持与各类社会支付渠道的应用集成。建设统一、开放的医保结算接口，支持相关机构开展网上购药等应用。

根据2017年1月22日中国互联网络信息中心（CNNIC）第39次《中国互联网络发展状况统计报告》显示，截至2016年12月，中国网民规模达7.31亿，相当于欧洲人口总量，互联网普及率达到53.2%，超过全球平均水平3.1个百分点，超过亚洲平均水平7.6个百分点。全年共计新增网民4299万人，增长率为6.2%。台式电脑、笔记本电脑的使用率均出现下降，手机不断挤占其他个人上网设备的使用。移动互联网与线下经济联系日益紧密，2016年，我国手机网上支付用户规模增长迅速，达到4.69亿，年增长率为31.2%，网民手机网上支付的使用比例由57.7%提升至67.5%。手机支付向线下支付领域的快速渗透，极大地丰富了支付场景，有 50.3% 的网民在线下实体店购物时使用手机支付结算。

就大数据而言，仅我国，在拥有这么多数据"接收者"与"读者"的同时，就潜在地拥有了这么多数据的"发送者"与"作者"，并潜在地一周二十几小时在"生产"与"输出"各种各样的数据，这些数据可以是文本、音频、视频、位置、图片等结构化的、半结构化的或非结构化的数据，信息消费、信息交互、信息活动等已成为人们日常工作与生活的重要内容，人们越来越感觉"一日不可无网"。近年来，随着互联网技术与应用向"物"的世界的急剧延伸和扩展，物联网应运而生，未来全球可挂网上的"物"的数量将比上网的"人"的数量要大得多，必将产生更"大"的数据，这些将极大推动经济社会、生产生活、思维观念、政府政务、社会管理、社会安全等的变化与发展。

数据应用专栏 6　　通鼎互联：布局大数据和移动互联网应用

通鼎互联在移动互联网及信息技术领域的版图不断扩张，公司 2015 年6 月 10 日宣布斥资共计 9500 万元参股云创存储 20% 股权和天智通达 7% 股权，并透露未来投资方向将主要围绕大数据和移动互联网应用。

一、公司介绍

通鼎集团有限公司创建于 1999 年，是专业从事通信用光纤光缆、通信电缆、铁路信号电缆、城市轨道交通电缆、RF 电缆、特种光电缆、光器件和机电通信设备等产品的研发、生产、销售和工程服务，并涉足房地产、金融等多元领域的国家级优秀民营企业集团，位于江、浙、沪交界，国家火炬计划光电缆产业基地——江苏省吴江区。目前，通鼎集团旗下包括控股子公司在内的实体型业务单位共有 32 个，其中以成本中心模式管理的产品事业部 7 个，以利润中心模式管理的全资子公司 5 个，以利润中心模式管理的控股子公司 6 个。2010 年 10 月 21 日，集团旗下核心企业之一——通鼎互联信息股份有限公司在深交所成功上市（股票代码：002491），2016 年营业总收入约为 414.35 亿元，同比上年增长 14.82%。

二、布局大数据

2016 年 6 月中国大数据产业峰会暨中国电子商务创新发展峰会在贵阳召开，通鼎互联以此为契机，紧跟时代发展潮流，为用户提供新一代数据中心建设的全系列解决方案，包括传统的光缆和电缆解决方案、A8000 超低功耗云存储系统和高密度的云存储产品、数据中心机柜系列产品、基于 ePLC（嵌入式 PLC）技术的物联网产品等。同时收购通鼎宽带等关联公司和合作伙伴公司，提升相关产品线层级，统一到一个事业部门，实现产品的协同开发应用，从而加强整体解决方案的实力；同时打造通鼎互联的品牌，完善产品价值，布局大数据产业。

在光纤光缆和电缆领域的深厚积累，让通鼎互联对数据中心布局有了深刻的理解，尤其是针对数据中心的容量需求，对光缆和各类电缆的混合运用，让数据中心在建设成本和数据存储、传输之间达到了完美平衡。目前其数据中心解决方案涵盖方案设计、物料、施工等布线全部环节，并在工程验收、培训等层面加强。

三、移动互联网应用

根据通鼎互联对外投资公告显示，公司分两次对瑞翼信息进行收购确保平稳过渡（2014 年 5 月收购 51% 股权，2016 年 2 月再次收购 41%），目前已经持有瑞翼信息 92% 股权。瑞翼信息是一家以中、小、微型企业移动互联网产品营销、运营与研发为主的科技型企业，公司主要产品有：针对 B 端用户的"2491 流量平台"、针对 C 端用户的"流量掌厅"等。

"2491 流量"贯通 2B2C 的流量交易与分享，将受益于行业需求拉升取得爆发增长。"2491 流量"是瑞翼信息研发的一款国内最大的第三方手机流量分发平台，整合移动、联通和电信三大运营商数据流量资源，为 APP 应用、电商平台、手机游戏、社交平台、网站应用等行业平台实现客户的流量定制、流量赠送、流量兑换和流量交易等业务体系。"2491 流量"为渠道服务商、合作伙伴设计打造各种流量场景需求，并提供强有力的平台支撑和快捷的业务款结算服务，实现流量接口、流量分发、营销场景等一站式接入。

"流量掌厅"注册用户数已经突破一亿，开始贡献业绩。"流量掌厅"已支持全国（电信、联通、移动）用户查询流量，电信用户可免费获取流量红包，最精准的流量监控、便捷的流量订购，更有流量相关的热门活动等。拥有运营商查询接口，可实时准确地监控自己的流量使用情况。"流量掌厅"目前的用户数已经超过 1 亿。

通鼎互联以运营商为核心，逐步完善其生态圈布局。从硬件制造到移动互联网、信息安全服务、大数据、积分O2O，利用原先的渠道资源，不断渗透到更具价值的移动互联网等新兴领域。公司基于运营商的生态体系建设已经成型，各项业务也从原先的用户数爆发式增长到贡献业绩阶段，保证业绩高增长的同时，在移动互联网领域快速积累了海量用户，拓宽了移动互联网的应用。

资料来源：笔者根据多方资料整理而成。

二、电子商务应用

互联网的迅猛发展，催生电子商务快速兴起，开创了新型电子商业模式：借助互联网，可构建起直达每一位消费者的零距离渠道；借助大数据，形成从产品设计、生产到销售、配送在内的全过程记录、分析和公开，实现营销策略的快速调整。

大数据时代的基本特征是数据和信息呈现爆炸发展的态势。这一点在电子商务领域也得到了深刻的体现。随着电子商务在各个行业的迅猛发展，并且访问量快速增加，同时数据的类型也呈现出繁荣多样的发展趋势。

在商品交易之外，很多服务行业也加大了网上交易平台建设力度，例如火车票的网上订购、行政事业收费的网上交易等。业务量和业务类型的快速增长带来的是海量的信息数据，诸如文本、图片、视频等，有调查显示大数据处理已经成为影响电子商务进一步发展的最主要因素。

基于大数据营销的前提是积累足够多的用户信息，分析用户的上网行为与购物周期，可以做到"比用户更加了解用户"，然后根据他的喜爱偏好，推荐相关商品，比如，当人们在手机上网购相关产品或在搜索某一宝贝后，除了有浏览痕迹外，还有很多推送的栏目，细心的用户点进去查看，不难发现，里面基本上是我们想买没买的收藏商品。

人们靠搜索来找到自己心仪的商品方式开始变化，有时候人们不一定需要历史交易记录，有大数据技术作为支撑，可以快速找到想要的内容，这比传统的营销推广更具实效，它通过信息的累计，利用某种关联与数据整合，帮助企业筛选目标用户，定向地向不同类型的消费群体推送不同的创意广告，促成销售与再销售的实现。

毋庸置疑，大数据改善了用户体验，手机内置的各种芯片和传感器功不可没，它们无时无刻不在产生着数据，用大数据思想管理使用这些数据，企业就可以了解用户需求及用户使用的产品的状况，可以做适时的提醒或推荐。

大数据对电商的影响在于它能够清楚地分析用户行为，累计数据以更好地了解用户的需求，电商便能不断地去开发新产品，满足不同用户的日常所需。

三、电子政府应用

电子政府的本质是以网络技术为平台，形成的"跨时间、地点、部门的全天候的政府服务体系"。我国电子政府经过多年发展，基本建立了各级政府信息网络和各主要行业的信息系统，政务信息化已经融入政府工作的各个方面。电子政府是连接现实权力与网络虚拟空间的平台，是我国政府治理在网络空间的缩影，政府的治理行为、决策措施、法律法规都在电子政府的平台体现，电子政府不仅是个网络平台，更是我国政府治理与时俱进与民生动态国际形势接轨的窗口。

在科技浪潮迅速席卷公共管理领域的今天，大数据推动了重点在于公共信息的开放与共享以及政府与国民的沟通和合作的"政府3.0时代"的到来。与以往传统电子政府不同的是，将"政府提供"模式逐渐转变为"以每个人为中心"模式，这将提高政府制定政策的透明度，同时增加民众对政府的信任，呈现出双向互动自主掌握的态势，将从根本上改革政府的组织模式和政府形态，进而改变政府治理模式，影响整个政府存在的形态。具体来说，大数据在电子政府中的应用主要体现在以下几点。

第一，政府通过大数据的应用，在原有电子政务平台的基础之上实现了快速反应的公共安全管理。比如我国的江苏省苏州市曾连续10年被评为"社会治安安全市"，数据显示苏州现行命案破案周期平均在5天以内，命案破案率达到99.16%，所依靠的就是多渠道的大数据采集和快捷的数据处理能力。另外，电子眼、互联网等数据搜集渠道的丰富和越来越多的数据加入犯罪预测模型中，使警方能更有针对性地锁定犯罪易发点，高效打击犯罪。

第二，政府通过大数据的应用，在原有的电子政务平台的基础之上实现了以人为本的综合社会管理。例如，沈阳市大东区区政府通过以大数据为依托，进行数据挖掘与分析，实现了创新的网络化社会服务管理模式。

第三，政府通过大数据的应用，在原有的电子政务平台的基础之上实现了医学研发能力的提高，医疗个性化发展。例如，伴随着科学技术的不断发展，以往无比昂贵的基因测序变得不再遥不可及，那么海量的基因数据也将随之产生，一些医疗机构正通过高级算法和云计算加速基因序列分析，让体检机构或者主治医生能以更快、更便捷、成本更低廉的方式发现疾病，并且对疾病的治疗也更加高效。

四、精准医疗应用

精准医疗，顾名思义，每个病人都是独一无二的，就如同我们的基因，如果将个体的遗传密码与癌症进行匹配，并做出精准的判断，从而能更精确地用药治疗，将会对治疗疾病的方式有极大的改善。随着以基因组为代表的组学数据的发展，人们越来越多地积累了以遗传密码为代表，不仅是基因的信息，也包括蛋白的信息，而挖掘这些信息以后会得到很多反映人类健康和疾病的信息。所以如果把这些信息应用到临床当中来，一定会提高临床的效果，这就是所谓精准医疗的本质含义。

现在的医疗体系面对的是病人，主要是对病人进行所谓的治疗，但是，未来因为精准医疗的发展，由于组学大数据的介入，那么就会使得这个时候的健康不仅是对病人，而是对全民，对任何人在其没有得病的时候我们测量其组学数据，分析组学大数据，那么就可以对其未来健康发展的危险因素做出评估，根据评估进行适当干预。这样会抑制疾病的发展，从而减轻它的程度，这样就把整个医疗健康体系的关口前移。对胃病在没有发病之前就提出评估与保证，这是一个根本性的概念的转变。

精准医疗至少要具备两个条件，第一个是要具备组学大数据的基础。精准医疗就是把组学大数据用到临床当中来，所以首先要获取组学大数据，那么也就是获取基因组、蛋白组、转入组、代谢组等这些组学数据。这些数据本身是没有用的；第二个就是组学数据的挖掘，挖掘就会用到大数据分析的理论方法，包括人工智能的方法，深度学习的方法等，以知识为基础的方法用来挖掘这些组学，以获得在分子水平上与疾病相关的知识，这是第一个基础。

有了这些分子知识和组学知识并用到临床疾病当中来，还要建立第二个基础，就是搭建分子水平的以基因型为代表的信息核，建立这种桥梁之后才能有效把分子水平的信息转化应用到疾病的诊断和治疗当中来，这就是要建立所谓生物信息学、生物网络、系统生物学等方面。

数据应用专栏7　　　　　**朗玛信息：进军医疗健康大数据**

围绕"用户入口、大数据分析、医疗资源"的三要素，朗玛信息公司正逐步开展以互联网医院为核心载体的互联网医疗业务。在互联网医院的支撑下，朗玛正在以互联网、大数据、云计算等先进技术为纽带，建设囊括实体医院、体检机构、社区卫生中心、药店、医生、康复中心、养老机构、保险机构、学术研究、政府监管等在内的共赢生态圈。互联网医院将帮助用户更便利地得到适当的医疗与健康管理服务，改善提升用户在医院的就医体验，就医后也能得到更好的康复。互联网医院也将从看病诊疗的场所延伸至基于大数据的健康管理，真正实现"上医治未病"。

一、公司介绍

贵阳朗玛信息技术股份有限公司（简称"朗玛"）成立于1998年，"朗玛"取自"珠穆朗玛"，世界最高峰的含义，英文名"Longmaster"有长久掌握和控制的意思，意喻着公司要做涉及领域中的最高者、领跑者。公司是互联网医疗行业积极的践行者，致力于利用互联网、大数据及云计算技术、有机结合世界最前沿的医疗及智能穿戴技术，构建健康领域一流的互联网服务公司。朗玛同时运营着中国最大的电话语音社区，与中国电信、中国移动、中国联通建立了长期稳固的业务合作关系。2012年2月朗玛信息在深圳证券交易所创业板上市（股票代码：300288），成为贵州首家创业板上市的高科技企业。2016年，朗玛营业收入约为39.8亿元人民币，与上年同比增长25.72%。

二、"互联网+"医疗

作为"互联网+"医疗行业的深耕者，从2013年开始，朗玛就利用互联网、大数据及云计算技术，结合世界前沿的医疗及智能穿戴技术，致力于构建健康领域一流的互联网服务公司。

2016年6月，面向全国的疑难重症二次会诊平台——朗玛信息旗下"39互联网医院"上线运行。该平台以实体医院为支撑，通过"互联网+医疗"模式，为疑难重症病患者提供快速、深度的诊疗意见。自上线以来，

"39互联网+医院"已会诊来自全国21个省份、25个专业的疑难重症患者2000多人，签约200余家基层医疗机构开展基于互联网医院的疑难重症二次诊断，签约来自53所知名医院的1000余名专家。

"互联网+"医疗最新的产品形态，除了已经磨砺百遍的远程视频问诊，同时演化出了远程查房、远程联合专家门诊、影像会诊、病理会诊、远程诊疗技术指导、精准分诊预约、双向转诊、远程经典病例教学、精准常态化远程医疗扶贫等多个产品模式的互联网医院体系（见图5-11）。为基层医院提供更多合作的形态，也为基层的病患提供更多的服务模式。

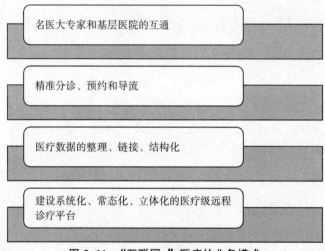

名医大专家和基层医院的互通

精准分诊、预约和导流

医疗数据的整理、链接、结构化

建设系统化、常态化、立体化的医疗级远程诊疗平台

图5-11　"互联网+"医疗的业务模式

作为率先获得医疗机构执业许可证和不断升级的移动互联网轻便高清平台，"39互联网+"医疗已经研究出来一套"无限贴近医疗现场感"的业务模式，初步形成了四个主要价值的远程医疗体系：实现名医大专家和基层医院的互通；精准分诊、预约和导流；医疗数据的整理、链接、结构化；建设系统化、常态化、立体化的医疗级远程诊疗平台。

朗玛通过布局"互联网+"医疗，首先，打破了医患问诊的地域和时间限制，有效利用专家的碎片化时间；其次，解决了利益链问题，专家通过多点执业形式，可利用休息时间为患者会诊；最后，强大的运营团队完成了专家入驻、电子病历整理等基础工作。这为广大人民群众有效缓解了看病难、看病成本高等问题。

三、医疗健康大数据

在良好的产业政策环境下,朗玛信息收购39健康网是朗玛进军医疗健康大数据产业的第一步,是公司产业布局的方向。39健康网是中国第一健康门户网站、中国互联网百强网站。网站于2000年3月9日正式开通,是中国历史最久、规模最大、内容与用户最多的健康门户,39健康网致力于以互联网为平台,整合优质的健康资讯,传播全新的健康理念,在健康新闻、名医专栏、就医用药信息查询、医生在线咨询等方面持续领先,引领在线健康信息,月度覆盖用户数已过亿人。

接下来,朗玛信息将在省市政府的支持下,整合贵州当地的医疗服务资源,开展医疗健康大数据的新技术应用实践。通过3~5年的时间,建设资源承载平台、人才聚集平台、流程实践平台、服务创新平台四大平台,推动国内外高端医疗资源往网络集中,最终打造一个新型的网络示范医院/互联网医院。在这种新型的互联网医院中,除了传统诊疗之外,还有网络诊疗、远程医疗;除了看病之外,还有健康管理;朗玛还会尝试实践多点执业等。朗玛互联网医院的建成,将是互联网与健康服务业融合发展的创新与实践。朗玛作为一家互联网公司和技术驱动型公司,重视在技术和商业模式上的创新,力图在医疗健康大数据领域走出自身独特的发展道路。

为了补强在大数据领域、特别是医疗健康大数据领域的技术力量,朗玛信息与电子科技大学建立了医疗健康领域的联合实验室,主要致力于在医疗健康与大数据的融合领域进行前沿技术的研究。毫无疑问,这也将有助于朗玛进军医疗健康大数据。

资料来源:笔者根据多方资料整理而成。

五、智能交通应用

智能交通行业是现代IT技术与传统交通技术结合的产物,对于新技术应用较为敏感,但由于技术应用的不均衡及质变时间点不一,新技术对原有技术的兼容性与适应性更加敏感,随着高清摄像、车辆传感器技术的应用,智能交通行业数据出现了爆发性的增长,视频、图片数据大量出现,使原有的数据技术有些措手不及。物联网、云计算、大数据、移动互联等技术在交通领域的应用和发展，不仅给智能交通系统注入新的技术内涵，对智能交通系统的模式、理念也产生了巨大影响。

第一，高效的云计算能力，带来千亿数据的秒级返回的检索能力，为大数据分析应用提供了快速的保障。基于深度学习的智能分析算法，为大数据分析应用提供有力的工具。交通大数据的分析，为交通管理、决策、规划、服务以及主动安全防范带来更加有效的支持。

第二，利用大数据技术，结合高清监控视频、卡口数据、线圈微采集波数据等，再辅以智能研判，基本可以实现路口的自适应以及信号配时的优化。通过大数据分析，得出区域内多路口综合通行能力，用于区域内多路口红绿灯配时优化，达到提升单一路口或区域内的通行效率。如根据平日/节假日，早、晚高峰/其他时段，主要干道关键路口/次关键路口/普通路口，白天/夜间等不同情况，人工或系统自动设置不同的配时，达到大幅提高区域内交通通行能力的效果。

第三，大数据分析研判功能，还可以支持对卡口数据、视频监控数据进行二次识别，提高车辆信息的准确性，进而利用大数据实现轨迹分析、落脚点分析、隐匿车辆分析等功能。对车辆大数据进行深入挖掘，实现事前全面监控、事中及时追踪、事后准确回溯的不同场景需求。常州市建设的车辆大数据平台，协助有关部门每天自动发现套牌车辆10余起，再根据车辆的轨迹分析和落脚点分析，快速找到套牌车辆进行处罚管理。

第四，结合智能算法、二次识别等功能，可以更准确地识别车牌、车身颜色、车型、车标、年款等特征，并且对遮阳板检测、安全带检测、接打电话检测、司机人脸识别等进行分析。

目前，国际智能交通领域的车路协同系统、公众出行便捷服务、车联网等热点技术领域，都在广泛研究和应用云计算、大数据、移动互联等新技术，交通大数据的研究非常活跃，并已经形成了许多具有良好应用前景的创新成果。

交通行业大数据时代的来临是智能交通发展的必然趋势，随着研究和应用的深入，大数据技术在优化交通运行管理、面向车辆和出行者的智能化服务，以及交通应急和安全保障等方面都将形成巨大的市场，大数据分析也为智能交通行业发展带来新的机遇。

数据应用专栏8　一嗨租车：轻松移动租车

2017年5月19日，全国连锁租车品牌一嗨租车，携手北京现代全新胜达、上海旅游网等合作伙伴，在风景秀丽、世界文化与自然双重遗产地武夷山，启动了一场规模盛大的落地自驾游活动，来自一嗨租车的贵宾用户、企业代表以及全国的自驾游爱好者，乘坐飞机、高铁从四面八方汇集于此，组成了20辆车的全新胜达自驾车队，在三天时间内畅游武夷，深度体验了一把落地自驾游。

一、公司介绍

一嗨租车创立于2006年1月，是我国首家实现全程电子商务化管理的汽车租赁企业。公司总部位于上海，在全国100多座城市开设了1200多个服务网点，提供100多种车型，服务范围覆盖全国。成立九年多来，一嗨租车始终处于稳健、高速发展的状态，出租率、周转率等重要指标均位居行业前列。公司主要为个人和企业用户提供短租、长租，以及个性化定制等综合租车服务，支持网上预订、电话预订、手机终端预订、门店预订等多种预订方式，以及刷卡支付、线上支付、储值卡支付等多种支付方式。2014年11月18日，一嗨租车在美国纽约交易所成功上市，交易代码为"EHIC"。2016年，一嗨租车营业收入14.506亿元人民币（约合2.239亿美元），较2015年营业收入8.512亿元人民币，增长了70.4%。

二、数据驱动、理性繁荣

形形色色的汽车限购政策，给租车行业带来很大的发展契机。但在整个行业规模比拼的大环境下，一嗨租车一直坚持"数据驱动、理性繁荣"的理念，注重对大数据的挖掘和应用，并严格依据系统历史统计数据以及一线调研信息来制订扩张计划，期望保障企业的可持续发展。

一嗨租车目前有约13000辆车，各地在根据实际运营情况陆续增加。作为我国首家全程实现电子商务化管理的汽车租赁企业，一嗨租车充分发掘数据的价值，从而得以对旗下车辆资源进行有效利用和合理调度，车辆信息都会实时反馈在一嗨官网上，用户只用根据需要选择现有车型即可轻松预定。同时，一嗨租车实体门店位置的选取、虚拟店（即为服务网点，用户可选择在该网点提车，届时由工作人员将车辆送至该地点）的设置，以及两者之间的转化都是基于功能强大的数据库支持。比如一嗨租车在网上有虚拟店，经过一段时间的运营，如果虚拟店的业务量增加到一定量级，一嗨租车就会把虚拟点升级为实体店。相反，实体门店业务量不断下降的话，就会被裁撤掉而变为虚拟店。这也就避免盲目扩张实体店而投入大量的资金了。一嗨租车会根据中央数据中心的数据和一线调研团队的调研数据来帮助公司决策。如一嗨租车的预定系统可以动态监控库存，根据这些数据一嗨租车的系统也就能及时地自动调整每个地区、每种车型的即时价格等。

资料来源：笔者根据多方资料整理而成。

六、金融投资应用

当前，大数据是重要的前沿观念，并且已经在金融投资行业成为共识，随着金融投资业务的载体与社交媒体、移动电子商务的融合越来越紧密，仅对原有15%的结构化数据进行分析已经不能满足发展的需求，急需借助移动大数据战略打破数据边界，囊括85%的大数据分析，来构建更为全面的企业运营全景视图。未来社会从本质上是互联的、互通的、共享和标准化的，任何封闭的信息孤岛式的管理都不符合大数据时代的趋势。金融投资行业需要转变思维，早做准备，更好地迎接大数据时代的到来。对于金融投资行业的发展，金融投资行业大数据应用需求主要体现在四个方面。

第一，需要可扩展性开放架构做支撑。大数据要求金融投资企业 IT 基础设施更加便于数据的整合与集中、扩展与伸缩，以及管理与维护，同时还必须具备良好的可靠性、可控性、安全性。随着 X86 架构 CPU 处理器制程、内部计算架构设计推陈出新，其性能已逐渐赶上 RISC 服务器，同时，在稳定性、可用性及服务性方面也能够胜任海量数据对基础架构能力的要求，因此，具备高扩展性的开放架构正逐步成为金融行业应对大数据的优选方案。

第二，大数据在加强风险管控、精细化管理、业务创新等转型中起重要作用。移动大数据能够加强风险的可审性和管理力度，对业务进行精细化管理。我国银行业利率市场化改革已经起步，利率市场化必然会对银行业提出精细化管理的新要求。大数据支持服务创新，能够更好地实现"以客户为中心"理念，通过对客户消费行为模式进行分析来提高客户转化率，开发出不同的产品以满足不同客户的市场需求，进而实现差异化的竞争。

第三，在高频交易、小额信贷等领域加速推进。大数据应用已经在金融投资业逐步推开，并取得了良好的效果，形成了一些较为典型的业务类型，例如高频交易、小额信贷等。高频交易的主要特点是对实时性要求高和数据规模大。沪深两市每天 4 个小时的交易时间会产生 3 亿条以上逐笔成交数据，随着时间的积累数据规模非常可观。与一般日志数据处理不同的是，这些数据在金融工程领域有着较高的分析价值，金融投资研究机构需要对历史和实时数据进行挖掘创新，用来创造和改进数量化交易模型，并将之应用在基于计算机模型的实时证券交易过程中。小额信贷是另一个大数据应用领域，阿里巴巴和建行推出过一个专注于小企业的贷款计划——e 贷通，阿里巴巴拥有大量用户信息，并汇集了他们详细的信用记录，然后利用淘宝等交易平台掌握企业交易数据，通过大数据技术自动分析判定是否给予企业贷款，而建设银行坐拥巨额资金，希望贷款给无信用记录但发展势头良好的小企业。阿里巴巴服务于几十万家小微企业，放贷几百多亿元，坏账率低于商业银行水平。

第四，在精准营销方面，各大金融投资机构也纷纷开始行动。招商银行通过大数据分析能够识别出招商信用卡的高价值客户，这些客户经常出现在星巴克、DQ、麦当劳等餐饮场所，招商银行通过"多倍积分累计""积分店面兑换"等活动吸引优质客户，通过构建客户流失预警模型，对流失率等级前 20% 的客户发售高收益理财产品予以挽留，使得金卡和金葵花卡客户流失率分别降低了 15% 和 7%，通过对客户交易记录进行分析，有效识别出潜在的小微企业客户，并利用远程银行和云转介平台实施交叉销售，取得了良好成效。

七、传统制造应用

近年来，随着互联网、物联网、云计算等信息与通信技术的迅猛发展，大数据成为许多传统制造企业共同面对的严峻挑战和宝贵机遇。如今，传统制造业整个价值链、传统制造业产品的整个生命周期，都涉及诸多的数据，比如产品数据、运营数据、价值链数据和经济运行数据、行业数据、市场数据、竞争对手数据等。大数据可能带来的巨大价值正在被传统产业认可，它通过技术创新与发展，以及数据的全面感知、收集、分析、共享，为企业管理者呈现出看待传统制造业价值链的全新视角。

在德国工业 4.0 中，通过信息物理系统（CPS）实现工厂车间的设备传感和控制层的数据与企业信息系统融合，使得生产大数据传到云计算数据中心进行存储、分析，形成决策并反过来指导生产。具体而言，生产线、生产设备都将配备传感器，抓取数据，然后经过无线通信连接互联网，传输数据，对生产本身进行实时监控。生产所产生的数据同样经过快速处理、传递，反馈至生产过程中，使得工业控制和管理最优化，对有限资源进行最大限度使用，从而降低工业和资源的配置成本，使得生产过程能够高效地进行。在"中国制造 2025"中，利用互联网激活传统工业过程，明确了同时实现三项目标：降低企业对劳动力的依赖、满足用户个性化需求，并降低流通成本。所采取的战略主要为"智慧工厂""智能化生产"和"智能化物流"，其特点是智能化生产。实现这个过程的基础就是信息技术与工业技术的高度融合，网络、计算机技术、软件等与自动化技术的深度交织。

大数据是传统制造业智能化的基础，其在制造业的应用包括数据采集、数据管理、订单管理、智能化制造、定制平台等。通过对大数据的挖掘，实现流行预测、精准匹配、社交应用等更多的应用。同时，大数据能够帮助制造业企业提升营销的针对性，降低物流和库存的成本，减少生产资源投入的风险。利用这些大数据进行分析，将带来仓储、配送、销售效率的大幅提升和成本的大幅下降，并将极大地减少库存，优化供应链。同时，利用销售数据、产品的传感器数据和供应商数据库的数据等大数据，制造业企业可以准确地预测全球不同市场区域的商品需求。由于可以跟踪库存和销售价格，大数据帮助传统制造业企业便可节约大量的成本。

2016 年，在中国大数据产业峰会暨中国电子商务创新发展峰会上，李克强总理微微拉开外套，面向来自全球信息产业的知名大咖展示了他的西装。他说，他的西装是中国企业做的，而且也和大数据有关。这件大数据西装，出自一家来自青岛的服装企业——红领服饰。在红领工厂发现，每件衣服上都吊有一个电子标签，而在设计、制版、裁剪、缝合等各个流程上都有扫描设备，每经一个流程，先扫描电子标签显示订单的尺寸、材质、样式等详细信息，生产线上的机器或工人会根据这些个性化信息进行相应的加工。由于订单信息各不相同，流水线上吊挂着颜色、大小和样式各异的服装。过去十年，红领收集了 200 多万个样本数据，积累了超过 200 万名顾客个性化定制的版型数据。可以说，红领服饰收集了各种各样的西服的数据，上网查哪一个适合你，如果不满意还可以自我修改，通过这样的大数据实现了个性化的生产，个性化生产的成本高 10%，但是回报至少是两倍。原来要求顾客测量身体的方面测量出七个参数。现在有公司研发了一个平台，用手机拍正面、侧面、背面，再加上身高，会出来一个三维效果，可以做一件贴身的衣服。可以说，红领个性化生产方式的关键是数据流动的自动化，而这是一种看不见的自动化，是解决定制化生产中不确定性、复杂性和多样性的必要手段。

八、新零售应用

新零售是 2016 年 10 月 13 日马云在杭州云栖大会上提出的未来五大趋势之首。他认为纯电商时代很快就会结束，纯零售的形式也即将被打破，新零售将引领未来全新的商业模式。

在新零售时代，线上和线下不再是严格对立的两个概念，两者将会被深度整合，进而演化成相互依存、互为补充和促进的存在。与此同时，零售也会回归其服务业本质，即为消费者提供高效和贴心的服务。要达到这个目标，线上的灵活度和信息透明化以及实体零售商的环境体验缺一不可。

目前实体零售商对顾客的了解主要建立在会员制和顾客档案的基础上。零售商会通过积分优惠等机制引导顾客注册成为会员，并为顾客建立个人档案。零售商会通过购物记录对顾客进行跟踪，并从中推断顾客的兴趣所在，继而向他们推荐类似的商品。但是这种方式存在着明显的局限性：一方面，实体零售商所收集的信息来源单一而且体量有限，在信息的时间点上也缺乏连贯性；另一方面，实体零售商很难建立起维度相对丰富的客户档案，在数据的挖掘上也通常不具备优势。在这两个原因的叠加作用下，实体零售商很难为消费者提供称心如意的购物体验。大数据技术的出现正好可以弥补这个劣势。

想象一下，当你进入一个百货商场时，根据你兴趣点定制的商品折扣信息已经通过短信、APP 推送或新闻底部广告等方式被自动传递到你的手机上；不仅如此，当你走进某个商家的时候，手机也会相应地弹出该商家的相关促销信息，甚至你的手机银行也会推送一条与该商家合作的消费打折信息；你和服务员沟通的时候，会发现他除了对你的兴趣了如指掌之外，还根据你的需求为你推荐了一款称心如意的产品。在这种情境下，你掏出钱包埋单的概率是否会大幅提升？这也

正是大数据服务商的拿手好戏。

依托新零售商自有数据管理平台的海量数据源和数十亿级别的实时数据，结合线下近场通信感知技术，大数据可以帮助商场实时感知并分析商场内顾客的线上和线下行为。再通过超过 500 个的用户标签体系，大数据精确地刻画出顾客的兴趣爱好特征画像，继而帮助商家从茫茫人海中筛选出目标群体。新零售利用大数据可根据商场方提供的信息对目标人群的标签进行筛选，进而界定出促销活动的目标群体。在目标群体界定完毕后，根据前者的年龄、性别和兴趣等标签帮助商场设计广告页面，并在百度、腾讯、阿里巴巴、今日头条等多家主流媒体上通过 DSP 广告的方式向顾客投放具有针对性和吸引力的促销优惠信息。换句话说，当顾客进入特定区域时就能实时收到和当前消费需求相对应的促销信息，商场也就实现了线下消费引流。

2016 年，银泰商业提出新零售，与阿里巴巴开始密切合作。一方面，银泰商业已支持阿里巴巴平台上的线上品牌于银泰实体店内出售；另一方面，银泰商业已采取措施鼓励银泰线下品牌于阿里巴巴平台上销售。在合作的基础上，银泰商业不仅可利用阿里巴巴的资讯技术及大数据专才，也可向阿里巴巴学习互联网思维方式及经验。除表现良好的喵街、喵货、西选、意选及喵客等 O2O 应用举措外，银泰商业也已推出集货及 InJunior 等新线上到线下业务整合模式。2017年，银泰商业着力强调"重构"两个字，所有的零售百货公司都要转变成互联网公司，都要和实体相结合。新零售以大数据为基础，主要围绕"人、货、场"三个方面进行重构。原来阿里是一个虚拟的场，银泰是实体的场，这两个场如何结合，如何虚中有实、实中有虚，这个结合不只是引流，无论是线上往线下引流，还是线下往线上引流，核心是怎么产生化学反应，这是必经的道路，所有百货都在做尝试。阿里和银泰的一体化，更能用阿里体系内的创新机制来推动银泰在新零售上的创新，把整个新零售的业态在银泰完成。

数据应用专栏9　　汇纳科技：打造商业大数据平台

2017 年 2 月 15 日，A 股第一家完全以大数据为主营业务的企业——上海汇纳科技信息股份有限公司（300609.SZ）正式在深圳证券交易所创业板挂牌上市，本次 IPO 发行价格为 8.12 元/股，此次汇纳科技正式踏上资本市场，意味着其在大数据行业领域——尤其线下消费类领域的大数据深度挖掘等业务将再上一个台阶，获得更大发展。

一、公司介绍

上海汇纳信息科技股份有限公司（简称"汇纳科技"）是中国领先的线下实体商业数据服务商，汇纳科技的创新已超越产品和服务本身，更将自身转变为一个网罗智慧的数据平台。汇纳科技发展至今 12 年，始终专注于线下商业数据采集传感器技术的研发及应用，通过专业的数据挖掘分析服务帮助实体商业全面实现数字化经营，满足不同实体业态的业务发展需求，并借助创新的商业模式和共赢的经营理念，不断推动线下智慧购物的科技创新，构建连接实体商业的数据平台。汇纳科技的所有核心硬件产品及相关视频分析算法、数据应用平台均由汇纳科技自主研发。2016 年公司营业收入约为 17.29 亿元人民币，比上年增长 28.11%；归属于上市公司股东的净利润为 4.8 亿元，比上年增长 29.99%。

二、专注于线下消费类数据挖掘

综观整个大数据市场，据前瞻产业研究院发布的《2016~2021 年中国大数据产业发展前景与投资战略规划分析报告》显示：2016 年，中国大数据市场规模达到 767 亿元，预计到 2020 年，中国大数据产业规模将达 8228.81 亿元，2016~2020 年复合增长率为 48.5%。在整个大数据领域，消费类数据可谓是重中之重，其中又以线下的消费数据为重点和难点所在。在过去的几年间，线下实体虽受线上消费的影响较大，但不容置疑的是线下庞大的实体客流大数据仍旧是商家必争之地，甚至对于整个 O2O 产业的数据打通也起到至关重要的作用。汇纳科技作为中国客流分析行业的领导品牌，自创始之初就致力于线下消费领域的数据分析。

汇纳科技主要通过商业 WiFi、自主研发的视频客流采集系统等多种类型传感器采集线下消费者行为数据，在此基础上进行数据可视化呈现及挖掘应用，为商场管理者提供更加准确而深入的线下消费者行为分析数据。具体来说，汇纳科技线下消费类数据领域的挖掘步骤分为三步：第一，探测顾客的滞留时间。汇纳科技通过探测顾客的滞留时间来统计出其在这个购物中心的游逛深度，游逛深度的差异也反映了商场的吸引力和顾客的购物偏好。第二，客群服务。客群服务包括新老客户的占比，个体的游逛路线，逛哪些店，平均每个人在购物中心或者实体店待了多少时间。第三，客群画像。客群画像是指在客流数据基础上整合手机 MAC 地址、运营商或者政府公开的数据，以实现对实体店里的这些客群进行分析或者画像：他的收入水平、年龄段、居住地、工作地，这些人经常逛哪些购物中心等。

三、线下实体商业大数据平台

汇纳科技不仅是线下消费数据领域的佼佼者，而且还是中国领先的线下实体商业数据服务商。汇纳科技线下客流分析系统占据其产品总量的 75% 以上，其产品及服务已覆盖全国多家商业综合体及多家品牌连锁店铺，遍布全国 340 多个城市及地区，市场占有率超其他品牌总和。汇纳科技成立十余年来，始终专注于线下商业数据采集技术的研发及应用，现已覆盖"20 万+数据采集传感器""900+商业综合体""18000+品牌连锁商铺"，实现了每年百亿人次客流量统计，帮助实体商业全面实现数字化经营，不断推动线下零售科技创新，并构建了国内领先的实体商业数据平台。

汇纳科技主要通过在购物中心，品牌连锁店等线下实体商业安装传感器，来采集线下实体商业的数据进行分析数据的完整立体。公司利用传感器采集到的数据同时会汇总到两个平台：一是基于客户局域网的小平台，这上面只能看到他们这里的传感器采集到的数据；二是公司搭建的汇客云平台，这个平台汇总了所有传感器采集到的数据，同时还整合了其他数据，比如商场的 POS 数据、其他第三方数据、天气的数据、促销的数据等，然后以客流，就是以消费者为中心来对实体商业提供数据服务。

资料来源：笔者根据多方资料整理而成。

【章末案例】　　**四维图新：构建大数据新生态**

自动驾驶的热潮不仅加速了整车企业的智能化转型，更催生了产业链上各个参与者的全新竞争格局。这其中，对于四维图新而言，面向自动驾驶环境的高精度地图以及大数据能力是当前竞争的核心焦点。那么如何在竞争中实现转型、占得先机？四维图新则给出了它的答案——构建大数据新生态。

一、公司介绍

北京四维图新科技股份有限公司（简称"四维图新"）成立于 2002 年，

是中国领先的数字地图内容、车联网和动态交通信息服务、基于位置的大数据垂直应用服务提供商，始终致力于为全球客户提供专业化、高品质的地理信息产品和服务。经过十年多的发展，四维图新已经成为拥有9家全资、11家控股、6家参股公司的大型集团化股份制企业。作为全球第三大、中国最大的数字地图提供商，公司产品和服务充分满足了汽车导航、消费电子导航、互联网和移动互联网、政府及企业应用等各行所需。在全球市场中，四维图新品牌的数字地图、动态交通信息和车联网服务已经获得众多客户的广泛认可和行业的高度肯定。

近年来，公司的营业收入稳中有升。2013年，公司的营业收入约为8.81亿元；2014年，公司营业收入约为10.59亿元；比上年增长20.22%；2015年，公司的营业收入约为15.06亿元，比上年增长42.22%，2016年，公司营业收入约为15.85亿元，比上年增长5.26%；归属于上市公司股东的净利润为1.57亿元，比上年增长20.29%。总体来说，四维图新的发展势头良好，呈稳步上升趋势。具体如图5-12所示。

图5-12 四维图新2013~2016年公司营业收入状况

资料来源：根据四维图新2013~2016年年报整理而成。

二、智能出行

智能出行是智能交通的重要组成部分，而数字地图、动态交通信息、车联网则是实现智能出行的重要技术，四维图新为智能出行贡献了自己的力量。四维图新在智能出行的主要服务包括数字地图、动态交通信息和车联网，如图5-13所示。

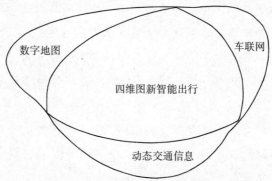

图 5-13　四维图新智能出行

　　第一，在数字地图领域，公司一直关注大数据时代地理信息数据的整合与发布，通过专注地理信息数据研发，建设地理信息数据云平台，持续深入挖掘数据背后的商业价值。四维图新数字地图已连续 13 年领航中国前装车载导航市场，获得宝马、大众、奔驰、通用、沃尔沃、福特、上汽、丰田、日产、现代、标致等主流车厂的订单；并通过合作共赢的商务模式在消费电子、互联网和移动互联网市场多年占据 50% 以上的市场份额，汇聚了腾讯地图、百度地图、搜狗地图、HERE 平台、图吧地图、老虎地图、导航犬、天地图等上千家网站地图和众多手机地图品牌，每天通过各种载体访问公司地图数据的用户超过 1.5 亿。作为全球第三家、中国第一家通过 TS16949（国际汽车工业质量管理体系）认证的地图厂商，率先在中国推出行人导航地图产品，并已在语音导航、高精度导航、室内导航、三维导航等新领域实现了技术突破和产品成果化应用。2012 年成为目前全球唯一一家掌握 NDS 标准格式编译技术，提供 NDS 导航地图数据的公司。

　　第二，在动态交通信息服务领域，四维图新拥有中国覆盖最广、质量最高的服务体系，已建成北、上、广、深等 30 余个主要城市的服务网络，高品质服务已连续五年 7×24 小时可靠运营。凭借在技术和市场的领先优势，依托全国最大浮动车数据平台，集成海量动态交通数据，四维图新可提供交通拥堵、交通事件、交通预测、动态停车场、动态航班信息等丰富的智能出行信息服务，成功服务 2008 年北京奥运会和 2010 年上海世博会，成为中国动态导航时代的领跑者。

第三，在车联网服务领域，包括乘用车联网业务和商用车联网业务。公司自 2009 年开始持续加大投入力度进行车联网相关技术的研发，并于 2011 年推出乘用车车联网业务品牌"趣驾"FunDrive（www.fundrive.com）。趣驾 WeDrive 全生态车联网产品涵盖从导航数据、实时交通数据、自主车规级操作系统、混合导航、自主手机车联、应用商店开放平台、云服务平台在内的完整车联网解决方案，实现人与车、车与车之间的智慧连接；趣驾 WeLink，实现手机与车机的完美便捷连接，让手机的内容和用户的习惯在车载上得到完美延伸，涵盖车载使用场景必备应用和功能，更特别为车主设计了驾驶模式下的"交通路况看板""轻导航面板""社交上车"等特色功能，同时配备了强大的云端应用商店 APP Store，让车机内容更加丰富；趣驾 WeNav 混合导航是国内领先的车载和移动端导航引擎，支持在线、离线双导航引擎自由切换模式，及实景三维视图，支持数据差分、增量更新、分省更新，提供多种方式智能路线规划方案，同时凭借智能语音进行地点搜索、路线查询以及导航中的自然语义引导，导航过程中的电子眼语音播报、行车记录仪、车道线识别等 ADAS 功能，将为用户带来更加安全的导航驾驶体验。

在商用车车联网业务产品中，寰游天下车辆综合信息服务平台、中寰位置云服务平台、北斗物流云服务平台，形成一整套平台、终端、移动端 APP 应用的商用车联网服务产品及从车辆数据采集到云平台服务到大数据处理，再到手机端垂直应用的产品组合，实现了包括金融风险防控、车厂服务能力前移、售后服务质量监管等主要功能。如今，商用车车联网产品及服务进一步升级，在位置大数据平台基础上，打造以芯片、传感器、算法等软硬件能力为核心的产品及服务，结合货源、维修、金融等外部资源为用户解决痛点，提供价值，构建"卡车人"综合服务平台，改变用车方式，让"卡车人"生活更美好（见图 5-14）。

公司还通过资本合作、战略协同等方式积极完善车联网产业链。公司以发行股份及现金支付方式收购杰发科技，产业链布局向车载芯片领域延伸。2017 年 3 月 2 日，四维图新收购杰发科技 100% 股权。杰发科技 2016~2018 年的承诺净利润分别为 1.87 亿元、2.28 亿元和 3.03 亿元。杰发科技收购完成，有利于公司形成在国内最完整的车联网产业链布局。此外，公司在乘用

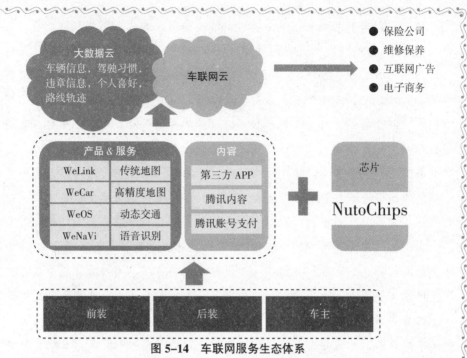

图 5-14　车联网服务生态体系

资料来源：http://www.cyzone.cn/a/20140725/260917.html.

车联网和商用车联网方面取得突破，逐步落实产业链上下游及软硬件一体化整合战略和以大数据为基础的新型车联网战略。长城、北汽、东风、福田、一汽、上汽等项目陆续量产；与江淮、大运等前装车厂建立合作关系，逐步扩大商用车前装渠道；与安吉物流等行业用户合作探索"互联网+"产品/服务形式及商业模式创新。

此外，自动驾驶领域是汽车行业发展的必然趋势。四维图新与多方开展战略合作，进一步发挥公司在 ADAS 地图、高精度地图等方面的领先优势，推动商用进程。2016 年 7 月，公司与伟世通签署战略合作框架协议，深入拓展自动驾驶技术领域。2016 年 8 月，公司与蔚来汽车等互联网汽车企业签署战略合作框架协议，进行商用合作。2016 年 12 月，公司与长城汽车签署自动驾驶项目合作协议，深化在车辆自动控制、体系结构、智能驾驶算法、环境感知算法等自动驾驶技术领域方面的布局，加速自动驾驶技术商用进程。公司通过全资子公司图新投资（香港）科技有限公司与腾讯及新加坡政府投资公司共同在荷兰设立 SIWAY 公司，并通过 SIWAY 收购 HERE 10%

的股权，公司拟与 HERE 在中国共同设立合资公司开展密切协作，推进自动驾驶领域研发及车联网与物联网大数据应用。

可以说，智能交通与车联网、自动驾驶、大数据等技术的高度融合已是显而易见的趋势。利用目前手中的大数据能力深扎汽车行业，四维图新 CEO 程鹏的设想是短期内利用杰发科技的芯片将车联网的通道搭建起来，为用户带来智能化的车载信息娱乐体验。中长期目标是利用算法和芯片的优化，开发出可实现自动驾驶技术的芯片，并最终为自动驾驶提供"硬件+软件"的解决方案。左手掌握数据和算法，右手拿到了芯片，四维图新想得到的是一张未来智能交通生态圈内核心供应商的入场券。

三、大数据新生态

2016 年以来，四维图新不断加快上下游产业链的一体化整合。2016 年初与东软战略合作，强化车联网平台软件实力，最近又收购联发科技旗下杰发科技芯片商，将获得车联网硬件核心芯片的研发能力，试图完成软硬件的综合布局……这一系列的动作高调彰显了四维从图商向综合地理信息服务商转型的决心。同时，加上此前其在高精度地图、算法、车联网操作系统和手机车机互联方案等领域的布局，四维图新已成为目前国内为数不多的在智能交通供应链领域均有布局的企业。

随着数据源的增多，四维图新已形成了海量的数据累计，预计到 2020 年四维图新将产生 350 亿 TB 的数据，每分钟采集的数据可绕地球 30 圈。通过接入滴滴出行、私家车、出租车、客车、物流车、移动基站等数据，四维图新已经形成了强大的数据提供能力。数据是图商的命脉，除去利用技术优势进行前瞻布局外，如何将数据最大价值地实现商业盈利也是业内所面临的问题。四维图新 CEO 程鹏坦言，目前多维度的数据源已经足够多，但在算法还需要进一步开发，接下来四维图新还将与互联网及行业的深度信息进行接入，除去为传统的汽车企业客户提供地图和出行数据，这些数据还将从精准营销到保险、维修、保养等领域改变未来传统的商业模式。可以说，四维图新已经从卖数据到提供大数据服务。

2016 年 6 月 15 日，四维图新 CEO 程鹏在第五届"地理信息开发者大会"上发表了题为"独立思考，自主创新，构建四维图新大数据新生态"，指出四维图新开始了在动态交通地图、车联网服务等基于地图数据的独立创新，目前业务布局涵盖数字地图、动态交通、车联网、自动驾驶、LBS 及行业应用。四维图新 CEO 程鹏介绍，经历了一系列商业模式的探索和尝试，四维图新正从提供导航地图的数据公司成长为以位置为核心的大数据公司。对于转型大数据生态企业的原因，四维图新有这样的考虑。首先，截至 2020 年，全球产生的数据量将达 350 亿 TB，这个数字是 2009 年的 44 倍，形成了大数据的应用和发展基础。其次，随着深度学习、人工智能算法的演进，对海量数据的处理和特征提取逐渐完善，形成了行业级别应用的算法基础。最后，大数据的获取、分析和应用已经逐渐深入到现今地图生产中的各个流程，这是地理信息数据和服务发展的必然趋势。

对于四图维新构建的大数据新生态主要包括以下三个方面：第一，在地图生产中的应用。为了提高生产效率，以及自动驾驶对标牌的识别和道路的识别，四图维新和欧洲的团队一起开发比如标牌识别体系，准确率应该能达到 98%。第二，在动态交通服务中的应用。利用语音识别的技术，很多用户会向交通台报送相应的一些交通事件，通过各个交通台去汇集相应的交通事件，通过交叉的验证，最后快速发布，以体现四图维新对交通影响的关注。第三，在自动驾驶中的应用。四图维新主要是从高清地图、传感器地图，包括自动驾驶核心的一些算法，为未来的自动驾驶提供更好的辅助服务。

对于未来，四维图新 CEO 程鹏认为，通用传感器贡献数据量将远超专业级。手机、平板电脑、智能穿戴设备、移动社交媒体，诸如此类的通用传感器遍布全球，在互联网环境下，蕴含着海量、高增长率和多样复杂化的位置信息资产。程鹏指出，目前，市面上的通用传感器多达数百种，其为大数据分析贡献的数据量已经远超雷达、红外等专业传感器，成为大数据分析的主要对象。四维图新大数据生态系统，数据来源覆盖滴滴、基于位置的 APP、私家车、出租车、客车/物流车、OBD、移动基站等。四维图新正与滴滴紧密合作，目前有近一半数据来自滴滴，通过特定的算法和分析技术，这些冗杂繁复的数据将为道路交通、商业智能等各行业提供参考。举个例子，通过分析浮动车、摄像头采集到的交通数据，可以用于预测未来不同时段的交通情况，或是计算出不同道路的交通拥堵、信号变更情况。

2016 年 6 月，四维图新 "牵手"京东金融，共同布局车联网大数据金融服务。双方建立战略合作伙伴关系，将以 "互联网+"的思维模式进一步创新车联网金融服务，通过大数据共享，双方将在消费洞察、交通出行、车险征信等领域创造巨大商用价值。京东金融定位金融科技，为企业和个人提供融资贷款、理财、支付、众筹等各类金融服务。

四、启示

据公安部交管局统计，汽车保有量为 1.94 亿辆，同比增长 12%；面对庞大的新车销量及汽车保有量基础，我国汽车联网率还很低，且基于汽车联网的商业模式还在探索当中，我国车联网市场的发展具有极大的可探索及挖掘空间。四维图新车联网的发展对我国该市场的发展有以下几点启示：

第一，面向未来自动驾驶及无人驾驶的快速发展，车联网作为多技术融合型应用领域之一，不但吸引了众多国内外车企、互联网巨头以及通信公司的广泛关注及积极布局，更有大量的创业创新企业跻身其中。

第二，大数据、云服务、深度学习等新一代信息技术的快速发展，正在加速推动汽车联网技术的升级及产品商业化应用。

第三，伴随汽车触网的基础设施环境及产业生态环境日益改善，为车联网市场挖掘商业契机提供了巨大的想象空间。

资料来源：笔者根据多方资料整理而成。

参考文献

[1] 李彦宏. 智能革命：迎接人工智能时代的社会、经济与文化变革 [M]. 北京：中信出版社，2017.

[2] 吴军. 智能时代：大数据与智能革命重新定义未来 [M]. 北京：中信出版社，2016.

[3] 胡虎，赵敏，宁振波等. 三体智能革命 [M]. 北京：机械工业出版社，2016.

[4] 王莉. 虚拟现实时代：智能革命如何改变商业和生活 [M]. 北京：机械工业出版社，2016.

[5] 邓力，俞栋，谢磊. 深度学习 [M]. 北京：机械工业出版社，2016.

[6] 陈潭. 工业 4.0：智能制造与治理革命 [M]. 北京：中国社会科学出版社，2016.

[7] 王作冰. 人工智能时代的教育革命 [M]. 北京：北京联合出版有限公司，2017.

[8] 赵光辉，朱谷生. 互联网+交通：智能交通新革命时代来临 [M]. 北京：人民邮电出版社，2016.

[9] 杨青峰. 智能爆发：新工业革命与新产品制造浪潮 [M]. 北京：电子工业出版社，2017.

[10] [意] 卢西亚诺·弗洛里迪. 第四次革命：人工智能如何重塑人类现实 [M]. 王文革译. 杭州：浙江人民出版社，2016.

[11] 韦康博. 人工智能：比你想象的更具颠覆性的智能革命 ［M］. 北京：现代出版社，2016.

[12] 周鸿祎. 智能主义：未来商业与社会的新生态 ［M］. 北京：中信出版社，2016.

[13] 李开复，王咏刚. 人工智能 ［M］. 北京：文化发展出版社，2017.

[14] ［美］尼尔斯·尼尔森. 理解信念：人工智能的科学理解 ［M］. 王飞跃译. 北京：机械工业出版社，2017.

[15] ［美］佩德罗·多明戈斯. 终极算法：机械学习和人工智能如何重塑世界 ［M］. 黄芳萍译. 北京：中信出版社，2016.

[16] ［美］雷·库兹韦尔. 人工智能的未来 ［M］. 盛杨燕译. 杭州：浙江人民出版社，2016.

[17] ［美］詹姆斯·巴拉特. 我们最后的发明：人工智能与人类时代的终结 ［M］. 闾佳译. 北京：电子工业出版社，2016.

[18] 李智勇. 终极复制：人工智能将如何推动社会巨变 ［M］. 北京：机械工业出版社，2016.

[19] 松尾丰. 人工智能狂潮：机器人会超越人类吗 ［M］. 北京：机械工业出版社，2015.

[20] 吴霁虹. 未来地图：创造人工智能万亿级产业的商业模式和路径 ［M］. 北京：中信出版社，2017.

[21] ［美］杰瑞·卡普兰. 人工智能时代 ［M］. 李盼译. 杭州：浙江人民出版社，2016.

[22] ［美］皮埃罗·斯加鲁菲. 智能的本质：人工智能与机器人领域的 64 个大问题 ［M］. 任莉，张建宇译，闫景立审校. 北京：人民邮电出版社，2017.

[23] 马兆林. 人工智能时代，一本书读懂区块链金融 ［M］. 北京：人民邮电出版社，2017.

[24] ［美］卢克·多梅尔. 人工智能：改变世界，重建未来 ［M］. 赛迪研究院专家组译. 北京：中信出版社，2016.

[25] 王寒，卿伟龙，王赵翔. 虚拟现实：引领未来的人机交互革命 ［M］. 北京：机械工业出版社，2016.

[26] 黄静. 虚拟现实技术及其实践教程 ［M］. 北京：机械工业出版社，

2016.

[27] 卢博. VR 虚拟现实 [M]. 北京：人民邮电出版社，2016.

[28] 张泊平. 虚拟现实理论与实践 [M]. 北京：清华大学出版社，2017.

[29] [美] 吉姆·布拉斯科维奇，杰里米·拜伦森. 虚拟现实 [M]. 辛江译. 北京：科学出版社有限公司，2016.

[30] [美] 斯凯·奈特. 虚拟现实：下一个产业浪潮之巅 [M]. 仙颜信息技术译. 北京：中国人民大学出版社，2016.

[31] 王赓. VR 重构用户体验与商业新生态·虚拟现实 [M]. 杭州：浙江人民出版社，2016.

[32] 杨浩然. 虚拟现实：商业化应用及影响 [M]. 北京：清华大学出版社，2017.

[33] 宋海涛等. 虚拟现实+：平行世界的商业与未来 [M]. 北京：中信出版社，2016.

[34] 吴小明等. VR 时代：虚拟现实引爆产业未 [M]. 北京：机械工业出版社，2016.

[35] 何伟. VR+：虚拟现实构建未来商业与生活新方式 [M]. 北京：人民邮电出版社，2016.

[36] 聂有兵. 虚拟现实：最后的传播 [M]. 北京：中国发展出版社，2017.

[37] 淘 VR. 虚拟现实：从梦想到现实 [M]. 北京：电子工业出版社，2017.

[38] 徐兆吉等. 虚拟现实——开启现实与梦想之门 [M]. 北京：人民邮电出版社，2016.

[39] 胡卫夕. VR 革命：虚拟现实将如何改变我们的生活 [M]. 北京：机械工业出版社，2016.

[40] 陈根. 虚拟现实：科技新浪潮 [M]. 北京：化学工业出版社，2017.

[41] 物联网智库. 物联网：未来已来 [M]. 北京：机械工业出版社，2015.

[42] 李晓妍. 万物互联：物联网创新创业启示录 [M]. 北京：人民邮电出版社，2016.

[43] [美] 米勒. 万物互联 [M]. 赵铁成译. 北京：人民邮电出版社，2016.

[44] 朱建良等. 场景革命：万物互联时代的商业新格局 [M]. 北京：中国铁道出版社，2016.

[45] 中国科协调宣部.万物互联时代 [M].北京：中国科学技术出版社，2016.

[46] S2 微沙龙.大话 5G：走进万物互联时代 [M].北京：机械工业出版社，2017.

[47] 陈国嘉.移动物联网 [M].北京：人民邮电出版社，2016.

[48] 余来文等.互联网思维 2.0：物联网、云计算、大数据 [M].北京：经济管理出版社，2017.

[49] ［美］弗朗西斯·达科斯塔.重构物联网的未来：探索智联万物新模式 [M].周毅译.北京：中国人民大学出版社，2016.

[50] ［美］塞缪尔·格林加德.物联网 [M].刘林德译.北京：中信出版社，2016.

[51] 陈根.智能穿戴：物联网时代的下一个风口 [M].北京：化学工业出版社，2016.

[52] 陈嘉国.智能家居：商业模式、案例分析、应用实战 [M].北京：人民邮电出版社，2016.

[53] IBM 商业价值研究院.物联网+ [M].北京：东方出版社，2016.

[54] 李四华.抢占下一个智能风口：移动互联网 [M].北京：中国铁道出版社，2017.

[55] 吴霁虹.众创时代 [M].北京：中信出版社，2015.

[56] 张为民.物联网与云计算 [M].北京：电子工业出版社，2012.

[57] 周鹏辉.物联网商业思维 [M].北京：红旗出版社，2015.

[58] 刘建明.物联网与智能电网 [M].北京：电子工业出版社，2012.

[59] 杨埚，罗勇.物联网技术概论 [M].北京：北京航空航天大学出版社，2015.

[60] 涂子沛.大数据：正在到来的数据革命 [M].桂林：广西师范大学出版社，2015.

[61] ［美］凯文·凯利.必然 [M].周峰，董理，金阳译.北京：电子工业出版社，2016.

[62] ［以］沙伊·沙莱夫–施瓦茨，沙伊·本–戴维.深入理解机器学习：从原理到算法 [M].张文生等译.北京：机械工业出版社，2016.

[63] 王万良. 人工智能及其应用 [M]. 北京：高等教育出版社，2016.

[64] 郑捷. 机器学习 [M]. 北京：电子工业出版社，2015.

[65] 吴怀宇. 3D 打印：三维智能数字化创造 [M]. 北京：电子工业出版社，2015.

[66] 杨静. 新智元：机器+人类=超智能时代 [M]. 北京：电子工业出版社，2016.

[67] 复旦大学管理学院. VR 虚拟现实魅力新世界 [M]. 杭州：杭州蓝狮子文化创意股份有限公司，2016.

[68] 余来文，封智勇，孟鹰. 物联网商业模式 [M]. 北京：经济管理出版社，2014.

[69] 余来文等. 大数据商业模式 [M]. 北京：经济管理出版社，2014.

[70] 余来文，封智勇等. 互联网思维——云计算、物联网、大数据 [M]. 北京：经济管理出版社，2014.

[71] 陈希琳. 万亿人工智能市场将开启 [J]. 经济，2016（12）.

[72] 王海蕴. 那些将被人工智能取代的工作 [J]. 财经界，2016（19）.

[73] 王田苗，陶永. 我国工业机器人技术现状与产业化发展战略 [J]. 机械工程学报，2014，50（9）.

[74]《中国信息安全》编辑部. 人工智能，天使还是魔鬼？——谭铁牛院士谈人工智能的发展与展望 [J]. 中国信息安全，2015（9）.

[75] 刘永进. 中国计算机图形学研究进展 [J]. 科技导报，2016，34（14）.

[76] 翟振明. 虚拟现实重塑世界——虚拟现实比人工智能更具颠覆性 [J]. 高科技与产业化，2015（11）.

[77] 田硕. 浅析 VR 时代的场景营销 [J]. 智富时代，2016（S1）.

[78] 常俪. 物联网将如何改变我们的生活 [J]. 中国标准导报，2016（10）.

[79] 陈宇，郭雪颖. 智能社会与物联网 [J]. 网络传播，2013（3）.

[80] 洪天峰. 万物互联是更大的产业机会 [J]. 创业家，2015（3）.

[81] 朱丽，周鸿祎. "万物互联"浪潮来袭 [J]. 中外管理，2014（12）.